LES
ENGRAIS CHIMIQUES

ENTRETIENS AGRICOLES

DONNÉS AU CHAMP D'EXPÉRIENCES DE VINCENNES

Dans la saison de 1868

PAR

M. GEORGES VILLE

GRAVURES ET PLANCHES

TOME DEUXIÈME

PARIS

LIBRAIRIE AGRICOLE DE LA MAISON RUSTIQUE

26, RUE JACOB, 26

LES

ENGRAIS CHIMIQUES

OUVRAGES DU MÊME AUTEUR

Les Engrais chimiques, Entretiens agricoles donnés au champ d'expériences de Vincennes dans la saison de 1867. In-18, 3e édition.

Recherches expérimentales sur la végétation. In-8.

La Production végétale. Conférences de Vincennes. In-8.

La Production agricole définie par la science. Conférence faite à Lyon en 1863. In-8.

La Crise agricole devant la science. Conférence faite à la Sorbonne, le 17 mars 1866. In-8.

La Maladie des Pommes de terre. In-8

La Betterave et la législation des sucres. Conférence faite à Arras, le 30 mai 1868, à la demande de la Société d'agriculture. Br. gr. in-8.

L'Agriculture par la science et par le crédit. Conférence faite à la Sorbonne, le 7 janvier 1869. In-8.

L'École des engrais chimiques. Premières notions de l'emploi des agents de fertilité. Guide pratique pour l'établissement des champs d'expériences. In-12.

Orléans, imp. de G. Jacob, cloître Saint-Étienne, 4.

LES
ENGRAIS CHIMIQUES

ENTRETIENS AGRICOLES

DONNÉS AU CHAMP D'EXPÉRIENCES DE VINCENNES

Dans la saison de 1868

PAR

M. GEORGES VILLE

GRAVURES ET PLANCHES

TOME DEUXIÈME

PARIS

LIBRAIRIE AGRICOLE DE LA MAISON RUSTIQUE

26, RUE JACOB, 26

Tous droits réservés.

LES

ENGRAIS CHIMIQUES

PREMIER ENTRETIEN

MESSIEURS,

J'avais d'abord eu la pensée de faire des Entretiens de cette année un chapitre nouveau de la doctrine des engrais chimiques, car cette doctrine, vous l'avez pressenti, n'a pas dit son dernier mot. Mais en présence des expériences multipliées qui se poursuivent sur tous les points de la France, je crois plus utile de raffermir les données déjà répandues dans le public que de chercher à les étendre.

Je vais donc m'appliquer à compléter les entretiens de 1867 par une série d'exemples tirés de la pratique, et afin de donner plus de généralité à mes conclusions, je prendrai pour cadre de cette nouvelle étude trois groupes de plantes choisies parmi les plus importantes et les plus répandues : les plantes à sucre, les plantes à fécule et les plantes à huile.

Cette décision m'entraînera à quelques redites inévitables, mais elle me fournira l'occasion de réfuter, sans sortir du domaine des faits, les préventions que certains organes de la presse agricole s'efforcent de répandre dans le public contre l'emploi des engrais chimiques.

Dans le groupe des plantes à sucre, nous comprendrons la betterave, la canne, le sorgho, le maïs, le topinambour et le navet.

Les plantes à fécule seront représentées par la pomme de terre.

Plus nombreuses, les plantes oléagineuses se composeront du colza, du chou, du chanvre, du lin et du coton.

On aurait pu faire entrer dans ces trois groupes beaucoup d'autres plantes : je m'en suis abstenu afin de rester fidèle à la règle que je me suis prescrite de ne parler que des expériences qui me sont personnelles ou de celles auxquelles j'ai été associé.

A mesure que l'emploi des engrais chimiques se généralisera, nos cadres primitifs se compléteront ; le progrès sera plus lent, mais nos conclusions seront plus sûres.

Ce que je veux éviter avant tout, ce sont les généralités anticipées ou la reproduction banale de ce qui a été dit ailleurs.

Je commence l'histoire des plantes à sucre par la betterave, et à propos de cette plante je veux répondre, une fois pour toutes, à une objection dont la valeur apparente peut au premier abord donner le change à l'opinion.

On nous dit avec une sorte d'ostentation complaisante : Les engrais chimiques ne sont pas à proprement parler de véritables engrais; leur action se borne à dissoudre les éléments de fertilité du sol, et par conséquent ils l'épuisent.

On dit encore : Les engrais chimiques ne peuvent tenir lieu de fumier, parce qu'ils manquent de certains principes dont le fumier est toujours pourvu et dont les plantes ne sauraient se passer.

Qu'y a-t-il de vrai dans ces objections? Rien.

L'analyse du fumier va me permettre de le prouver sur l'heure :

Dans 100 parties de fumier, il y a d'abord 80 parties d'eau. Or, ce n'est pas à l'eau évidemment que le fumier doit ses bons effets. Elle augmente les frais de transport et de main-d'œuvre, mais elle n'est pas un élément de fertilité pour le sol.

Restent donc 20 parties comme expression de l'effet utile du fumier. Leur action est-elle du moins certaine? Non, car elles sont elles-mêmes affectées de non valeurs. Il faut d'abord en distraire 13.29 pour *les fibres ligneuses et la paille,* dont les propriétés fertilisantes sont à peu près nulles; puis 5.07 représentés par de la *silice, de l'oxyde de fer, du chlore, de l'acide sulfurique, de la soude,* etc., etc., dont les plus mauvaises terres sont surabondamment pourvues, ce qui réduit finalement à 1.64 les substances réellement actives contenues dans le fumier.

Récapitulons :

FUMIER .... 100 parties.

Humidité.....................	80.00	
Fibres ligneuses	13.29	Total égal : 100.00.
Minéraux secondaires	5.07	
Partie active.................	1.64	

Et dans les 1.64 de partie active nous trouvons :

AZOTE......................	0.41	
ACIDE PHOSPHORIQUE..........	0.18	Total égal : 1.64.
POTASSE	0.49	
CHAUX......................	0,56	

C'est-à-dire les quatre substances qui composent l'engrais chimique complet.

Nouvelle objection :

Est-il bien sûr que les 13.29 parties de fibres ligneuses ont assez peu de valeur pour qu'on soit autorisé à n'en pas tenir compte?

Rien de plus certain. Ces fibres ne sont formées que de carbone, d'hydrogène et d'oxygène que les végétaux tirent : le carbone, de l'acide carbonique de l'air; l'hydrogène et l'oxygène, de l'eau de la pluie ou de la vapeur aqueuse diffusée dans l'atmosphère. (Voir le 2e Entretien de 1867, page 29).

S'il vous restait un doute à cet égard, une expérience des plus simples nous permettrait de le dissiper sans retour. Qu'on fasse pourrir dans une fosse à fumier de la sciure de bois sans addition d'aucun autre produit.

Qu'obtiendra-t-on? Un engrais sans valeur. Témoin l'inefficacité de la tourbe. Or, serait-il judicieux d'attribuer au carbone, à l'hydrogène et à l'oxygène de la paille, une action dont les mêmes éléments seraient dépourvus dans la sciure de bois?

La géologie vient encore raffermir cette conclusion.

Vous savez, Messieurs, que dans l'ordre de la création, les végétaux furent les premiers représentants de la vie à la surface de la terre, et que les couches de houille qui forment des dépôts si puissants proviennent en totalité de la décomposition des forêts primitives.

Or, à cette époque lointaine, la végétation possédait une puissance de développement qui s'est certainement affaiblie.

Les lépidodendrons et les calamites, par exemple, qui formaient alors des forêts comme nos pins et nos bouleaux, ont pour représentants dans la flore actuelle des plantes herbacées de l'ordre le plus humble: les lycopodes et les prêles. Or, lorsque l'activité végétale avait tant de puissance, le sol contenait-il des composés formés de carbone, d'hydrogène et d'oxygène analogues à l'humus?

Non, puisque ces produits présupposent une création antérieure, et que nous sommes remontés à la première. La matière noire du fumier n'est donc pas indispensable à l'entretien de la vie végétale, puisque jamais la végétation n'a atteint depuis le degré de splendeur qu'elle possédait à l'époque où la terre en était dépourvue?

Troisième objection :

J'ai rayé de la partie active du fumier *la silice, le chlore, l'acide sulfurique, l'oxyde de fer, la soude,* etc., qui forment un total de 5.23, et que j'ai désignés sous le nom de minéraux secondaires. Sommes-nous bien fondés à faire cette suppression? Ces minéraux ne remplissent-ils aucune fonction dans la vie des plantes? Bien au contraire, les plantes ne peuvent s'en passer.

Alors pourquoi les supprimer?

Je l'ai déjà dit, parce que les plus mauvaises terres en sont surabondamment pourvues.

Résumons-nous : le fumier n'est actif ni par son eau, ni par les 13.29 de fibres ligneuses, ni par les 5.07 de minéraux secondaires, mais uniquement par L'AZOTE, L'ACIDE PHOSPHORIQUE, LA POTASSE ET LA CHAUX qui représentent 1.64 p. 100 de la masse totale, et dont nous avons composé l'engrais chimique. Tout le reste forme une sorte de gangue inutile *(humidité)* ou d'assez peu de valeur pour n'en pas tenir compte *(partie ligneuse et minéraux secondaires).*

D'où la conclusion inattaquable cette fois : le fumier et l'engrais chimique doivent leur efficacité à la même cause, malgré l'inégalité de leur masse et leur dissemblance extérieure.

Voulez-vous raffermir cette conclusion par des

preuves de faits devant lesquelles la pratique la plus routinière soit contrainte de s'incliner?

Il m'est facile de vous satisfaire. Essayons à côté l'un de l'autre le fumier et les engrais chimiques, et pour entrer dans le vif de notre sujet, servons-nous de la betterave pour faire cette comparaison. Que dit l'expérience? Le voici :

Chez M. le marquis d'Havrincourt, dans le département du Pas-de-Calais, sur une terre épuisée faisant retour au propriétaire après un long fermage :

	RÉCOLTE. A L'HECTARE.
33,000 k. de fumier de ferme ont produit	28,213 kil. de betteraves.
1,200 d'engrais chimique	36,499 —

Ces rendements sont médiocres. Mais il faut ajouter que la pièce de terre fut ravagée par le ver blanc.

Sur une autre parcelle en meilleur état :

22,500 k. d'écumes de défécation ont prod.	34,111 kil. de betteraves.
800 d'engrais chimique ont produit.	42,201 —

Chez M. Cavallier, au Mesnil-Saint-Nicaise, dans le département de la Somme, en 1866 :

50,000 k. de fumier de ferme ont produit	35,000 kil. de betteraves.
1,200 d'engrais chimique ont produit	59,640 —

En 1867, chez M. Lavaux, à Choisy-le-Temple, sur une surface de 40 hectares :

50,000 k. de fumier ont donné	35,000 kil. de bettcraves.
L'engrais chimique	51,000 —

En 1867, chez M. Cavallier :

	RÉCOLTE A L'HECTARE.
Terre sans engrais......................	26,380 kil. de betteraves.
60,000 kil. de fumier...................	34,830 —
Engrais complet........................	52,780 —

Chez M. Forey, à Montluçon, le rendement avec l'engrais chimique s'est élevé à 100,000 kil. de racines par hectare; à 105,000 kil. chez M. Tourelle, à Veymarange; et à 142,000 kil. chez M. Junger, à Manom, alors qu'avec le fumier de ferme, la récolte n'a été que de 60 à 70,000 kil.

Trouveriez-vous ces témoignages insuffisants à cause de leur petit nombre? Je puis ajouter . qu'en 1868 on a fait à ma connaissance 190 expériences comparatives qui concluent dans le même sens (1).

En effet, la moyenne déduite de ces 190 expériences se traduit ainsi :

1,326 kil. d'engrais chimique ont produit de betteraves par hectare.	51,948 kil.
50,650 de fumier de ferme n'ont donné que.......................	41,811
Soit en nombre rond un excédant de par hectare, en faveur de l'engrais chimique.	10,137 kil.

Mais ce n'est pas tout. Si nous décomposons ces 190 résultats pour mettre en regard les variations de

(1) Voyez à l'appendice les résultats de la campagne de 1868.

la récolte tant avec l'engrais chimique qu'avec le fumier, nous trouvons qu'on a obtenu ;

	RÉCOLTE A L'HECTARE.	
	ENGRAIS CHIMIQUE.	FUMIER DE FERME.
8 fois.............	91,064 kil.	70,149 kil.
21 fois.............	63,507	49,900
35 fois.............	53,673	43,670
61 fois.............	43,640	34,784
40 fois.............	35,373	28,920
25 fois.............	24,433	23,453

Ce qui donne, avec l'engrais chimique, pour quatre cultures deux fois et demie une récolte intensive, une fois une récolte moyenne, et une demi-fois une récolte médiocre ; ajoutons que les trois premières récoltes l'emportent de 10,000 kil. par hectare sur celles obtenues avec le fumier.

Mais où la supériorité des engrais chimiques se révèle surtout, c'est dans la faculté que l'on acquiert de régler à volonté la composition des fumures, afin d'offrir à chaque plante, à la dose voulue, l'élément qui affecte de préférence le rendement, toute chose impossible avec le fumier.

Pour vous montrer à quel point on peut, en variant la composition de l'engrais, augmenter la récolte, je prendrai pour exemple les effets produits sur la betterave par des doses inégales de matières azotées.

	RÉCOLTE A L'HECTARE.
Engrais sans azote	36,834 kil.
Engrais avec 80 kil. d'azote.........	47,323
— — 100 kil. d'azote........	51,000
— — 130 kil. d'azote........	59,660

Quant à la portée économique de ces résultats, il est facile de vous en rendre juge.

Avec l'engrais sans azote, on a obtenu...   36,834 kil.
de betteraves par hectare.
Avec 80 kil. d'azote en plus, le rendement
a atteint.............................   47,325
____
Soit une différence de.....   10,391 kil.

Disons 11,000 kil.

Que valent ces 11,000 kil. d'excédant? 220 fr. Et l'azote qui les a produits? 160 fr. (1). Bénéfice net : 60 fr.

Porte-t-on l'azote à 100 kil., l'excédant de la récolte atteint 14,166 kil. et le bénéfice 108 fr.

La dose de l'azote est-elle de 130 kil., cette fois l'excédant de la récolte s'élève à 22,826 kil. et le bénéfice à 228 fr.

Ceci justifie l'une de nos principales conclusions de 1867, à savoir, que pour obtenir avec économie d'abondantes récoltes, il faut élever la dose de la dominante, sans augmenter proportionnellement celle des trois autres termes de l'engrais.

La supériorité des engrais chimiques sur le fumier étant incontestable, demandons-nous s'ils l'emportent au même degré sur les engrais du commerce.

Un agriculteur du département de la Somme, M. Cavallier, a résolu cette question capitale par des

____

(1) La matière azotée était du sulfate d'ammoniaque dont le prix a été maintenu à 35 fr. les 100 kil., pour conserver la concordance avec les Entretiens de 1867. (*Quatrième Entretien*, p. 98.)

expériences décisives sur la plus grande échelle. Il a employé parallèlement les engrais chimiques et trois tourteaux différents : le tourteau de suint, le tourteau de viande et le tourteau de colza, chacun pour une valeur de 450 fr. à l'hectare.

Il a obtenu :

	RÉCOLTE À L'HECTARE.
Avec le tourteau de suint.........	31,000 kil.
Avec le tourteau de viande......	32,500
Avec le tourteau de colza.......	32,000
Avec l'engrais chimique.........	52,700

L'avantage reste encore à l'engrais chimique. Pourquoi? Parce qu'il contient les phosphates et la matière azotée sous une forme incomparablement plus soluble, plus assimilable, et parce que les quatre termes qui le composent et qui sont les éléments par excellence de la production végétale, se trouvent associés dans un rapport mieux pondéré.

Ce que je viens de vous dire des tourteaux, s'applique indistinctement à tous les engrais qui ne contiennent qu'une partie de ces quatre substances : ce qui, trois fois sur dix se traduit par un abaissement de la récolte, comme il résulte de ces exemples :

M. Prévost, à Arras (Pas-de-Calais) :

	I.	RÉCOLTE À L'HECTARE.
1,200 kil.	Engrais complet nᵒ 2...........	69,900 kil.
3,000	Tourteaux de colza.............	54,400
1,200	Guano du Pérou................	52,200

II.

		RÉCOLTE A L'HECTARE.
1,200 kil.	Engrais complet n° 2............	67,900 kil.
1,200	Guano du Pérou	50,300
3,000	Tourteaux de colza............	44,900

M. de Hédouville, à Saint-Dizier (Haute-Marne) :

1,200 kil.	Engrais complet...............	59,600 kil.
400	Guano du Pérou...............	51,900
1,000	Tourteaux de colza............	38,000

Société d'Agriculture du Pas-de-Calais :

1,600 kil.	Engrais complet intensif n° 2....	63,600 kil.
1,200	Engrais complet n° 2............	53,400
1,200	Guano du Pérou...............	40,200
3,000	Tourteaux de colza............	33,600

M. Teyssier des Farges, à Beaulieu (Seine-et-Marne) :

Engrais complet n° 2.....................	54,360 kil.
Guano du Pérou	27,180

M. Poncelet, à Douzy (Ardennes) :

Engrais complet	53,000 kil.
Guano du Pérou........................	42,000

M. Butteux, à Saint-Quentin (Aisne) :

1,200 kil.	Engrais complet...............	43,000 kil.
1,200	Guano du Pérou...............	25,000
1,200	Phospho-guano................	28,000

M. Pluchet, au Coudray (Seine-et-Oise) :

		RÉCOLTE A L'HECTARE.
1,200 kil.	Engrais complet n° 2............	45,000 kil.
800	Guano du Pérou................	40,000

M. Dudouy, à Soissons (Aisne) :

		RÉCOLTE A L'HECTARE.
1,200 kil.	Engrais complet	31,000 kil.
900	Guano du Pérou................	20,800

La matière azotée étant la dominante de la bette-rave, il y a un grand intérêt à connaître sous quelle forme elle produit les meilleurs effets.

A cet égard, pas d'hésitation : c'est à l'état de nitrate de potasse et de nitrate de soude, et entre les deux la supériorité appartient au nitrate de potasse ; après les nitrates viennent les sels ammoniacaux, et en dernier lieu les matières d'origine animale.

Voici quelques faits à l'appui de ces indications dont l'intérêt pratique ne peut vous échapper.

L'année dernière, ici même, à Vincennes, avec des engrais contenant 76 kil. d'azote associés aux mêmes doses de phosphate de chaux, de potasse et de chaux, j'ai obtenu par hectare :

	RÉCOLTE A L'HECTARE.
Engrais complet au sulfate d'ammoniaque ...	55,450 kil.
— nitrate de soude............	58,800
— nitrate de potasse	61,750

Vous le voyez, à proportion égale d'azote, les ni-trates l'emportent sur les sels ammoniacaux.

M. Cavallier, au Mesnil-Saint-Nicaise, est arrivé à la même conclusion par une voie différente. Au lieu d'expérimenter le nitrate de soude et le sulfate d'ammoniaque à dose égale d'azote, il a institué deux séries parallèles de culture avec des doses croissantes de ces deux sels. Or, pour obtenir 51,000 kil. de betteraves par hectare, il a fallu 100 kil. d'azote à l'état de sulfate d'ammoniaque, tandis que 76 kil. à l'état de nitrate de soude ont produit autant d'effet.

Voulant soumettre ce résultat à un contrôle sévère, M. Cavallier a répété l'expérience l'année suivante, mais en opérant de la même manière que moi et pour la même quantité d'azote, l'avantage est toujours resté aux nitrates :

	RÉCOLTE A L'HECTARE.	
	1	2
ENGRAIS COMPLET INTENSIF :		
L'azote étant à l'état de nitrate de potasse et de soude............	60,000 kil.	55,000 kil.
ENGRAIS COMPLET INTENSIF :		
Le nitrate de soude étant remplacé en tout ou en partie par le sulfate d'ammoniaque......	45,000	40,000

La dominante de la betterave nous étant connue, comment doit-on composer l'engrais ?

Suivant les conditions dans lesquelles on est placé et le capital dont on dispose, il faut employer l'engrais complet n° 2, l'engrais complet n° 2 *bis*, ou l'engrais complet intensif n° 2.

Avec l'engrais complet n° 2, la récolte est en moyenne de 50,000 kil. par hectare.

	A L'HECTARE.		
	QUANTITÉS.	PRIX.	DÉPENSE.
ENGRAIS COMPLET N° 2...	1,200ᵏ		
Soit :			
Phosphate acide de chaux ..	400	64ᶠ »	
Nitrate de potasse	200	124 »	
Nitrate de soude...........	300	105 »	299 fr. »
Sulfate de chaux...........	300	6 »	

L'azote y figure pour 76 kil.

Le nitrate de soude étant souvent falsifié avec du chlorure de sodium (sel marin), ce qui diminue la teneur de l'engrais en azote, pour rester dans les données théoriques de la formule précédente, il est prudent de porter la dose du nitrate de soude de 300 à 400 kil.

Ce qui donne alors l'engrais complet n° **2** *bis*.

	A L'HECTARE.		
	QUANTITÉS.	PRIX.	DÉPENSE.
ENGRAIS COMPLET N° 2 *bis*.	1,300ᵏ		
Soit :			
Phosphate acide de chaux ..	400	64ᶠ »	
Nitrate de potasse..........	200	124 »	
Nitrate de soude	400	140 »	334 fr. »
Sulfate de chaux...........	300	6 »	

Mais 50 et 60,000 kil. de racines par hectare ne sont pas la limite du rendement de la betterave : on peut aller bien au-delà, il faut alors employer l'engrais complet intensif n° 2, ce qui fait passer la dépense de 334 fr. à 455 fr. par hectare.

	A L'HECTARE.		
	QUANTITÉS.	PRIX.	DÉPENSE.
ENGRAIS COMPLET INTENSIF N° 2.	1,600^k		

Soit :

Phosphate acide de chaux ..	600	96^f	»
Nitrate de potasse..........	400	248	»
Nitrate de soude	300	105	»
Sulfate de chaux	300	6	»

455 fr. »

Cette fois la dose de l'azoté atteint 100 ·kil. par hectare, mais aussi le rendement s'élève à 70,000 kil. et atteint même 80 et 90,000 kil., pour peu que l'année soit favorable.

Lorsqu'on emploie l'engrais complet n° 2 simple, on peut le répandre en une seule fois après le dernier labour et le mêler avec la couche superficielle du sol par un hersage énergique.

Mais lorsqu'on a recours à l'engrais intensif, je trouve préférable de l'employer en deux fois, 600 kil. avant le premier labour, que l'on enterre dans les couches profondes du sol, et 1,000 kil. répandus à la surface comme pour le précédent (1).

Enfin, sur une terre profonde où la sécheresse n'est pas à craindre, on peut dépasser le rendement de 80,000 kil. et aller jusqu'à 100,000. Il faut em-

---

(1) Il me reste des doutes sur l'utilité de la division de l'engrais. Je fais appel aux hommes de progrès, pour qu'on se livre à des expériences comparatives en grand nombre propres à fixer ce point important pour la pratique.

ployer alors deux doses d'engrais complet n° 2, l'une enterrée dans les couches sous-jacentes du sol et l'autre répandue à la surface.

Cette fois l'azote atteint 150 kil. à l'hectare.

L'expérience de l'année 1869 qui a été exceptionnellement sèche m'a appris qu'il ne fallait pas abuser des engrais intensifs, et ne les employer que sur la moitié ou le tiers de la surface cultivée.

Dans une année humide, les engrais intensifs produisent des rendements vraiment énormes; mais si la sécheresse vient à sévir, l'avantage reste alors aux engrais modérés, et dans ce cas les engrais intensifs peuvent occasionner des accidents qui méritent de vous être signalés.

Pour qu'une plante prospère, il ne suffit pas que le sol contienne tous les éléments qui lui sont nécessaires : il faut encore qu'ils lui soient offerts dans de certaines proportions; c'est ainsi qu'en exagérant outre mesure la dose de la matière azotée, on détermine à coup sûr la verse des céréales, et qu'on peut même aller jusqu'à provoquer de véritables maladies sur les betteraves et les pommes de terre.

La sécheresse peut, par une action détournée, produire des effets du même ordre. Les divers éléments dont l'engrais se compose n'étant pas doués de la même solubilité, les sels ammoniacaux et la potasse sont absorbés de préférence aux phosphates, et si la sécheresse se prolonge trop longtemps, ce défaut d'équilibre dans l'absorption des divers termes de l'engrais peut entraîner des accidents irrémédiables dont le caractère se confond avec ceux produits par un excès de potasse et de matière azotée (1).

Lorsqu'on cultive la betterave sur une grande échelle, le parti le plus sage est d'employer pour une part égale l'engrais complet simple et l'engrais complet intensif.

En opérant de cette manière, on multiplie les chances favorables, et la moyenne des récoltes atteint la limite la plus élevée.

Pendant les années sèches, les engrais intensifs ont un autre inconvénient. Au début, le développement de la betterave étant plus rapide, la terre perd une plus grande quantité d'eau par l'exhalaison des feuilles, ce qui aggrave les effets de la sécheresse.

Cette action de dessèchement exercée par les plantes a été analysée avec une rare sagacité par M. Chavée-Leroy, sur divers champs d'expériences institués à la ferme de Clermont-les-Fermes (Aisne). La terre des parcelles qui avaient reçu l'engrais intensif s'est toujours montrée plus sèche que celle des parcelles fumées avec l'engrais complet ordinaire (2).

Quel est, sous le rapport financier, le résultat des trois modes de fumure que nous venons de proposer?

Pour répondre à cette question, il faut faire en-

---

(1) Nous sommes redevables de cette explication aussi ingénieuse que savante à M. Joulie, qui l'a formulée le premier dans un travail des plus intéressants sur la maladie de la vigne.

(2) Chavée-Leroy. — *Journal des fabricants de sucre,* le 31 décembre 1868.

trer en ligne de compte la récolte de la deuxième année qui profite d'une partie de l'engrais de la première.

On trouve alors :

PREMIER CAS.

Engrais complet n° 2 *bis* (dose unique).

A L'HECTARE.

ENGRAIS.

	PRIX.	DÉPENSE.
1re Année. — 1,200 k. engr. complet n° 2 *bis*.	334 fr. »	454 fr. »
2e Année. — 300 kil. sulfate d'ammoniaque ...	120 »	

RÉCOLTE.

	PRODUIT.	VALEUR.
1re Année. — 50,000 kil. de betteraves.......	1,000 fr. »	1,850 fr. »
2e Année. — 35 hect. de froment............	700 »	
5,000 kil. de paille.............	150 »	

EXCÉDANT EN FAVEUR DE LA RÉCOLTE.......... 1,396 fr. »

DEUXIÈME CAS.

Engrais complet intensif.

ENGRAIS.

	PRIX.	DÉPENSE.
1re année. — 1,600 k. engr. complet intensif..	455 fr. »	495 fr. »
2e Année. — 100 kil. sulfate d'ammoniaque ..	40 »	

RÉCOLTE.

	PRODUIT.	VALEUR.
1re Année. — 70,000 kil. de betteraves.......	1,400 fr. »	2,250 fr. »
2e Année. — 35 hect. de froment............	700 »	
5,000 kil. de paille.............	150 »	

EXCÉDANT EN FAVEUR DE LA RÉCOLTE.......... 1.755 fr. »

TROISIÈME CAS.

Engrais complet n° 2 (double dose).

A L'HECTARE.

	PRIX.	DÉPENSE.

ENGRAIS.

1re Année. — 2,400 kil. engrais complet n° 2.   668 fr. »⎫
2e Année. — Rien.........................   »   »⎬ 668 fr. »

RÉCOLTE.   PRODUIT.   VALEUR.

1re Année. — 90,000 kil. de betteraves ....   1,800 fr. »⎫
2e Année. — 40 hect. de froment...........   800   »⎬ 2,750 fr. »
              5,000 kil. de paille.............   150   »⎭

EXCÉDANT EN FAVEUR DE LA RÉCOLTE......... 2,082 fr. »

Vous voyez, Messieurs, que plus on dépense en engrais et plus le bénéfice net s'élève. Aux fortes fumures, les grands profits; le praticien judicieux ne doit jamais perdre de vue cette maxime.

Me direz-vous que ce sont là des indications théoriques bien plus que des faits? Nullement, ce sont des moyennes déduites des essais auxquels la grande culture s'est livrée.

Voici en effet les produits obtenus par M. Cavallier, sur une surface de 15 hectares, avec un engrais complet contenant 129 kil. d'azote et dont le prix était de 450 fr.

1re Année. — Betteraves....	59,640 kil. valent......	1,192 fr.	»
2e Année. — Froment......	39 hect. 95 —	998	»
— Paille........	5,000 kil. —	165	»
		2,355 fr.	»

EXCÉDANT EN FAVEUR DE LA RÉCOLTE........ 1,905 fr. »

M. le marquis d'Havrincourt, qui a remporté en 1868 la prime d'honneur dans le département du Pas-de-Calais, est arrivé aux mêmes résultats. A une époque où les engrais chimiques n'étaient pas encore devenus l'objet d'une fabrication régulière et où leur prix était beaucoup plus élevé qu'aujourd'hui, il a obtenu :

		A L'HECTARE.	
		PRIX.	DÉPENSE.
ENGRAIS.			
1ʳᵉ Année. — Engrais complet.............		325 fr. »	
2ᵉ Année. — Sulfate d'ammoniaque.........		72 »	397 fr. »

RÉCOLTE.		PRODUIT.	VALEUR.
Betteraves........................		42,700 kil.	
Avoine............................		72 hect.	1,556 fr. »

EXCÉDANT EN FAVEUR DE LA RÉCOLTE........ 1,159 fr. »

Voilà des faits que nous devons à des agriculteurs dont le mérite, le caractère et l'autorité sont universellement reconnus.

Lorsqu'on associe les engrais chimiques au fumier, il y a quelques règles dont il est prudent de ne pas s'écarter :

La première, c'est d'employer le fumier très-consommé à la dose de 50,000 kil. par hectare au moins.

La seconde, de l'enterrer à l'automne par un labour profond, afin que le deuxième labour donné au printemps le répartisse plus uniformément dans toute la masse de la terre.

Quant à l'engrais chimique complémentaire, l'expérience de cette année m'a appris qu'il faut le répandre à la surface du sol, et que 650 kil. d'engrais complet n° 2 *bis* ou mieux encore 800 kil. d'engrais complet intensif, donnent les meilleurs résultats.

Si le fumier seul eût donné 35,000 kil. de racines par hectare, avec un supplément de 600 kil., d'engrais complet le rendement est de 45 à 50,000 kil. et avec 800 kil. d'engrais intensif il atteint 50 à 60,000 kil.

En voici quelques exemples :

M. de Fonboa, à Fumal (Belgique) :

RÉCOLTE
A L'HECTARE.

Engrais chimique .... }
Fumier de ferme .... } 90,000 kil.

M. Belin, à Brie-Comte-Robert (Seine-et-Marne) :

800 kil. Engrais complet n° 2........ }
40,000   Fumier de ferme.......... } 63,770 kil.

800   Engrais complet n° 2........ }
40,000   Fumier de ferme .... } 55,600 kil.

M. Tétard, à Mortières (Seine-et-Oise) :

Engrais complet.......... }
25,000 kil. Fumier de ferme .... } 55,815 kil.
60,000   Fumier de ferme.......... 38,372

M. de Gilles, à Saulchoix-Clary (Somme) :

600 kil. Engrais complet n° 2........ }
Fumier de ferme .... } 50,000 kil.
40,000   Fumier de ferme 40,000

La Société d'agriculture (1) de Melun (Seine-et-Marne) :

		RÉCOLTE À L'HECTARE.
322 kil.	Engrais complet nº 2........	} 48,937 kil.
25,000	Fumier de ferme	
50,000	Fumier de ferme............	43,569

Il résulte de tout ce qui précède qu'à l'aide des engrais chimiques, on peut obtenir avec économie des rendements de betteraves très-élevés.

Mais là n'est pas toute la question ; il faut encore que la racine soit de bonne qualité, et que sa richesse saccharine n'en souffre pas. En élevant la récolte, les engrais chimiques ne nuisent-ils pas à la qualité ? Sur ce point mon affirmation est formelle : on peut doubler et tripler même la récolte sans affecter la richesse saccharine.

Premier exemple :

En 1861, époque de la fondation du champ d'expériences de Vincennes, on a récolté sans le secours d'aucun engrais 50,700 kil. de betteraves à l'hectare, contenant 10.63 p. 100 de sucre, alors qu'en 1862 la même terre n'ayant produit que 13,700 kil. de racines à l'hectare, elles n'ont donné que 8.67 p. 100 de sucre.

Ici tout est simple. Les engrais n'ont pas joué de rôle. La terre n'en avait pas reçu. Le maximum de

---

(1) Voyez à l'appendice le relevé de toutes les tentatives faites en associant les engrais chimiques au fumier.

richesse saccharine coïncide avec le maximum de rendement.

Il n'est donc pas exact de poser en principe que les rendements élevés ne sont obtenus qu'aux dépens de la qualité de la racine.

Nouvel exemple à l'appui de cette conclusion :

En 1866, la terre qui n'avait pas reçu d'engrais a produit 12,450 kil. de racines par hectare, titrant 5.43 p. 100 de sucre, tandis qu'avec l'engrais complet la récolte s'est élevée à 38,900 kil., avec une richesse saccharine de 9.28 p. 100.

Lorsque la récolte atteint 50 ou 60,000 kil. par suite de fumures renouvelées chaque année, le résultat ne change pas. La betterave possède la même richesse que lorsque le rendement ne s'élevait qu'à 30 ou 40,000 kil. En voici quelques exemples empruntés à la campagne de 1868 :

	RÉCOLTE A L'HECTARE.	SUCRE DANS LE JUS.
Engrais complet au nitrate de potasse.	61,750 kil.	10.69 °/₀
Engrais complet au nitrate de potasse et au nitrate de soude..............	58,800	10.82
Engrais complet au sulfate d'ammoniaque...........................	55,450	10.58
Engrais minéral sans azote..........	34,950	9.88
Terre sans aucun engrais	25,600	10.45

La grande culture conclut comme nous : elle a reconnu qu'on pouvait doubler la récolte sans aucun préjudice pour la qualité saccharine.

Chez M. Cavallier, avec l'engrais chimique, le rendement a été de 52,700 kil. par hectare, alors qu'avec le fumier il est resté à 34,800 kil. Eh bien ! les betteraves venues avec l'engrais chimique ont rendu à l'usine sur le pied de 6.1 pour 100 de sucre, alors que les betteraves obtenues avec le fumier n'ont rendu que 5.9 pour 100.

Remarquez qu'il ne s'agit pas là d'un dosage de laboratoire, mais d'un travail industriel fait avec le plus grand soin sur la récolte de plus de 15 hectares. Cette année un essai analogue fait par M. Denoyon, à Blérancourt, dans le département de l'Aisne, a conduit au même résultat : les betteraves sur engrais chimique ont rendu 5.49 p. 100 de sucre, alors que celles venues sur fumier n'ont produit que 5.19 p. 100 (1).

Ainsi, pas d'incertitude. L'élévation de la récolte n'est pas une cause d'appauvrissement pour la racine.

Si vous pouviez concevoir le moindre doute à cet égard, je vous ferai remarquer que depuis dix ans les années d'abondance ont toujours coïncidé pour la betterave avec la supériorité de la qualité.

PRODUCTION DU SUCRE EN FRANCE (2).

De 1856 à 1866.

ANNÉES.	SUCRE PRODUIT.	QUALITÉ DE LA BETTERAVE.
1856-57	80,874,544 kil.	
1857-58	151,745,345	Betteraves détestables. — Printemps et été secs. — Pluies prolongées à partir du 15 août.

<hr>

(1) *Journal des fabricants de sucre,* du 24 juin 1869.

(2) J'emprunte les éléments de cette appréciation à M. Dureau, le directeur du *Journal des fabricants de sucre* qui fait autorité sur la matière.

ANNÉES.	SUCRE PRODUIT.	QUALITÉ DE LA BETTERAVE.
1858-59	130,379,629 kil.	Betteraves bonnes. — Température normale pendant toute la saison, à part une forte gelée survenue le 4 novembre.
1859-60	125,000,000	Betteraves bonnes. — Semis tardifs à cause de la prolongation du froid en avril.
1860-61	100,876,286	Bonne qualité. — Température froide, mais sans intermittence.
1861-62	146,414,880	Betteraves bonnes. — Saison sèche avec pluie modérée à l'automne.
1862-63	173,677,253	Betteraves médiocres. — Juin et juillet humides et froids, août chaud, septembre et octobre froids et humides.
1863-64	108,466,741	Mauvaises betteraves. — Sécheresse qui commence à l'époque des ensemencements et se prolonge tout l'été.
1864-65	149,014,316	Rien de significatif.
1865-66	174,014,444	Grande récolte. — Betteraves riches. — Printemps splendide. — Été chaud avec pluie.

Vous le voyez, abondance et richesse vont le plus souvent de concert, et l'influence de la saison domine toutes les autres.

Ici on nous oppose la pratique de l'Allemagne où la betterave acquiert une richesse saccharine supérieure à celle que nous obtenons, et où les rendements sont maintenus volontairement dans ce dessein entre 25 et 30,000 kil.; à l'appui de la même thèse, on invoque encore ce qui s'est produit dans les environs de Lille où les récoltes de betteraves atteignent de 60 à 70,000 kil., mais où la qualité est devenue si défectueuse qu'on ne peut plus employer les racines de cette région à l'extraction du sucre.

Comment expliquer ces deux résultats? Rien de plus facile.

Je vous ai dit, en parlant de l'emploi des engrais

intensifs, que l'abus des matières azotées pouvait avoir les inconvénients les plus graves, et qu'il ne fallait pas dépasser pour la betterave 150 kil. d'azote par hectare. Or, dans les environs de Lille où l'on emploie de préférence le fumier et l'engrais flamand, il arrive souvent que la proportion de l'azote s'élève dans les fumures à 300 ou 400 kil. Dans ces conditions la betterave prend un développement excessif, sa racine est caverneuse, son tissu spongieux, et finalement elle est pauvre en sucre.

Mais ce n'est pas tout. Dans le fumier et l'engrais flamand, l'azote est à l'état de matière animale, nouvelle condition défavorable à la qualité de la racine.

Pour manifester leur action, ces matières doivent au préalable se décomposer dans le sol ; il faut que leur azote passe à l'état de nitrate ou de sels ammoniacaux. Cette décomposition se faisant lentement et par degrés, la betterave se trouve à toutes les périodes de sa croissance en rapport avec des composés azotés qui surexcitent la formation de feuilles nouvelles, lorsque l'activité de la plante devrait se ralentir. Or, lorsque la production des feuilles dépasse une certaine limite, c'est toujours aux dépens du sucre de la racine.

Au moyen de l'engrais chimique, on évite tous ces inconvénients. L'azote étant à l'état de nitrates de potasse et de soude, doués tous deux d'une grande solubilité, leur absorption a lieu pendant la première période de la vie de la plante : de plus, la matière azotée étant associée à des quantités justement pondérées de potasse, de phosphate et de chaux, chaque terme de l'engrais est assimilé par la plante et devient partie constitutive de ses tissus, au lieu de gorger la séve de sels non assimilés, comme cela arrive avec le fumier et l'engrais flamand.

Répétons-le donc : il faut à la betterave une forte dose de matière azotée, mais il faut que cette matière soit absorbée un mois ou six semaines avant la maturité de la racine, afin que l'activité qui résidait dans les feuilles se ralentisse et que le sucre qu'elles contenaient, car elles sont le siége de sa formation, vienne s'ajouter à celui de la racine.

Ma conclusion est donc formelle : avec les engrais chimiques on obtient de grands rendements sans nuire à la qualité : résultats impossibles avec des engrais riches en matière animale.

Nouvelle objection, dont M. Dubrunfault s'est fait cette fois l'éditeur responsable dans l'intérêt de l'osmose découverte par M. Graham !

On dit : la présence des sels de potasse et de soude dans le jus de la betterave nuit au travail industriel. Lorsque leur proportion dépasse une certaine limite, il devient presque impossible d'extraire le sucre par cristallisation : la plus grande partie passe dans les mélasses.

Or, comme les engrais chimiques ne sont formés que de sels, la conclusion est forcée : il faut proscrire les engrais chimiques.

Qu'y a-t-il au fond de cette objection? Rien que la mauvaise humeur d'un esprit atrabilaire peu sympathique aux progrès auxquels il n'a pas concouru.

Je vous en rends juge. Il est bien vrai que les sels

de potasse et de soude nuisent à la cristallisation du sucre. Mais ce qu'on ne dit pas et ce qu'il faut bien indiquer, c'est que les plus préjudiciables d'entre ces sels sont les chlorures et les sulfates. Une partie de sulfate de potasse ou de chlorure de potassium empêche quatre parties de sucre de cristalliser. Avec le chlorure de sodium cette proportion s'élève à six. Mais en quoi cela peut-il nous préoccuper? l'engrais chimique ne contient ni chlorure ni sulfate, tandis que le fumier et l'engrais flamand en introduisent dans le sol des centaines de kilogrammes.

Restent les nitrates. L'engrais complet n° 2 prescrit pour la betterave en contient 500 kil. L'engrais complet intensif n° 2, 700 kil. Une expérience de dix années m'a appris que le cinquième environ des nitrates de l'engrais se retrouve dans la betterave. Or, comme ces sels n'empêchent la cristallisation que de leur propre poids de sucre, il en résulte que pour une récolte de betteraves de 50,000 kil. correspondant à une production de 3,000 kil. de sucre le déficit s'élève de ce chef à 100 ou 200 kil.]

Mais il y a plus : expérimentez sur la même terre deux engrais chimiques différents, l'un contenant 500 kil. de nitrates par hectare, et l'autre n'en contenant pas ; dans les deux cas les betteraves auront la même richesse saccharine et contiendront une égale quantité de sels. Pas plus dans un cas que dans l'autre, comment cela se peut-il ?

Parce que l'excès de rendement déterminé par l'azote des nitrates ramène à son titre primitif le rapport entre le sucre et les sels. . .

II.   2.

En voici quelques exemples :

1864.	RENDEMENT A L'HECTARE.	SUCRE DANS LE JUS: Pour cent.	SELS DANS LES RACINES: Pour cent.
Engrais complet...............	35,000 kil.	8.58	0.80
Engrais minéral sans azote ...	19,950	8.68	0,71
Terre sans aucun engrais	18,800	8.68	0,82

Puisque le cours de mon sujet m'amène à parler de
l'influence défavorable des sels alcalins sur la qualité
des betteraves, sans entrer dans des explications qui seraient déplacées ici, je dois ajouter cependant qu'il m'est
impossible de souscrire à la prétention mise en avant
par M. Dubrunfault, de fixer la qualité d'une récolte
de betteraves par quelques analyses faites sur des
racines isolées dans lesquelles on détermine à la fois
le sucre et les cendres, partant toujours de cette supposition qu'une partie de sel empêche quatre parties
de sucre de cristalliser; si bien que si la racine contenait 12 p. 100 de sucre et 3 p. 100 de sels, son
titre saccharimétrique industriel serait égal à 0.

Lorsqu'il s'agit des sucres bruts, cette méthode a
une utilité incontestable, parce que la nature des sels
alcalins qui les accompagnent a une certaine fixité,
mais pour les betteraves il faut se montrer plus cir-
conspect. A part le cas où les betteraves contiennent
des quantités tout à fait insolites de cendres, les in-
ductions fondées sur cette méthode sont tout au moins
contestables.

D'abord la composition des betteraves venues sur le
même champ présente des variations très-étendues
qu'il faudrait prendre en considération, ce que l'on

ne fait pas. Seconde observation. La détermination des cendres où figurent des chlorures alcalins est une opération extrêmement délicate qui demande une main exercée; enfin, et c'est là ma principale objection, pour conclure avec certitude, il ne suffit pas de connaître le poids des cendres : il faudrait compléter cette première notion par celle de la nature des sels qui les composent. Si une partie de sulfate de potasse empêche quatre parties de sucre de cristalliser, alors qu'une partie de chlorure de sodium s'oppose à la cristallisation de six parties de sucre, est-on fondé à confondre dans un coefficient arbitraire et banal les chlorures et les sulfates? Tout revient donc à la question de savoir si la composition des cendres de betteraves est susceptible de variations aussi étendues que je le prétends. Ces quatre analyses empruntées à M. Corinwinder et dans lesquelles la quantité des chlorures varient entre 10 et 30, montre que la méthode saline ne peut donner que d'assez vagues indications.

	Carbonate de potasse.	Carbonate de soude.	Sulfate de potasse.	Chlorure de potassium.	Chlorure de sodium.	Phosphate de soude.	Matières insolubles.
1. Betteraves sans engrais (Quesnoy)...................	33.56	20.49	4.96	10.86	»	4.24	26.06
2. Betteraves fumées avec l'engrais flamand (Quesnoy)...........	27.83	22.74	5.16	15.52	»	4.61	24.12
3. Betteraves récoltées dans les marais de Saint-Omer..........	»	34.45	4.76	33.87	7.49	4.17	15.23
4. Betteraves récoltées dans les relais de Dunkerque..........	7.71	39.64	3.76	30.97	»	3.84	14.06 (1)

Corinwinder.

A la première conclusion, qu'au moyen des engrais chimiques on élevait la récolte sans nuire à la qualité de la betterave, j'en ajoute une seconde : c'est que le travail industriel des racines obtenues avec l'engrais chimique est plus facile parce qu'il ne contient ni chlorures, ni sulfates alcalins dont bien peu d'autres engrais sont exempts.

Élever la récolte sans nuire à la qualité, c'est beaucoup sans doute, mais ce n'est point assez. J'ai recueilli deux observations qui semblent indiquer qu'on peut augmenter à la fois la richesse saccharine et le rendement.

En 1866 un agriculteur de la Belgique, M. Verlat-Carlier, à Vizé-lès-Liége, me signala une partie de son exploitation où il lui était devenu impossible d'obtenir des betteraves, à quelque dose de fumier qu'il eût recours.

Sur mes indications, on soumit ces terres à deux expériences comparatives. Dans l'une on employa du phosphate acide de chaux, enterré dans les couches profondes du sol, et l'engrais complet nº 2 répandu à la surface ; dans l'autre l'engrais complet seulement. Les betteraves de la première expérience accusèrent 13 p. 100 de sucre et celles de la seconde seulement 10 p. 100.

Un excès de phosphate de chaux m'a donné en 1867, à Vincennes, des betteraves titrant 12 p. 100 de sucre, alors que celles venues avec l'engrais ordinaire répandu à la surface ne titraient que 10 p. 100.

Devons-nous conclure de ces deux tentatives que la question est résolue et qu'il dépend de nous d'élever

la richesse saccharine de la betterave? Les problèmes
agricoles sont trop complexes, et leurs résultats in-
fluencés par des conditions trop variées pour nous
hâter à ce point. Ces deux observations ne sont à
nos yeux qu'un premier indice dont il faut suivre le·
développement par de nouvelles expériences.

Résumons-nous :·

L'engrais chimique l'emporte sur le fumier et les
autres engrais du commerce.

La matière azotée est la dominante de la bettcrave,
et il faut l'employer à la dose de 80 à 100 kil. par
hectare, mais il faut toujours l'associer à des quantités corrélatives de phosphate de chaux, de potasse
et de chaux.

De toutes les matières azotées, les nitrates sont les
plus efficaces, puis viennent les sels ammoniacaux et
enfin les matières animales.

Lorsqu'on veut associer les engrais chimiques au
fumier, il faut employer le fumier très-consommé
à la dose de 50,000 kil. par hectare, l'enterrer à
l'automne dans les couches profondes du sol et répandre à la surface 600 kil. d'engrais complet n° 2,
ou mieux encore 800 kil. d'engrais complet intensif
n° 2.

Passant du rendement à la qualité de la racine, nos
conclusions ne seront pas moins nettes :

Un excès de matière azotée est nuisible.

Les sulfates et surtout les chlorures alcalins le
sont plus encore, en gorgeant le jus de sels qui s'opposent à la cristallisation du sucre. Mais avec les en-

grais chimiques on évite cet inconvénient comme vous pouvez vous en convaincre par ce parallèle :

M. Cavallier, au Mesnil-Saint-Nicaise (Somme) :

DÉPENSE PAR HECTARE : avec l'engrais chimique......   350 fr.
     —   avec le fumier   600

RENDEMENT PAR HECTARE : avec l'engrais chimique....   52,700 kil
     —   avec le fumier...........   34,800

SUCRE OBTENU A L'HECTARE : avec l'engrais chimique.   3,251
     —   avec le fumier..........   2,053

Que pourrais-je ajouter à ce témoignage? Si ce n'est de persévérer dans les voies nouvelles ouvertes devant nous par la science et dont la pratique confirme de plus en plus les avantages?

DEUXIÈME ENTRETIEN

Messieurs,

Si on s'en rapportait à l'opinion des agriculteurs du nord de la France et de toute l'Allemagne, le choix de la graine aurait une influence marquée sur la richesse saccharine de la betterave. Ce qui est incontestable, c'est que toutes les variétés n'ont pas la même valeur pour la fabrication du sucre.

La betterave blanche de Silésie a passé jusqu'ici pour la meilleure de toutes. Elle donne le jus le plus riche, le plus pur, et par conséquent le plus facile à travailler. Il existe une sous-variété de cette betterave à peau rose, qui est aussi très-estimée en Prusse.

La betterave jaune de Castelnaudary présente aussi de grandes qualités, mais elle ne peut être cultivée que dans des terrains profonds : on assure que quand elle se trouve dans de bonnes conditions, elle donne au moins autant de sucre que la précédente.

La betterave à jus rouge n'est pas dans le même cas. Cette variété doit être écartée ; elle produit moins de sucre, et de plus elle embarrasse le jus de matières colorantes qui, surtout vers la fin de la saison, deviennent difficiles à éliminer.

Enfin *les betteraves de disette*, qui acquièrent souvent un volume énorme, et qui donnent un poids de produits double et triple des précédentes, doivent être rejetées. La grande quantité d'eau qu'elles contiennent proportionnellement au sucre en rendrait l'extraction trop dispendieuse.

Une variété étant donnée, on prétend qu'il est possible de l'améliorer en choisissant pour porte-graines les racines les plus riches en sucre. *A priori* il n'y a rien là de surprenant. Mais on ajoute que la régularité dans la forme de la racine, sa densité, la finesse de l'épiderme, sont les indices certains d'une qualité supérieure. Dans le même ordre d'idées, on considère comme défectueuses pour la fabrication du sucre les betteraves qui sortent de terre. Désireux de fixer la valeur de ces divers caractères par des constatations positives, je me suis livré à un grand nombre d'essais qui ont justifié dans une certaine mesure les observations de la pratique.

Quatre parcelles d'un are chacune ont été affectées à ces essais, et on a divisé chaque récolte en trois lots séparés :

1° Les betteraves dont la forme était régulière et dont le collet ne dépassait pas le niveau du sol ;

2° Les betteraves bien faites aussi, mais dont le collet s'élevait de 10 à 15 centimètres à la surface du sol ;

3° Les betteraves fourchues, c'est-à-dire dont la racine se partageait en plusieurs pivots.

Chaque groupe a été subdivisé à son tour en plusieurs catégories par ordre de grosseur, de façon à pouvoir définir avec certitude la valeur de chacune de ses particularités, comme indice de la richesse saccharine de la racine. Enfin comme la nature de l'engrais affecte, dit-on, dans une certaine mesure, la qualité des betteraves, ces constatations ont été répétées sur quatre récoltes qui avaient reçu des engrais différents.

Forme. — La régularité de la forme a une influence certaine sur la proportion du sucre ; les betteraves bien faites l'emportent de 1 p. 100 environ sur celles dont la forme est irrégulière.

1° TERRE SANS AUCUN ENGRAIS :

DANS 100 DE BETTERAVES FRAICHES.

	SUCRE CRISTALLISABLE.	SUCRE INCRISTALLISABLE.	TOTALITÉ DES SUCRES.
Bien faite.	10,183 gr.	0,526 gr.	10,709 gr.
Mal faite.	9,690	0,695	10,385

2° ENGRAIS COMPLET.

LA MATIÈRE AZOTÉE ÉTANT DU NITRATE DE POTASSE :

Bien faite.	9,619	0,290	9,909
Mal faite.	7,610	0,505	8,115

3° ENGRAIS COMPLET.

LA MATIÈRE AZOTÉE ÉTANT A LA FOIS DU NITRATE DE POTASSE
ET DU NITRATE DE SOUDE :

DANS 100 DE BETTERAVES FRAICHES.

	SUCRE CRISTALLISABLE.	SUCRE INCRISTALLISABLE.	TOTALITÉ DES SUCRES.
Bien faite.	11,328 gr.	0,761 gr.	12,081 gr.
Mal faite.	9,644	0,738	10,422

4° ENGRAIS COMPLET.

LA MATIÈRE AZOTÉE ÉTANT DU SULFATE D'AMMONIAQUE :

Bien faite.	9,445	1,300	10,745
Mal faite.	7,755	1,128	8,883

Sortie de terre. — L'élévation du collet de la racine
au-dessus du niveau du sol n'a pas une action bien
accusée; impossible du moins de tirer une conclusion précise des faits qu'il m'a été donné de recueillir.

1° ENGRAIS COMPLET.

LA MATIÈRE AZOTÉE ÉTANT DU NITRATE DE POTASSE :

DANS 100 DE BETTERAVES FRAICHES.

	SUCRE CRISTALLISABLE.	SUCRE INCRISTALLISABLE.	TOTALITÉ DES SUCRES.
Enterrées.....	9,619 gr.	0,290 gr.	9,909 gr.
Hors de terre.	8,838	0,697	9,335

2° ENGRAIS COMPLET.

LA MATIÈRE AZOTÉE ÉTANT A LA FOIS DU NITRATE DE POTASSE
ET DU NITRATE DE SOUDE :

Enterrées	11,328	0,761	12,008
Hors de terre.	10,896	0,900	11,070

3° ENGRAIS COMPLET.

LA MATIÈRE AZOTÉE ÉTANT DU SULFATE D'AMMONIAQUE :

DANS 100 DE BETTERAVES FRAICHES.

	SUCRE CRISTALLISABLE.	SUCRE INCRISTALLISABLE.	TOTALITÉ DES SUCRES.
Enterrées	9,445 gr.	1,300 gr.	10,745 gr.
Hors de terre.	11,139	1,120	12,250

Grosseur. — Entre 1,500 et 2,000 grammes, la grosseur de la racine a déterminé en moyenne une différence de 1 p. 100 sur la richesse saccharine en faveur des plus petites ; que la terre soit fumée ou non fumée, le rendement fort ou faible, l'écart s'est toujours maintenu.

1° TERRE SANS AUCUN ENGRAIS :

DANS 100 DE RACINES FRAICHES.

POIDS DES RACINES.	SUCRE CRISTALLISABLE.	SUCRE INCRISTALLISABLE.	TOTAL DES SUCRES.
1,368 gr.	8,307 gr.	0,552 gr.	8,859 gr.
762	10,183	0,526	10,709

2° ENGRAIS COMPLET.

LA MATIÈRE AZOTÉE ÉTANT DU NITRATE DE POTASSE :

POIDS DES RACINES.	SUCRE CRISTALLISABLE.	SUCRE INCRISTALLISABLE.	TOTAL DES SUCRES.
2,965	8,638	0,287	8,925
1,515	9,174	0,238	9,412

3° ENGRAIS COMPLET.

LA MATIÈRE AZOTÉE ÉTANT A LA FOIS DU NITRATE DE POTASSE ET DU NITRATE DE SOUDE :

DANS 100 DE RACINES FRAICHES.

POIDS DES RACINES.	SUCRE CRISTALLISABLE.	SUCRE INCRISTALLISABLE.	TOTAL DES SUCRES.
1,922 gr.	8,559 gr.	0,822 gr.	9,381 gr.
981	10,184	0,693	10,877

4° ENGRAIS COMPLET.

LA MATIÈRE AZOTÉE ÉTANT DU SULFATE D'AMMONIAQUE :

2,915	9,472	0,789	10,261
1,388	11,136	1,161	12,297

Conclusion : il ne faut pas que le poids des racines dépasse 1,500 grammes. Ce résultat est facilement obtenu, en portant le nombre des racines à 50,000 par hectare.

Malgré l'intérêt qui s'attache à ces indications, un fait les prime : c'est la possibilité d'accroître le rendement, sans nuire à la qualité, par des engrais judicieusement composés.

Mais il ne suffit pas que ce résultat soit possible, il faut encore savoir s'il est durable, et s'il n'est pas suivi de l'épuisement du sol.

Telle est la question sur laquelle je vais m'appliquer à fixer votre opinion.

Le moyen est bien facile : la terre a-t-elle reçu par les engrais plus de phosphate de chaux, de potasse, de chaux que les récoltes ne lui en ont pris ? Les engrais

CHAMP D'EXPÉRIENCES DE VINCENNES. — RÉCOLTE DE 1868.

INFLUENCE DES CARACTÈRES PHYSIQUES SUR LA RICHESSE SACCHARINE DES BETTERAVES.

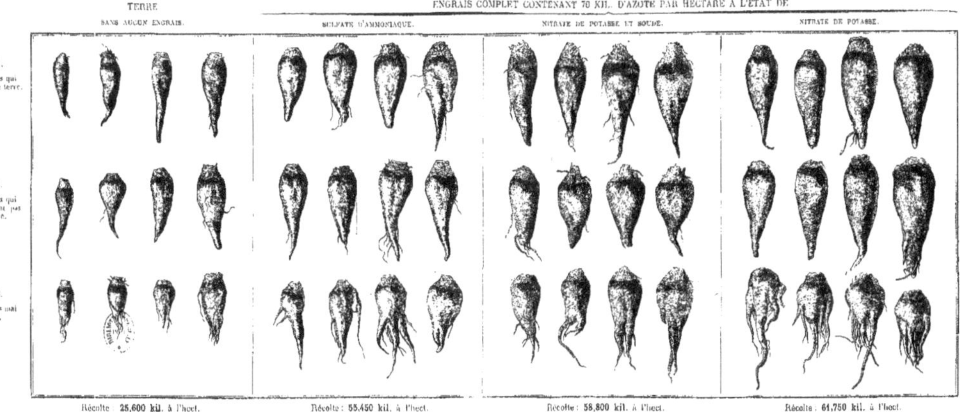

ont-ils conservé en outre 50 p. 100 environ de la quantité d'azote contenue dans les récoltes? Si ces deux conditions sont remplies, quelle que soit l'importance du rendement, le sol conserve sa fertilité initiale.

Mais si elles ne sont pas observées, la fertilité est atteinte, car la loi de restitution est inflexible.

Toute la question revient donc à savoir si la terre est en perte ou en gain, si la culture se solde à son profit ou à son préjudice.

Procédons à cette balance nécessaire dont j'ai tracé ailleurs le caractère et l'économie. (Voir pages 145 et 334 du premier volume).

Je prendrai pour base de mes calculs la rotation bisannuelle, betteraves, blé; je fixerai à 50,000 kil. par hectare la récolte de la betterave, et le rendement du blé à 35 hectolitres de grains et 5,000 kil. de paille.

Dans les deux récoltes réunies, il y a :

	BETTERAVES.		FROMENT.		
	RACINES.	FEUILLES.	GRAINS.	PAILLE.	TOTAUX.
	50,000^k	13,500^k	2,660^k	5,000^k	
Azote...............	195	47	75	41	358^k
Acide phosphorique.	57	9	18	6	90
Potasse	229	21	13	16	279
Chaux...............	20	10	»	10	40

Or, pour obtenir ces deux récoltes, il faut employer la première année l'engrais complet n° 2, composé de :

Phosphate acide de chaux........	400 kil.
Nitrate de potasse...............	200
Nitrate de soude................	300
Sulfate de chaux................	300

La seconde année, 300 kil. de sulfate d'ammoniaque, dont 200 kil. à l'automne et 100 kil. au printemps, répandus en couverture sur les parties faibles.

Dans ces deux engrais réunis, il y a :

Azote, 136 kilog. équivalant dans la récolte à...	272 kil.
Acide phosphorique..........................	72
Potasse	94
Chaux	125

La balance devient donc :

	DANS L'ENGRAIS.	DANS LA RÉCOLTE.
Azote................	272 kil.	358 kil.
Acide phosphorique......	72	90
Potasse................	95	279
Chaux	125	40

Il n'y a pas à se le dissimuler, si les termes de cette balance sont exacts, la récolte contient plus d'azote et de potasse que l'engrais ; la fertilité originelle du sol est compromise : les rendements ne pourraient se maintenir à leur niveau primitif.

Mais la fertilité a-t-elle réellement reçu une atteinte? Non. Ces chiffres, quoiqu'exacts et vrais, ne sont pas l'expression de la réalité des choses.

D'abord nous avons fait figurer dans la récolte de betteraves et nous avons considéré comme perdus pour le sol 13,500 kil. de feuilles.

Or, c'est là une supposition toute gratuite; ces feuilles ne sont pas exportées : elles restent sur la terre et lui rendent les éléments de fertilité qu'elles contiennent.

Deuxième correction. Dans la grande majorité des cas, la paille n'est pas exportée non plus ; elle est consommée sur le domaine pour la nourriture du bétail et concourt à la production du fumier ; il n'est donc pas juste de la comprendre parmi les récoltes qui épuisent le sol, puisqu'à un moment donné elle fait retour à la terre.

Troisième correction. Sur les 35 hectolitres de grains récoltés, il en faut supprimer au moins deux pour la semence.

Enfin dans la grande majorité des cas la pulpe de betterave sert à la nourriture du bétail, ce qui rend à la terre le tiers environ des substances utiles que la récolte de cette racine en avait distrait.

Toutes ces rectifications équivalent à :

Azote.....................	141 kil.	30
Acide phosphorique	22	»
Potasse...................	105	76
Chaux....................	20	»

Ayant pour origine :

	AZOTE.		ACIDE PHOSPHORIQUE.		POTASSE.		CHAUX.	
13,500 kil. de feuilles de betteraves.....	47^k	»	9^k	»	21^k	»	10^k	»
12,500 kil. de pulpe.	47	»	6	»	71	»	Mémoire.	
2 hect. de froment pour semence	4	30	1	»	0	76	Mémoire.	
5,000 kil. de paille..	43	»	6	»	13	»	10^k	»
TOTAL ÉGAL...	141^k	30	22^k	»	105^k	76	20^k	»

Ce qui réduit la somme des éléments perdus par le sol à :

Azote	216 kil. 70
Acide phosphorique	68 »
Potasse	174 »
Chaux	20 »

Alors la balance devient :

	RÉCOLTE.	ENGRAIS.
Azote	216 kil.	272 kil.
Acide phosphorique.	68	72
Potasse	174	94
Chaux	40	124

Pour l'acide phosphorique, il n'y a pas lieu à discussion, 68 dans la récolte et 72 dans l'engrais.

Pour la chaux, pas d'observations non plus, 40 dans la récolte et 124 dans l'engrais.

Même remarque à l'égard de l'azote dans l'engrais ; 136 kil. équivalent à 272 kil., dans la récolte 216 kil.

Sur un seul point, un seul, la potasse, la balance reste toujours décidément en perte : 174 kil. dans la récolte et 94 seulement dans l'engrais.

Mais ici encore il convient d'introduire un amendement.

Je vous ai dit, Messieurs, en traitant des conditions fondamentales de la production végétale (tome Ier, pages 78 et 80), qu'après le nitrate de potasse, le nitrate de soude était à l'égard de la betterave le plus efficace de tous les produits azotés. Or, sans pouvoir ni vouloir l'affirmer absolument, j'inclinerais à penser que la soude dont l'action est décidément nulle sur le froment et la plupart des autres plantes peut, au contraire, remplacer dans une certaine mesure la potasse pour la betterave.

Si cette substitution était possible, la balance se solderait cette fois encore par un excédant en faveur de la terre, attendu que l'engrais contient 300 kil. de nitrate de soude, où la soude figure pour 100 kil.

La totalité des alcalis s'élèverait à 205 kil. contre 174 contenus dans les deux récoltes.

Mais ce point étant douteux, il est préférable, jusqu'à plus ample information, d'augmenter dès la seconde ou la troisième rotation la dose de la potasse dans l'engrais, de manière à observer les prescriptions de la loi de restitution totale dont la pratique ne doit jamais s'écarter.

Ce qui tendrait à me faire supposer que la soude a une action utile sur la betterave, c'est qu'ici même, à Vincennes, où le sol manque de potasse, les rendements se soutiennent depuis huit ans avec les doses d'engrais que je vous ai indiquées.

Si, contre mon attente, cette présomption était démentie par des expériences plus longtemps prolongées, le remède nous est connu :

Remplacer dans l'engrais de la première année 150 kil. de nitrate de soude par 180 kil. de nitrate de potasse, ce qui élèverait la dépense de 60 fr. environ, soit 30 fr. par hectare et par an.

De tout ce que nous venons de dire, il résulte donc, Messieurs, que lorsqu'on établit la balance d'une culture, il faut porter à l'actif du compte tout ce qui fait retour à la terre, soit qu'on laisse pourrir sur place cette partie de la récolte, comme c'est le cas pour les feuilles de betteraves, ou qu'on s'en serve pour faire du fumier, comme cela a lieu pour la paille et la pulpe.

On a dit, et on répète tous les jours, que les engrais chimiques nuisent à la production de la viande et du fumier. Pour prouver le contraire, il suffit de se reporter à la balance que je vous ai présentée. Que dit-elle? Que si l'on produit par hectare 50,000 kil. de betteraves, 35 hectolitres de froment et 5,000 kil. de paille, le fumier laissé par la consommation de la pulpe et de la paille s'élève à 16,000 kil. environ, ce qui fait 8,000 kil. par hectare et par an sans le secours d'une annexe de prairie (1).

Dans les calculs que je vous ai présentés, j'ai évité avec le plus grand soin tout ce qui pourrait ressembler aux déclarations nées d'un parti pris ou d'une idée préconçue; j'ai donc le ferme espoir que vous ratifierez de votre suffrage la déclaration qui doit être le dernier mot de cette discussion.

L'engrais chimique complet doit son action fertilisante aux mêmes agents que le fumier de ferme; lorsqu'on n'emploie que du fumier, la culture nous commande. Avec une importation d'engrais chimique,

---

	ÉLÉMENTS DE FERTILITÉ CONTENUS DANS	
	10,000 kil. de fumier de ferme.	13,500 kil. de pulpes et 5,000 kil. de paille.
(1) Azote	65 kil.	90 kil.
Acide phosphorique .	28	12
Potasse.............	52	84

LES ROLES SONT RENVERSÉS, NOUS COMMANDONS A LA CULTURE ; NOUS SOMMES LIBRES DE FAIRE DE LA VIANDE OU DE N'EN PAS FAIRE ; LE BÉTAIL N'EST PLUS UNE NÉCESSITÉ, MAIS UNE QUESTION DE CONVENANCE , DE COMPTE ET DE PROFIT.

Revenons à la culture :

Tous les agriculteurs sont unanimes à ranger la betterave parmi les plantes améliorantes, sans avoir une idée bien nette de la cause à laquelle elle doit cet heureux privilége. D'où lui vient cet avantage? De ce que le sucre, qui en est le principal produit, n'étant formé que de carbone, d'hydrogène et d'oxigène, ne fait rien perdre à la terre; l'air et l'eau de la pluie en font seuls les frais.

Consentez à jeter les yeux sur ce tableau, où les éléments qui entrent dans la composition de la betterave sont classés d'après leur origine, et l'explication des propriétés améliorantes de la betterave vous apparaîtra avec la dernière évidence.

POURQUOI LA BETTERAVE EST UNE PLANTE AMÉLIORANTE.

BETTERAVE.. 50,000 kil.

EAU.. 43,125 k. ci. 43,125 kil., dont l'exportation n'appauvrit pas le sol.

SUCRE. 4,160 kil.
- Carbone............... 1,752 kil.
- Hydrogène............. 266
- Oxygène............... 2,142

4,160   ci. 4,160 kil., dont l'exportation n'appauvrit pas le sol.

- Carbone...............
- Hydrogène............. } 1,959 kil.
- Oxygène...............

1,959   ci. 1,959 kil., dont l'exportation n'appauvrit pas la sol.

MINÉRAUX SECONDAIRES.

PULPE. 2,715 kil.
- Silice.................. 36 kil.
- Chlore................. 23
- Acide sulfurique........ 15
- Oxide de fer 3
- Soude 151
- Magnésie 27

255   ci. 255 kil., dont l'exportation n'appauvrit pas le sol.

ÉLÉMENTS FONDAMENTAUX DE LA PRODUCTION.

- AZOTE................. 195 kil.
- ACIDE PHOSPHORIQUE.... 57
- POTASSE............... 229
- CHAUX................. 20

501   ci. 501 kil., dont l'exportation appauvrit le sol.

En disant qu'à part le sucre, tout fait retour à la terre, nous exagérons un peu, car lorsqu'on donne la pulpe aux animaux, sa transformation en viande entraîne une perte d'azote, de phosphate de chaux, de potasse et de chaux, à laquelle il faut ajouter encore la potasse que retiennent les mélasses et que leur exportation fait perdre au domaine. Comment rétablir l'équilibre? Par une importation permanente d'engrais chimique.

La fabrication du sucre de betterave occupe une place trop importante dans l'économie du pays, pour ne pas dire quelques mots des vicissitudes qu'elle a traversées avant d'atteindre le degré de prospérité auquel elle est maintenant parvenue.

En 1836, lorsque la fabrication du sucre de betterave était libre, il y avait en France 436 fabriques de sucre jouissant toutes d'une grande prospérité; leur production s'élevait en moyenne à 40 millions de kilogrammes de sucre par an. En 1837, le sucre est imposé de 15 fr. par 100 kilogrammes; soudain 67 fabriques mortellement atteintes tombent pour ne plus se relever. Partout où la production de la betterave était trop onéreuse, les fabriques disparurent, mais il s'en éleva de nouvelles dans des conditions mieux choisies. La vitalité de la nouvelle industrie était telle, qu'à vingt ans de là, en 1866, le nombre des fabriques avait atteint 441, produisant de 250 à 300 millions de kilogrammes de sucre.

Aujourd'hui l'impôt s'est élevé au chiffre énorme de 50 fr. par 100 kil. de sucre, et pourtant l'industrie du sucre n'a jamais été plus prospère. Pour combattre l'accroissement de l'impôt, on a eu recours à un outillage de plus en plus perfectionné et à des fabriques de plus en plus puissantes.

A l'origine, les fabriques ne produisaient guère que 900 à 1,000 sacs de sucre; aujourd'hui on atteint couramment 4 à 5,000 sacs, et depuis que le transport des jus par une canalisation souterraine tend à se substituer au transport des betteraves, il est question d'établir des fabriques dont la production s'élèvera à 15 ou 20,000 sacs de sucre.

A raison de 5,000 sacs de sucre, 250 hectares suffisaient pour alimenter une fabrique ; à l'avenir il en faudra 2 ou 3,000.

Le nombre des chevaux-vapeur employés par l'industrie sucrière est en ce moment de 88,000.

La quantité de houille qu'elle consomme, à raison de 5 kilogrammes de houille pour 1 kilogramme de sucre, est de 1,250,000 tonnes.

La quantité de pulpe qui sert à l'élève du bétail est de 900 millions de kilogrammes, ce qui correspond à une production annuelle de viande de 600,000 kilogrammes.

L'industrie sucrière paye, année moyenne, 24 millions de salaires répartis entre 85,000 ouvriers. Chaque usine emploie de 180 à 200 ouvriers.

Enfin cette industrie est tributaire envers l'État de 100 millions d'impôts, et son matériel représente une valeur de plus de 200 millions.

Ces chiffres, Messieurs, vous expliquent les longs développements dans lesquels je suis entré à l'égard de la betterave. On ne pourrait se montrer indifférent aux intérêts de cette grande industrie, qui a pris naissance en France et qui est appelée à devenir l'un des plus puissants leviers du progrès agricole, le jour où une législation plus clairvoyante saura comprendre qu'en favorisant la production du sucre, on favorise en même temps celle du blé et de la viande ; qu'en abaissant le prix du sucre, on permet aux classes nécessiteuses d'introduire le café et le thé dans leur régime alimentaire, ce qui a des avantages inestimables pour la santé publique?

Afin d'épuiser le programme que je me suis tracé, il me reste, Messieurs, à vous présenter l'histoire des autres plantes à sucre. Aujourd'hui je m'occuperai de la canne et du maïs.

La canne a pour le pays autant d'intérêt que la betterave; c'est la culture qui domine aux colonies, à la Guadeloupe, à la Martinique, à la Réunion. Or, la France d'outre-mer n'est-elle pas aussi la France?

Un autre motif nous sollicite à étudier d'une manière approfondie la culture de la canne: cette plante a les mêmes exigences que le maïs, le sorgho et le topinambour, qui sont aussi des plantes à sucre, mais qui appartiennent toutes à nos régions tempérées.

Revenant à la canne, je me pose cette première question : Les engrais chimiques se montrent-ils aussi efficaces que le fumier? Le rendement est-il inférieur ou plus élevé? Neuf fois sur dix il est plus élevé avec les engrais chimiques.

Voici ce que l'honorable M. de Jabrun a obtenu de la Guadeloupe en 1866 :

	RÉCOLTE À L'HECTARE.
Engrais chimique......................	57,600 kil.
Fumier de ferme......................	32,000
Terre sans aucun engrais..............	3,000

Même résultat que sur la betterave. Ces rendements sont cependant au-dessous de la moyenne ordinaire, parce que l'année 1866 fut exceptionnellement sèche et la terre choisie à dessein parmi les plus mauvaises de l'île.

Telle qu'elle est cependant, cette première expérience est remarquable; entre la récolte venue avec le secours de l'engrais chimique et celle de la terre qui n'avait pas reçu d'engrais, il y a un écart de 54,600 kilogrammes. Les cannes de la première récolte atteignaient deux ou trois mètres de hauteur, tandis que les autres avaient à peine 1 mètre.

Cette expérience ayant un caractère exceptionnel, citons-en quelques autres :

1867.

	RÉCOLTE A L'HECTARE.
Engrais chimique.......................	85,000 kil.
Fumier.................................	62,000
Terre sans aucun engrais................	26,578

Excédant en faveur de l'engrais chimique sur la terre sans engrais 59,000 kilogrammes, sur le fumier 23,000.

En 1868, les mêmes effets se sont reproduits. Avec l'engrais chimique, la récolte s'est élevée à 80 ou 85,000 kil., tandis qu'avec le fumier, c'est à peine si elle a atteint 40 ou 45,000 kil. par hectare.

Par conséquent, ce que nous avons dit pour la betterave, nous devons le répéter pour la canne : l'engrais chimique l'emporte sur le fumier.

Nouvelle question : quelle est la dominante de la canne?

Cette série d'engrais va nous l'apprendre.

1866.

	RÉCOLTE À L'HECTARE.
Engrais complet	57,600 kil.
— sans chaux	50,000
— sans potasse	35,000
— SANS PHOSPHATE................	15,000
— sans azote.....................	56,000
Terre sans aucun engrais..............	3,000

Pas d'hésitation possible : c'est le phosphate de chaux. Quant à la matière azotée si efficace sur la betterave, elle est presque sans action sur la canne qui, à l'exemple des légumineuses, emprunte à l'air la plus grande partie de l'azote qu'elle s'assimile et organise dans ses tissus.

Deux expériences exécutées en 1865 et en 1867 ne peuvent laisser aucun doute à cet égard. Je signale plus particulièrement à votre attention l'expérience de 1867, dans laquelle on a porté progressivement la dose de l'azote de 28 kil. à 90, sans que la récolte en ait éprouvé de changement.

1866.

	RÉCOLTE À L'HECTARE.
Engrais complet (Azote 76 kil.)................	57,600 kil.
— sans azote...........................	56,000

1867.

Engrais complet avec 28 kil. d'azote	84,000
— avec 45 kil. d'azote...........	79,732
— avec 60 kil. d'azote...........	86,840
— avec 90 kil. d'azote...........	87,267

Nouvelle conclusion non moins certaine que celle

qui assigne au phosphate de chaux le rôle prépondérant : l'azote n'a pas d'influence sur la récolte.

Entre la canne et la betterave, il y a donc un contraste complet : ces deux séries de résultats ont pour destination de le mettre en relief.

	RÉCOLTE A L'HECTARE.	
	BETTERAVES.	CANNES.
Engrais complet	51,000 kil.	57,600 kil.
— sans chaux..........	47,000	50,000
— sans potasse.........	42,000	35,000
— sans phosphate......	37,000	15,000
. — . sans matière azotée..	36,000	56,000
Terre sans aucun engrais....	25,000	3,000

J'ai choisi à dessein pour la canne l'expérience de 1866, malgré la faiblesse des rendements, causée, comme je vous l'ai dit, par la sécheresse exceptionnelle qui a régné à la Guadeloupe cette année-là, parce que la récolte obtenue avec l'engrais complet étant sensiblement égale à celle de la betterave, l'opposition entre les autres termes des deux séries est plus tranchée.

Pour beaucoup d'esprits, les tracés graphiques peignent mieux les phénomènes que les chiffres; voici donc les mêmes résultats exprimés sous cette forme qui est en effet plus saisissante :

CANNE ET BETTERAVE.

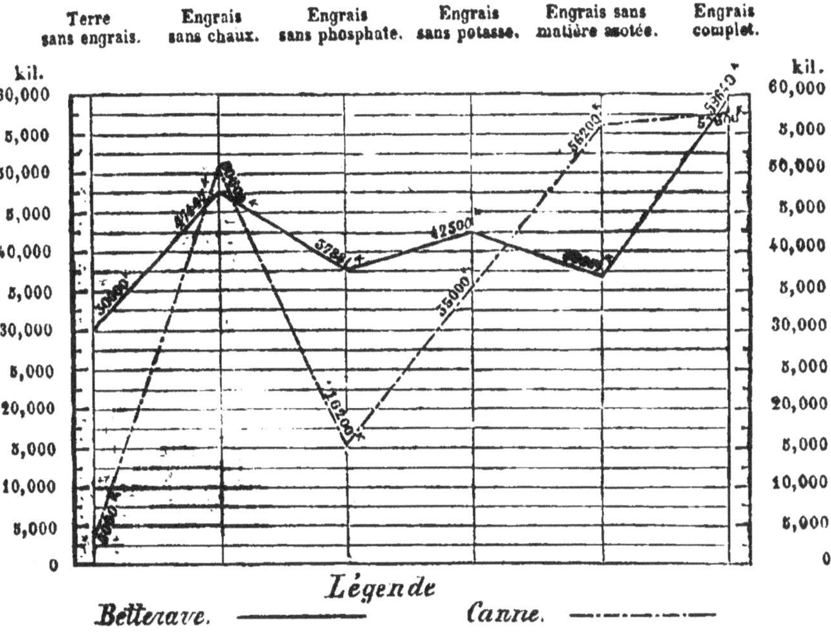

Vous le voyez, Messieurs, avec l'engrais complet
les rendements de betteraves et de cannes se con-
fondent presque, tant ils sont rapprochés ; pour la
betterave 59,640 kil., pour la canne 57,600 kil. Sup-
prime-t-on l'azote? le rendement de la betterave des-
cend à 36,834 kil., tandis que celui de la canne reste à
56,200 kil.; mais par contre la suppression du phosphate de chaux, qui ne fait descendre le rendement
de la betterave qu'à 37,000 kil., réduit celui de la
canne à 15,000 kil.

Conclusion : il faut à la canne beaucoup de phosphate de chaux et peu d'azote ; à la betterave beaucoup d'azote et moins de phosphate.

Une expérience plus récente faite aussi à la Guadeloupe en 1867, par les soins d'un syndicat nommé par le Conseil général et aux frais de la colonie, a confirmé de tous points les précédentes :

	RÉCOLTE A L'HECTARE.
Terre sans aucun engrais............................	26,575 kil.
Phosphate de chaux tout seul........................	68,875
Engrais complet sans azote..................	75,782
Engrais complet contenant 28 kilog. d'azote...........	84,782

Montrons les avantages économiques qui se déduisent de ces indications.

Une deuxième tentative où l'on a expérimenté deux engrais inégalement riches en phosphate de chaux va nous en donner les moyens.

	RÉCOLTE A L'HECTARE.
Engrais avec 400 kilog. de phosphate acide de chaux...	39,000 kil.
Engrais avec 600 kilog. — — ...	84,782

Excédant en faveur du second engrais 45,782 kilogr. de cannes valant de 800 à 900 fr., obtenu avec 200 kil. de phosphate du prix de 35 à 40 fr.

Vous le voyez, Messieurs, les formules changent, la règle reste la même. S'enquérir de la *dominante* propre à la plante qu'on veut cultiver, afin d'obtenir le maximum de produit avec le minimum de dépense.

Eclairé par les faits, je propose pour la canne l'engrais complet n° 5 dont trois années d'expériences consécutives à la Guadeloupe ont consacré la haute efficacité :

	A L'HECTARE.		
	QUANTITÉ.	PRIX.	DÉPENSE.
ENGRAIS COMPLET Nº 5...	1,200ᵏ		
Soit :			
Phosphate acide de chaux ..	600	96ᶠ	» ⎫
Nitrate de potasse.........	200	124	» ⎬ 228 fr. »
Sulfate de chaux..........	400	8	» ⎭

J'ai dit qu'avec cet engrais on avait obtenu 84,000 kil. de cannes la première année ; j'ajoute que la seconde année le rendement des rejetons a été de 26,000 kil., ce qui porte la moyenne annuelle à 55,000 kil. par hectare.

Voici en effet trois récoltes obtenues sur trois pièces de terre différentes :

1ʳᵉ ANNÉE.	2ᵉ ANNÉE.	MOYENNE D'UN AN.
84,782 kil.	26,875 kil.	55,828 kil.
70,000	29,000	45,000
82,000	23,000	52,000

Résultat remarquable si on a égard aux rendements que donnent les anciens procédés.

D'après un relevé dont je suis redevable à M. le marquis de Rancougne, propriétaire de l'une des fabriques de sucre les plus importantes de la Guadeloupe, la moyenne des récoltes obtenues par ses fournisseurs de cannes est à peine de 34,000 kil. par hectare pour une production de 21,410,000 kil.

38,272 kil. pour les cannes plantées de 1ʳᵉ année.
23,504   pour les premiers rejetons.
12,733   pour les rejetons des années suivantes.

La moyenne de 50,000 kil. obtenus par M. de Jabrun ne peut-elle être dépassée? Je crois possible de l'élever de 20 à 30,000 kil., ce qui porterait à 80,000 kil. par hectare la récolte des cannes plantées, et à 50 ou 60,000 kil. pour celles des rejetons.

Mais pour atteindre de pareils rendements, il faut de toute nécessité fumer les rejetons avec 600 kil. phosphate acide de chaux, ou mieux encore avec une nouvelle dose d'engrais complet n° 5.

Vous savez, Messieurs, qu'il ne suffit pas d'obtenir de fortes récoltes, il faut encore qu'elles puissent être durables, ce qui n'est possible que si au terme de chaque rotation la terre a reçu plus qu'elle n'a donné en phosphate, en potasse et en chaux; je ne parle pas de l'azote, puisque les cannes le tirent de l'atmosphère. Avec l'engrais complet n° 5, employé pour deux ans, la loi de restitution totale est-elle observée? Impossible de le nier.

	BALANCE (1)	
	DANS 100,000 KIL. DE CANNES EFFEUILLÉES:	DANS L'ENGRAIS COMPLET N° 5.
Acide phosphorique	28 kil.	108 kil.
Potasse	41	94
Chaux	28	62

La loi de restitution est donc observée.

---

(1) 100 de cannes vertes donnent 27.0 de matières sèches.
100 de feuilles de cannes — 40.0 — —.
100 de cannes sèches — 1.5 de cendres.
100 de feuilles de cannes — 8.3 —

Voy. p. 62 pour l'analyse des cendres.

Vous serez certainement surpris que 100,000 kilog. de cannes contiennent si peu de phosphate, de potasse et de chaux, mais il faut remarquer qu'il s'agit ici de cannes dépouillées de leurs feuilles. Si on faisait entrer les feuilles en ligne de compte, le résultat serait bien différent : la canne deviendrait l'une des cultures les plus épuisantes, attendu que pour 100,000 kilog. de tiges, il y a 43,000 kilog. de feuilles, dans lesquelles on trouve :

	DANS 42,000 KIL. DE FEUILLES VERTES.
Acide phosphorique....................	17 kil.
Potasse.............................	189
Chaux	128

Ce qui avec la quantité des mêmes substances contenues dans les tiges forme un total de :

Acide phosphorique....................	45 kil.
Potasse.............................	230
Chaux	155

Mais comme les cannes sont dépouillées de leurs feuilles sur le champ qui les a produites, où elles se décomposent et rendent à la terre ce qu'elles lui avaient pris, la balance doit rester ce que nous avons dit en premier lieu.

La complète décomposition des feuilles exigeant cependant un temps assez long, et la canne étant une plante à développement très-rapide, on fera sagement de recourir chaque année à un supplément d'engrais; suivant les localités, la nature du sol et le

climat, 600 kil. de phosphate acide de chaux pourraient suffire. Je crois préférable cependant de recourir chaque année à l'engrais complet n° 5, à la dose
de 600 kil., ou bien à une fumure de 1,200 kil. tous
les deux ans par hectare ; car s'il est vrai que dans
la pratique on doit éviter avec le plus grand soin
d'enfreindre la loi de restitution totale, il est indispensable aussi de mettre tous ses efforts à obtenir de
grands rendements, parce qu'en fin de compte, ils
sont les plus rémunérateurs. Pour vous montrer à
quel point l'avantage des grands rendements est réel,
voici deux comptes de culture : l'un où la terre est
fumée tous les deux ans, et l'autre où elle l'est, au
contraire, chaque année :

1° Culture de la canne en fumant la terre tous les deux ans.

Dépense : 1,200 kil. d'engrais complet n° 5..   250 fr.
Récolte : 100,000 kil. de cannes en deux ans.   2,500

EXCÉDANT EN FAVEUR DE LA RÉCOLTE..   2,250

2° Culture de la canne en fumant la terre tous les ans.

Dépense : 2,400 kil. d'engrais complet n° 5..   500 fr.
Récolte : 140,000 kil. de cannes en deux ans.   3,500

EXCÉDANT EN FAVEUR DE LA RÉCOLTE..   3,000

850 fr. de plus par le second système, ou 420 fr.
par hectare et par an ; avec le seul excédant de produit
on couvre le prix de l'engrais.

Remarquez de plus que la dépense a été portée à
sa dernière limite, car on a appliqué aux rejetons

1,200 kil. d'engrais complet, alors que selon toute vraisemblance 600 kil. doivent suffire.

Après de tels exemples, croyez-vous qu'il soit judicieux de regarder à de si faibles économies, lorsqu'on a devant soi de si gros bénéfices?

Si vous trouvez que je prescris des doses excessives de phosphate de chaux, je vous répondrai que c'est avec intention. Bien différent de la matière azotée dont une dose trop forte provoque des accidents, un excès de phosphate de chaux n'a jamais d'inconvénient. On détermine par ce moyen la multiplication des racines, ce qui a pour effet certain, dans les pays chauds surtout, de favoriser l'essor de toute la plante.

Un autre motif justifierait au besoin l'emploi de doses élevées de phosphate. J'ai dit à l'occasion de la betterave que deux fois j'avais obtenu des racines d'une richesse saccharine supérieure. Or, dans ces deux cas l'engrais contenait un excès de phosphate de chaux. Eh bien! un fait analogue s'est produit à la Guadeloupe sur la canne. Les cannes fumées à l'engrais chimique contenaient 17.80 p. 100 de sucre, et les cannes non fumées 11.52 p. 100.

	POUR CENT.
Cannes fumées. — Sucre cristallisable........	17 50
— — Sucre incristallisable......	0.30
TOTAL DES SUCRES.....	17.80
Cannes non fumées. — Sucre cristallisable....	10.13
— — — Sucre incristallisable..	1.39
TOTAL DES SUCRES.....	11.52

Mais ce n'est pas tout : si l'on compare la composition des cannes venues dans ces deux conditions, on trouve que l'acide phosphorique et la potasse entrent pour une proportion sensiblement double dans la composition des premières.

	100 DE CENDRES PROVENANT DE (1)	
	CANNES FUMÉES.	CANNES NON FUMÉES.
Acide phosphorique	6,666	3,422
Potasse..................	9,652	5,429

Ainsi pas de doute. Pas d'incertitude. La présence réunie du phosphate de chaux élève à la fois le rendement de la canne et la richesse saccharine.

Il m'arrive à la dernière heure un témoignage conforme à ces indications. M. de Jabrun m'annonce que les cannes venues à l'engrais chimique sont plus denses que les autres. Je cite textuellement :

---

(1) Voici au surplus l'analyse complète des cendres de feuilles et tiges de cannes, venues dans ces deux conditions.

	DANS 100 DE CENDRES			
	DE CANNES FUMÉES.		DE CANNES NON FUMÉES.	
	Tiges.	Feuilles.	Tiges.	Feuilles.
Acide carbonique....	0,581	3,800	» »	3,176
— phosphorique..	6,666	1,276	3,422	1,390
— sulfurique.....	15,000	2,440	18,483	2.440
Chlore.............	Traces.	1,534	Traces.	1,812
Potasse............	9,653	13,400	5,429	6,354
Soude	9,000	2,553	4,310	2,269
Chaux.	6,444	9,041	13,750	1,741
Magnésie.	7,774	2,727	5,800	2,173
Oxide de fer........	0,550	0,922	0,625	1,070
Silice soluble........	18,888	31,558	25,156	25,222
Silice insoluble.....	23,120	30,442	22,810	46,733

« M. de Surgy envoie par mer ses cannes à l'usine
« d'Arbousier. Les chalands qui les reçoivent ont
« une marque qu'il ne faut pas dépasser, sans quoi
« l'embarcation toucherait le fond. Les cannes à l'en-
« grais chimique mises dans le chaland étaient loin
« d'avoir atteint cette marque, et cependant la ligne
« de flottaison touchait l'eau. A l'arrivée à l'usine,
« on constata un poids de 35,000 kil., le plus fort
« poids des chalands pleins, tandis que celui-ci était
« loin de l'être. »

Enfin, comme dernier argument en faveur des
thèses que je soutiens, voici la représentation d'après
nature des cannes dont il vient d'être question.

Expériences de M. de Jabrun, à la Guadeloupe.

Sans aucun engrais.   Engrais complet n° 5.

Passons à la manière d'employer l'engrais. Partout où la chose est possible, il faut répandre l'engrais à la surface du sol et le mêler à la couche superficielle, au lieu de le concentrer dans la fosse où l'on dépose le tronçon de canne destiné à servir de bouture.

Pour les rejetons, le mieux est de pratiquer une tranchée de 30 à 40 centimètres de profondeur, à 30 centimètres de distance du pied des touffes de cannes, à l'aide d'une charrue de défoncement. On répand l'engrais au fond de la tranchée, et on le recouvre par un deuxième coup de charrue donné à côté du premier.

Si j'en juge par les observations que j'ai été à même de faire en Égypte, j'incline à penser qu'on devrait laisser entre les touffes de cannes plus d'espace qu'on n'a coutume de le faire, afin de permettre à la lumière d'agir sur toutes les parties de la plante.

Autre progrès : après l'extraction du jus, les tiges de la canne sont utilisées comme combustible, mais les cendres qui en proviennent sont presque toujours perdues. Ces cendres contiennent des quantités de potasse qui ne sont point à dédaigner. On devrait donc les recueillir et les rendre à la terre, après les avoir mêlées avec du phosphate acide de chaux à raison de 600 kil. par hectare.

Il est probable qu'au prix actuel de la houille, il serait plus avantageux d'employer les bagasses comme engrais que de s'en servir comme combustible. Dans ce cas, la meilleure manière d'en tirer parti devrait consister à les faire pourrir et à mêler au produit de leur décomposition du phosphate acide de chaux, à raison de 600 kil. par hectare, comme dans le cas des cendres.

Afin de diminuer les frais de transport qui sont très-élevés aux colonies, on pourrait faire déssécher cette sorte de fumier par une exposition de quelques jours au soleil, et n'y mêler le phosphate que lorsqu'il aurait acquis l'état pulvérulent.

Vous devez le remarquer, toutes nos prescriptions tendent à ce but : rendre à la terre plus qu'elle n'a perdu et mettre à profit, pour que cette restitution soit la moins onéreuse possible, les déchets de récolte auxquels il est toujours avantageux de donner un complément d'engrais chimique pour en augmenter les bons effets.

Plus les récoltes ont de valeur, plus on a d'intérêt à faire de cette règle l'objet d'une observation attentive.

J'arrive au maïs :

Le maïs est, comme la canne, originaire des régions tropicales ; mais à raison de la rapidité de sa croissance, on peut le cultiver dans nos climats. La durée de nos étés lui suffit pour parvenir à sa pleine maturité.

Jusqu'à présent on n'a guère cultivé le maïs que pour sa graine, dont le rendement considérable peut atteindre 50, 60 et jusqu'à 70 hectolitres par hectare. Le rendement ordinaire est de 30 à 40 hectolitres.

Le grain de maïs contient, comme le froment, de l'amidon, une substance azotée analogue au gluten, et des phosphates ; c'est un aliment de premier ordre. Pour s'en convaincre, il suffit de comparer sa composition à celle du froment :

	FROMENT.	MAIS.
Gluten et albumine..........	14.6	11.9
Amidon.....................	59.7	61.5
Dextrine...................	7.2	»
Matière grasse	1.2	5.5
Cellulose	1.7	4.1
Sels minéraux..............	1.6	3.0
Eau	14.0	14.0
	100.0	100.0

Le maïs résiste admirablement à la sécheresse. C'est la graminée par excellence de nos départements du Midi. J'incline même à penser que dans le Nord on pourrait en tirer un parti plus avantageux qu'on ne l'a fait jusqu'ici, et cela de deux manières différentes.

Lorsque la graine commence à se former, la tige du maïs contient de 8 à 9 p. 100 de sucre dont la presque totalité est dans certaines variétés à l'état de sucre de canne (1).

J'ai trouvé en 1866, dans le jus d'un maïs géant venu à Vincennes, 8.12 p. 100 de sucre dont

> 4.81 de sucre de canne, et
> 3.42 de glucose.

Les deux sucres étant ainsi répartis dans les divers organes :

____

(1) Pallas, Biot.

1° ORGANES DE LA VÉGÉTATION :

DANS 100 DE JUS.

	SUCRE CRISTALLISABLE.	SUCRE INCRISTAL- LISABLE.	SUCRE TOTAL.	DENSITÉ DES JUS.
Tige, partie inférieure..	4,38	3,58	7,96	1,036
Tige, partie supérieure.	3,26	2,65	5,91	1,041
Feuilles		3,12	3,12	1,050

2° ORGANES DE LA REPRODUCTION :

Feuilles qui enveloppent la fusée..............	1,45	5,70	7,15	1,034
Pivot de la fusée.......	1,21	3,87	5,08	1,027
Graines (en lait)........	0,29	3,65	3,95	1,027

Sur un maïs dont la maturité était plus avancée, provenant des environs de Chartres :

Tiges...................	3,12	4,40	7,52	1,034
Pivot des fusées........	2,35	4,30	6,74	1,033
Graines (en lait).......	1,38	3,33	4,71	1,044

Lorsque la graine approche de sa maturité, mais avant que la tige soit complètement desséchée, elle contient encore de 3 à 4 p. 100 de sucre.

Il y a donc là un produit qui peut et mérite d'être utilisé.

Il est vrai que lorsqu'on cultive les petites variétés de maïs, les seules qui arrivent à maturité dans le Nord, parce qu'elles sont les plus hâtives, la récolte des tiges ne s'élève guère qu'à 3 ou 4,000 kil. par hectare, ce qui est insuffisant pour tenter cette application ; mais dans le Midi où on peut leur substituer le maïs géant, il n'en est plus de même. Le poids des tiges récoltées ne s'élève pas à moins de 20 à 25,000 kil. par hectare.

J'ai obtenu en 1864, dans le département de la Drôme :

	TIGES.	GRAINES.	HECTOL.
Engrais complet.............	23,332k	5,333k	76
Engrais sans azote..........	20,660	4,532	64
Phosphate de chaux tout seul.	20,000	4,600	65
Terre sans aucun engrais...	13,332	1,732	24

A raison de 4 p. 100 de sucre on aurait pu extraire des tiges de 1,000 à 1,200 kil. de sucre environ. Dût-on en faire de l'alcool, que le maïs pourrait devenir à ce point de vue une plante extrêmement précieuse.

Avec une telle dose de sucre, la quantité d'alcool serait de 15 à 20 hectolitres (à 50°), valant 4 à 500 fr. Réduit de moitié, ce produit serait encore très-remarquable.

Une précaution de rigueur, je l'ai déjà dit, lorsqu'on veut utiliser le sucre de maïs, c'est de récolter la tige avant l'entière maturité de la graine, qui s'achève après coup, sans que la qualité en soit affectée.

Il y a une autre manière de tirer parti des tiges de maïs. Il résulte d'expériences récentes faites en Italie par M. Barthe, de Gênes, que ces tiges, réduites en farine au moyen d'un système de scies appropriées, peuvent entrer dans le régime des animaux qui s'en montrent très-friands. Les fusées séparées des graines peuvent recevoir la même destination.

Sans être un aliment de premier ordre, cette farine

contient cependant des principes nutritifs en proportions suffisantes pour justifier cette tentative et faire désirer qu'elle s'étende et réussisse.

Voici, en effet, la composition de la farine de fusées et de tiges de maïs :

COMPOSITION DES PRODUITS DU MAÏS (1).

	FARINE		
	DES PORTE-GRAINES.	DES TIGES.	DES PORTE-GRAINES DE MAIS D'ALGERIE.
Matières grasses......	1,40	1,10	0,82
— minérales ...	2,88	1,80	1,10
Eau..................	8,70	7,44	4,15
Amidon	18,50	6,30	14,97
Ligneux....._........	60,10	77,85	72,55
Matières azotées......	4,00	3,80	3,95
— solubles, eau.	2,32	1,15	2,17
Perte................	0,80	0,56	0,29
Azote	(0,640)	(0,599)	(0,637)

D'après ces données, la faculté nutritive du foin étant représentée par 100, celle de la farine de tiges l'est par 192 et celle de fusées par 179.

Les cendres de ces produits contiennent pour 100 :

---

(1) M. Méne, *Revue hebdomadaire de chimie,* 12 novembre 1868. page 19.

	FARINE		
	DES PORTE-GRAINES.	DES TIGES.	DES PORTE-GRAINES DE MAÏS D'ALGÉRIE.
Potasse	15,45	16,28	14,75
Soude	27,50	17,40	20,82
Chaux	9,30	7,80	10,10
Magnésie	1,75	1,10	2,60
Acide sulfurique	1,15	0,70	2,80
Acide phosphorique	10,09	7,17	13,28
Chlore	2,55	3,38	4,07
Silice	16,49	24,29	14,23
Acide carbonique et perte	15,72	21,88	17,35
	100,00	100,00	100,00

A ce compte, 15,000 kil. de farine mixte de tiges et de fusées équivaudrait à 8,000 kil. de foin. Nul doute qu'en y ajoutant 1/5 de tourteau de lin ou de farine de graine de maïs, on ne pût trouver là une ressource précieuse pour la nourriture des animaux.

Les analogies qui existent entre la canne et le maïs rendaient présumable que le phosphate de chaux en était la dominante.

Les faits ont vérifié cette conjecture.

Chez M. du Peyrat, à la ferme-école de Beyrie, dans le département des Landes, on a obtenu avec l'engrais complet, contenant 76 kil. d'azote et 400 kil. de phosphate acide de chaux, 41 hectolitres de grains et 3,530 kil. de tiges (c'était une petite variété), tandis qu'avec un autre engrais où le phosphate de chaux entrait pour 600 kil. et l'azote pour 28 kil. seulement (comme dans l'engrais de la canne), le rendement a été de 46 hectolitres de grains et de 3,900 kil. de tiges.

Je complète cette indication par quelques résultats obtenus cette année :

M. Méro, à Cannes :

RÉCOLTE
A L'HECTARE.

    1,500 kil. Engrais complet .... 65 hect. »

M. de Guaita, à Nancy :

    1,600 kil. Engrais complet .... 57 hect. 35

M. Grenouillet, à Pruniers (Indre) :

    1,200 kil. Engrais complet n° 5 ...... 57 hect. 15

M. Grandeau, à Nancy :

    450 kil. Engrais complet .... 42 hect. 10

M. de Ribeyrolles, au château de Ravel (Puy-de-Dôme) :

    800 kil. Engrais complet .... 42 hect. »

En résumé, Messieurs, entre la betterave, la canne et le maïs, il existe donc sous le rapport des engrais une ligne profonde de démarcation.

L'élément dominant pour la betterave, c'est la matière azotée; pour la canne et le maïs, c'est le phosphate de chaux. Je vous ai indiqué quelle était la succession des engrais auxquels il fallait avoir recours lorsqu'on voulait cultiver alternativement la betterave et le blé.

Voici ceux qu'on doit employer lorsqu'on veut faire alterner le maïs avec le froment, ce qui est de tradition dans le midi de la France.

PREMIÈRE ANNÉE.

Maïs.

	A L'HECTARE.		
	QUANTITÉS.	PRIX.	DÉPENSE.
ENGRAIS COMPLET N° 5...	1,200^k		
Soit :			
Phosphate acide de chaux ..	600	96^f »	
Nitrate de potasse.........	200	124 »	228 fr. »
Sulfate de chaux..........	400	8 »	

DEUXIÈME ANNÉE (1).

Froment.

Sulfate d'ammoniaque....	300^k	135^f »	135 »
ou 350 kil. de nitrate de soude.			
DÉPENSE TOTALE.............			363 fr. »
— PAR ANNÉE.........			181 50

Avec cette succession d'engrais, on peut aisément obtenir 50 à 60 hectolitres de maïs, et 30 à 35 hectolitres de froment à l'hectare.

______

(1) Je crois que dans nos départements du midi, 200 kilogr. de sulfate d'ammoniaque doivent suffire. Je convie les agriculteurs de ces régions à faire des essais comparatifs pour m'aider à fixer définitivement ce point capital pour la pratique.

Vous voyez que dans ce cas comme pour les précédents, la formule des engrais est déduite de la même règle : définir l'élément dominant ; en élever la dose tant que le rendement s'élève lui-même, et réduire, au contraire, autant que possible la dose des trois autres termes de l'engrais.

C'est toujours la même règle, la même loi. L'étude du sorgho et du topinambour, à laquelle nous nous livrerons dans la prochaine séance, nous montrera sous une forme nouvelle l'heureuse fécondité de ces principes qui s'appliquent à toutes les productions végétales, sans distinction de forme et de propriétés.

TROISIÈME ENTRETIEN

MESSIEURS,

Le sorgho mérite de fixer notre attention d'une manière particulière. Comme le maïs, il peut fournir plusieurs produits à la fois, un excellent fourrage par les feuilles, du sucre par la tige, et enfin une récolte de grain dont la valeur n'est pas à dédaigner.

La tige du sorgho contient deux fois plus de sucre que celle du maïs, mais sa graine est loin d'avoir la même valeur alimentaire.

Lorsque le sorgho fut introduit en France par M. de Montigny, notre consul général en Chine, on le cultiva avec une sorte d'engouement; mais l'incertitude et la lenteur que présente la levée de la graine, la difficulté d'extraire le sucre à cause d'une fécule que le jus contient, le fit bientôt délaisser.

Cet abandon fut aussi injuste que prématuré. D'après

M. Joulie, auteur d'une monographie remarquable de cette plante, le sorgho serait appelé à jouer un rôle important dans le Midi.

Si on en fixe le rendement moyen à 50,000 kil. de cannes par hectare, on trouve que cette récolte à l'état sec se décompose de la manière suivante :

	RÉCOLTE A L'HECTARE.
Cannes...................	13,633 kil.
Graines	5,000
Feuilles.................	3,500
TOTAL..........	22,133 kil.

C'est là un rendement considérable, comparé à celui de la betterave qui, à raison de 50,000 kil. de racines par hectare, ne fournit guère que 7 à 8,000 kilogrammes de matière sèche.

Le sorgho n'a d'analogues par l'importance de sa récolte que le maïs, la canne et le topinambour ; or, lorsqu'une plante est susceptible de tels rendements, où figure pour une si grande part un produit d'une importance et d'une valeur telle que le sucre, on ne saurait procéder à son histoire avec trop de soin et de minutie.

Je l'ai dit, deux motifs ont fait délaisser la culture du sorgho ; sa graine lève difficilement. Dans nos régions, elle arrive rarement à complète maturité ; première condition défavorable. En second lieu, elle est enveloppée d'une glumé qui la protége contre l'action de l'humidité, ce qui ajoute à l'incertitude des semis ; quoique réelle, cette difficulté n'est pas impossible à lever.

Voici le moyen. Quelques jours avant de semer la graine, on l'enferme dans un sac de toile que l'on enfouit dans le sol; chaque jour on arrose la terre; alors la graine s'échauffe, la glume se déchire, et la radicelle se fait jour au dehors. Lorsqu'elle a atteint un demi-millimètre de longueur, la graine est bonne à semer, la levée est alors certaine. C'est là, vous le voyez, un procédé simple, facile et pratique.

Ce qui a nui encore à l'extension de la culture du sorgho, c'est l'impossibilité où l'on s'est trouvé jusqu'à ces derniers temps d'en extraire le sucre à l'état de cristaux comme avec la canne et la betterave. Cette difficulté est-elle insurmontable? Non. Et c'est encore M. de Joulie qui nous en a donné le moyen.

Le jus du sorgho contient plusieurs sucres différents : du sucre cristallisable ou sucre de canne, et divers glucoses ou sucres incristallisables que l'on trouve dans les fruits acides.

Le tableau suivant indique la moyenne de la richesse saccharine du sorgho à quatre périodes différentes de son développement :

Lorsque l'épi commence à sortir de sa graine;

Au moment où la plante est en pleine floraison, entre l'apparition et la chute des étamines;

Lorsque les glumes commencent à rougir, la graine étant encore à l'état laiteux ;

Enfin à la complète maturité de la graine :

1859.

| | DANS 100 DE JUS (1). | | |
	SUCRE CRISTALLISABLE.	SUCRE INCRISTALLISABLE.	SOMME DES SUCRES.
1er âge.......	4,91	6,57	11,48
2e âge.......	· 4,37	5,26	9,63
3e âge.......	7,64	6,04	13,88
4e âge.......	9,24	4,85	14,09

1860.

1er âge.......	1,39	3,32	4,71
2e âge.......	6,54	5,26	11,80
3e âge.......	10,90	2,25	13,15 ·
4e âge.......	12,29	3,65	15,94

1862.

1er âge.......	0,23	6,07	6,30
2e âge.......	2,89	4,78	7,67
3e âge.	11,78	2,16	13,94
4e âge.......	13,57	1,19	14,76

Ainsi le sorgho contient 15 p. 100 de sucre.

Lorsque le sucre cristallisable est mêlé de glucoses, c'est un très-grave inconvénient, parce que les glucoses empêchent leur propre poids de sucre de canne de cristalliser.

Il en résulte que si la somme des sucres égale 15 p. 100 dont 7 ou 8 à l'état de glucose, quoi qu'on fasse, rien ne cristallise. Impossible d'extraire le sucre de canne. On s'explique dès lors pourquoi on a délaissé la culture du sorgho.

Cette difficulté n'est cependant pas insurmontable

---

(1) Joulie, *Études et expériences sur le sorgho à sucre*, 1864, p. 90.

si vous vous reportez au tableau qui précède, vous ne pouvez manquer de faire deux remarques : la première c'est que la proportion de sucre incristallisable diminue à mesure que l'on se rapproche de la maturité de la graine, à ce point que lorsqu'elle est complète pour 13 de sucre, il n'y a plus que 1 1/2 de sucre incristallisable. La conséquence, c'est qu'il ne faut cultiver le sorgho que là où la graine parvient à complète maturité.

On peut alors extraire facilement le sucre par les procédés en usage pour la betterave et la canne; seulement il faut prendre pour la défécation certaines précautions sur lesquelles je reviendrai bientôt.

La seconde observation que suggère le tableau, c'est que la proportion de sucre incristallisable a été plus forte en 1859 qu'en 1862, et que sous ce rapport il y a eu amélioration dans la qualité de la récolte.

Pourquoi? Grâce à un artifice de culture qui mérite de vous être signalé. Lorsque le sorgho a atteint une hauteur de 25 à 30 centimètres, il pousse des rejetons en grand nombre qu'il faut absolument supprimer. On ne doit laisser que la tige principale, les jets latéraux ayant pour effet de réduire la proportion totale des sucres et de favoriser la formation des glucoses.

La difficulté que présente dans la pratique le travail du jus de sorgho ne tient pas seulement à la coexistence des divers sucres dont nous avons parlé; elle est due surtout à la présence d'une fécule à grains fins qui se gonfle et forme empois aux environs de 60 ou 65 degrés, et qui s'oppose à la cristallisation du sucre de canne.

 Joulie a encore trouvé le moyen de lever très-heureusement cette nouvelle difficulté, en modifiant le procédé de défécation employé pour la betterave.

Il a reconnu qu'il fallait diviser la défécation en deux temps :

Le premier temps ayant pour objet la précipitation de la fécule, et le second celle des matières azotées.

Pour cela on ajoute au jus, une première fois, un demi-millième de chaux; on porte rapidement le jus à la température de 60 ou 65 degrés, et on fait passer un courant abondant d'acide carbonique : toute la fécule est précipitée.

Après cette première défécation, on décante le jus, on ajoute une nouvelle dose de chaux plus forte que la première, et on porte cette fois la température à 90 ou 95°, la précipitation de la chaux étant favorisée encore cette fois par un dégagement abondant d'acide carbonique. Par cette seconde défécation on se débarrasse des matières albumineuses et pectiques. A partir de ce moment, la cristallisation du sucre devient possible et même facile.

Vous le voyez, toutes les difficultés qui devaient entraver la culture et l'utilisation du sorgho ont été successivement levées.

En traitant le jus du sorgho par ces procédés, que peut-on retirer d'un rendement de 50,000 kil. de cannes?

A raison de 60 p. 100 de jus, 300 hectolitres, qui contiennent 13.4 p. 100 de sucre, ce qui fait à l'hectare :

Sucre cristallisable............ 4,017 kil.
Sucre incristallisable.......... 687

Ne parvint-on à extraire que la moitié du sucre cristallisable, ce serait encore 2,000 kil. qui, au prix de 60 fr. les 100 kil., feraient 1,200 fr. par hectare, sans parler des produits inférieurs qui sont : 2,704 kil. de mélasse pouvant fournir 18 hectolitres d'alcool à 90 centièmes, lesquels, à raison de 50 fr., valent 900 fr.

C'est donc un total de 2,100 fr. par hectare.

Mais ce n'est pas tout.

Nous n'avons encore rien dit de la graine, dont la récolte ne s'élève pas à moins de 5,000 kil. par hectare.

Or, cette graine, si l'on en sépare la glume, fournit un gruau excellent pour la fabrication de l'alcool et la nourriture des animaux ; quant à la glume, elle contient une matière colorante d'un très-beau rouge que l'industrie pourrait certainement utiliser.

Voici, en effet, comment se décomposent les produits de la graine pour un hectare :

Gruau........................... 1,579 kil.
Glume noire très-riche en matière colorante.................... 708
Son............................. 2,014

Comme complément de ces indications, veuillez, Messieurs, jeter les yeux sur le tableau suivant où l'on a mis en regard la composition de la farine de froment et celle du sorgho.

	FROMENT D'ALSACE. (Boussingault.)	SORCHO. (Joulie)
Gluten 12,8	} 14,6	11,75
Albumine 1,8		
Amidon	59,7	46,51
Dextrine.	7,2	» »
Matières grasses.............	1,2	5 »
Cellulose	1,7	21,60
Sels minéraux...............	1,6	2 »
Eau	14	12 »
Perte	»	1,14
	100 »	100 »

Vous voyez que la composition de ces deux graines présente une analogie assez étroite pour être autorisé à fonder de très-légitimes espérances sur le parti qu'il sera certainement possible de tirer un jour de celle du sorgho.

Elle contient moins de matière azotée que le froment, mais plus de matières grasses, et 21 p. 100 de cellulose faiblement agrégée, vraisemblablement aussi nutritive que l'amidon lui-même.

L'engrais qui convient le mieux au sorgho est l'engrais complet n° 5 dejà prescrit pour la canne et le maïs.

	A L'HECTARE.		
	QUANTITÉ.	PRIX.	DÉPENSE.
Engrais complet n° 5...	1,200ᵏ		
Soit :			
Phosphate acide de chaux-.	600	96ᶠ	»
Nitrate de potasse........	200	124	» } 228 fr. »
Sulfate de chaux..........	400	8	»

Si on devait faire suivre le sorgho d'un froment,

il faudrait répandre 200 kil. de sulfate d'ammoniaque
à l'automne, à l'issue du dernier labour. — Après
toutes les indications que je viens de vous présenter,
vous ne pouvez manquer de trouver comme moi
que la culture du sorgho doit offrir pour le Midi des
avantages de premier ordre. J'appelle donc sur cette
plante, prématurément délaissée, l'attention particulière des hommes d'initiative et de progrès.

Je vous parlerai maintenant du topinambour qui
est encore une plante à sucre.

Dans tous les traités de chimie, on attribue au
tubercule du topinambour la composition suivante :

	D'APRÈS BRACONNOT.	D'APRÈS PAYEN.
Eau.....................	77,05	76 »
Sucre incristallisable...	14,80	14,76
Inuline	3 »	1,90
Albumine............	0,90	3,10
Gommes.............	1,22	1,30
Matières grasses.......	0,09	0,20
— minérales	1,63	1,30
Cellulose	1,22	1,50
	99,91	100,06

14.80 ou 14.76 p. 100 de sucre. A ce compte, le
topinambour serait presque aussi riche que la canne.
Il est vrai que c'est du sucre incristallisable.

Cette indication est inexacte. Le topinambour ne
contient que des traces insignifiantes de glucose.

Ce qu'on a pris pour de la glucose est un produit
nouveau voisin de la dextrine, qui se transforme
avec la plus grande facilité en glucose par l'action
des acides. Cette matière est très-soluble dans l'eau ;

elle fermente avec facilité sous l'influence de la levûre de bière et fournit une quantité d'alcool égale à celle que donne le sucre de canne ; mais en définitive ce n'est pas du sucre.

En voici plus d'un kilogramme que j'ai extrait de la récolte de 1866 ; nous la désignerons sous le nom de *levuline*. Je vous dirai bientôt pourquoi.

Quoique d'une moindre valeur que le sucre de canne, la levuline a cependant une importance industrielle très-grande, parce qu'à dose égale elle produit à la distillerie autant d'alcool que le sucre lui-même. D'autre part, le topinambour est une plante rustique, qui prospère dans les plus mauvaises terres, dont la tige coupée à l'automne, au tiers de sa hauteur, fournit un excellent fourrage, sans que la récolte des tubercules en soit beaucoup diminuée.

Par cet ensemble de qualités, le topinambour mérite donc d'occuper un rang élevé parmi les plantes saccharigènes. La betterave lui est certainement supérieure dans les régions où elle réussit bien, mais il y a des conditions de sol et de climat où la culture de la betterave est impossible et où celle du topinambour devient une ressource inestimable.

Il y a donc toutes sortes de raisons pour que nous accordions à cette plante la même attention qu'à la canne, au maïs et au sorgho.

On peut obtenir aisément du topinambour de 32 à 35,000 kil. de tubercules à l'hectare.

En 1865, j'ai récolté 32,800 kil., plus 13,500 kil. de tiges et de feuilles, soit un total de 46,300 kil.

En 1866, sans nouvelle fumure, le rendement a

été de 29,500 kil. de tubercules et 12,600 kil. de tiges ; au total 42,100 kil. Ce sont là, vous en conviendrez, de très-beaux rendements.

Du moment que le tubercule du topinambour ne contient pas de sucre, on ne peut songer à l'utiliser que pour la distillerie.

Fixons sa valeur à ce point de vue.

Dans 30,000 kil. de tubercules, pris comme récolte moyenne d'un hectare, il y a (à raison de 14 p. 100) 4,200 kil. de levuline pouvant produire 2,100 kil. d'alcool absolu ou environ 28 hectolitres d'alcool à 90°, dont le prix est en moyenne de 50 fr. l'hectolitre. La récolte représente donc une valeur de 14 à 1,500 fr.

Quoique inférieur au produit de la betterave, ce résultat ne laisse pas d'être fort important, si l'on a égard à la mauvaise qualité des terres où l'on peut cultiver le topinambour.

Quel est l'engrais qu'il faut employer pour le topinambour ?

Autant qu'il m'est permis de conclure sur la foi d'un petit nombre d'expériences, c'est le même que pour la canne et le maïs, c'est-à-dire l'engrais complet n° 5.

Avec l'engrais complet n° 2, qui est l'engrais par excellence de la betterave, excellence de la betterave,

	A L'HECTARE.		
	QUANTITÉ.	PRIX.	VALEUR.
ENGRAIS COMPLET N° 2...	1,200ᵏ		
Soit :			
Phosphate acide de chaux...	400	64ᶠ	»
Nitrate de potasse	200	124	»
Nitrate de soude...........	300	105	»
Sulfate de chaux..........	300	6	»

299 fr. »

dans lequel l'azote figure pour 76 kil., j'ai obtenu ici, à Vincennes :

	RÉCOLTE A L'HECTARE.
Tubercules....................	25,200 kil.
Tiges et feuilles demi-sèches....	20.020
TOTAL..............	45,220 kil.

Tandis qu'avec l'engrais complet n° 5 employé avec tant de succès pour la canne,

	A L'HECTARE.		
	QUANTITÉ.	PRIX.	VALEUR.
ENGRAIS COMPLET N° 5...	1,200^k		
Soit :			
Phosphate acide de chaux...	600	96^f	» ⎫
Nitrate de potasse..........	200	124	» ⎬ 228 fr. »
Sulfate de chaux.	400	8	» ⎭

dans lequel l'azote entre pour 28 kil., on a obtenu :

	RÉCOLTE A L'HECTARE.
Tubercules....................	26,900 kil.
Tiges et feuilles demi-sèches....	22,000
TOTAL..............	48,900 kil.

Vous le voyez donc, au topinambour il faut peu d'azote et beaucoup de phosphate de chaux, comme à la canne et au maïs.

Je passe au rutabaga et au turneps, considérés aussi comme plantes à sucre.

Le rutabaga contient environ 8 p. 100 de sucre, et je me demande très-sérieusement si, dans les ré-

gions où il réussit bien, on ne pourrait pas le dis-
tiller avec avantage.

Voici, en effet, sa composition :

Eau............................	88.00	p. 100
Cellulose et matières insolubles...	3.76	—
Sucre incristallisable	7.41	—
Sucre cristallisable	0.63	—

Tandis que dans la betterave, la presque totalité du
sucre est à l'état de sucre de canne ; dans les navets,
il est à l'état de glucose.

Par conséquent les navets ne pourront jamais servir à la fabrication du sucre, mais ils pourraient
servir à la fabrication de l'alcool.

J'ai tenté, dans cette direction, quelques expériences. J'ai fait fermenter du jus de rutabaga. La
fermentation ne marche bien qu'à deux conditions :
déféquer le jus et y ajouter de la levûre de bière.

Il y a dans le rutabaga divers produits analogues
à ceux contenus dans la graine de moutarde noire,
dont la réaction détermine la formation d'une huile
essentielle sulfurée qui nuit à la multiplication du
ferment alcoolique et arrête son action. En défé-
quant le jus à la température de 100°, après y avoir
ajouté 2 ou 3 p. 100 de plâtre, on empêche la formation de cette huile sulfurée, et la fermentation
suit alors une marche régulière.

Lorsqu'on se borne à ajouter de l'acide sulfurique
au jus, sans défécation préalable, on retire une
quantité d'alcool de moitié moindre.

Quel est l'engrais qui convient de préférence aux

navets? D'après les résultats qui suivent, c'est encore l'engrais complet n° 5.

	RÉCOLTE A L'HECTARE.
Terre sans engrais	11,600 kil.
Matière azotée...........................	16,000
Phosphate de chaux tout seul.............	20,840
Engrais complet	23,200

Vous le voyez, c'est le phosphate de chaux qui est encore la *dominante* du navet. Les expériences faites en Angleterre par MM. Lawes et Gilbert conduisent à la même conclusion.

FERME DE ROTHAMPSTEED.

	RÉCOLTE A L'HECTARE (1).
Terre sans engrais......................	5,305 kil.
Matière azotée........................	8,237
Phosphate de chaux.....................	19,487
Analogue de l'engrais complet..........	19,997

Une expérience sur le navet, qui remonte à une

---

(1) Voici les éléments de ces moyennes :

ANNÉES.	SANS ENGRAIS.	SEL AMMONIAC.	PHOSPHATE DE CHAUX.	PHOSPHATE DE CHAUX, POTASSE, MATIÈRE AZOTÉE.
1847...	6,424 kil.	8,252 kil.	16,287 kil.	17,889 kil.
1848...	2,542	1,735	23,640	23,189
1849...	325	427	9,550	11,353
1850...	10,824	11,620	25,680	27,040
1851...	8,728	21,417	22,819	20,883
1852...	2,989	5,970	18,952	18,729
	31,832	49,421	116,928	119,083
Moyennes.	5,305 kil.	8,237 kil.	19,487 kil.	19,097 kil.

époque maintenant éloignée, a mis en lumière un fait analogue à celui que nous avons constaté pour la canne. Afin que les rendements se maintiennent à un niveau élevé, il faut outrepasser la loi de restitution, et renouveler chaque année la dose de phosphate de chaux qu'on donne à la terre.

Ainsi, pas de doute, le phosphate de chaux est la dominante des plantes à sucre, mais son action peut se manifester de trois manières différentes :

Il augmente simplement la récolte : exemple, le navet.

D'autres fois, comme pour la betterave, il élève la richesse saccharine sans affecter la récolte.

Enfin il détermine ces deux effets à la fois, élève la récolte et produit plus de sucre : c'est le cas de la canne.

Parmi les végétaux cultivés pour la fabrication du sucre, il y en a deux qui appartiennent à la classe des arbres, et qui jouent un rôle assez important dans les régions tropicales : l'érable et le palmier.

L'érable est très-commun dans l'ouest des États-Unis où il couvre souvent des surfaces très-étendues. On le trouve aussi disséminé dans des forêts de pins, de peupliers et de frênes, à raison de 60 ou 80 pieds par hectare. L'érable croît surtout dans les sols riches. C'est un bel arbre, qui atteint la hauteur du chêne, et dont le tronc a 1 mètre de diamètre environ.

Pour obtenir le sucre de l'érable, on pratique une ouverture circulaire de 2 ou 3 centimètres de profondeur, à la partie inférieure du tronc. Un tuyau

incliné met cette ouverture en communication avec
un vase placé immédiatement au-dessous.

L'époque la plus favorable au traitement de l'érable est le commencement du printemps, de février à avril. La quantité moyenne de séve recueillie par saison est de 113 litres, produisant 2 kilogrammes 500 grammes de sucre.

Le palmier, qui prospère dans les parties méridionales de l'Inde, fournit aussi du sucre cristallisé en grande quantité. Il est connu à Sumatra sous le nom de *anau* ; c'est le *cleophora* de Gærtner. Ses fruits forment, par leur réunion, des grappes de 1 mètre de long (1).

Les Indiens se procurent la séve en coupant un des jets destinés à porter des fruits, et ajustent au-dessous un vase, une calebasse dans laquelle le liquide se rassemble. La séve est enlevée toutes les vingt-quatre heures ; il suffit de l'évaporer pour en extraire le sucre, qui ne diffère en rien de celui de la canne. Le palmier commence à être productif à l'âge de six à huit ans (2).

L'importance de ces divers végétaux, comme sources industrielles de sucre, est fort inégalé (3). Grâce aux dernières statistiques publiées en Angleterre, nous

---

(1) Boussingault, *Économie rurale,* t. I, p. 271.

(2) Boussingault, *loc. cit.*

(3) Parmi les végétaux à sucre, la vigne mériterait d'être placée au premier rang, bien que le sucre qu'elle produit soit de la glucose et qu'il soit consommé à l'état de vin, d'eau-de-vie ou d'alcool, pour les besoins de l'industrie. Mais n'ayant pas fait d'expérience suivie sur la vigne, je n'en parle que pour mémoire.

allons tenter de l'apprécier dans la mesure du possible.

ANNÉE 1867 (1).

PRODUCTION DE SUCRE CONNUE .... 2,331,500,000 kil.

Canne .... 1,551,500,000 kil.		
Betteraves 650,000,000		
Palmiers....... 100,000,000	Total égal.	2,331,500,000 kil.
Érable........ 30,000,000		
Sorgho (sirop), 18 millions de gallons.		

---

(1) J'ai tiré les éléments de cette comparaison du tableau suivant, publié par M. Dureau, dans son rapport à l'Exposition universelle :

		KILOGRAMMES.	TOTAUX.
BETTERAVES....	Europe..................	650,000.000 ci.	650,000,000 kil.
CANNE A SUCRE.	Cuba (exportation).........	530,000 000	
	Antilles anglaises, danoises, Guyane	250,000,000	
	Java....................	130,000,080	
	Maurice.................	100,000 000	
	Brésil...................	130,000,000	
	Manille (exportation)........	60.000 000	
	Colonies françaises	150,000,000	
	Porto-Rico (exportation)...	60,000.000	
	Indes-Orientales (export.)..	24.000,000	
	Louisiane	30,000,000	ci. 1 551,500,000
	Port-Natal...............	6,000,000	
	Queensland..............	500,000	
	Iles Sandwich............	10,000,000	
	Egypte (exportation).......	10,000 000	
	Espagne	5,600,000	
	Pérou (exportation)........	1,000,000	
	Siam (exportation)........	5,200,000	
	Mexique	32 000,000	
	Penang (exportation).......	3 000,000	
	Chine...................	14,200,000	
ÉRABLE........	Amérique du Nord........	30,000.000 ci.	30.000.000
PALMIER.	Indes..................	100,000,000 ci.	100 000,000
SORGHO........	Amériq. (18 millions. de gallons).		
		2,331,500,000 ci.	2,331,500,000 kil.

Si l'on prend 100 comme expression de la production totale, voici quelle est l'importance des végétaux qui y concourent :

Canne..................	66.54
Betteraves	27,87
Palmiers................	4.28
Érable.................	1.28
Sorgho (sirop).	

Ainsi, la canne et la betterave réunies fournissent les 95 centièmes de la production totale.

Un des caractères dominants de notre temps, c'est la tendance qui porte de plus en plus l'agriculture et l'industrie à se spécialiser. La loi du bon marché veut qu'il en soit ainsi. Cette nécessité, imposée à l'industrie, s'accroît pour l'agriculture des exigences du climat et de la nature du sol, qui sont inflexibles.

Là où la canne réussit, on ne peut cultiver la betterave, et telle terre impropre à la betterave convient souvent à merveille au topinambour.

Quand on pense que les voies nouvelles de communication ouvertes à l'activité humaine mettent aux prises les pays les plus éloignés, il devient intéressant de connaître la puissance des moyens de production propres à chacun. Je voudrais tenter cette comparaison pour les plantes à sucre, en prenant successivement pour base les anciens procédés de culture et les nouveaux, c'est-à-dire la culture par le fumier de ferme et par les engrais chimiques.

CULTURE PAR LE FUMIER DE FERME.

A L'HECTARE,

	RENDEMENT MOYEN.	SUCRE CONTENU.	SUCRE EXTRAIT.	
Canne à sucre.	35,000 kil.	5,600 kil.	2,800 kil.	à l'état cristallisé.
Betterave.....	30,000	3,000	1,800	à l'état cristallisé.
Sorgho.......	30,000	4,500	1,200	à l'état cristallisé.
Sorgho.......	30,000	4,800	4,200	à l'état de sirop.
Topinambour .	25,000	3,500	1,750	à l'état d'alcool.
Maïs (tiges)...	10,000	400	200	à l'état d'alcool.

CULTURE PAR LES ENGRAIS CHIMIQUES.

	RENDEMENT MOYEN.	SUCRE CONTENU.	SUCRE EXTRAIT.	
Canne à sucre.	60,000 kil.	9,600 kil.	5,400 kil.	à l'état cristallisé.
Betterave.....	60,000	6,000	3,600	à l'état cristallisé.
Sorgho.......	50,000	7,500	2,000	à l'état cristallisé.
Sorgho.......	50,000	7,500	7,000	à l'état de sirop.
Topinambour .	35,000	5,250	2,625	à l'état d'alcool.
Maïs	20,000	800	400	à l'état d'alcool.

Vous voyez, par le rapprochement de ces chiffres, que la canne l'emporte décidément sur la betterave par la richesse saccharine et par le produit industriel; qu'avec le sorgho, il y aurait avantage à consommer le sucre à l'état de sirop, comme l'usage s'en est établi en Amérique. Mais vous voyez encore que l'industrie, malgré les progrès remarquables qu'elle a faits, ne retire que les deux tiers tout au plus du sucre contenu dans les plantes qui le produisent.

Pour être complet, ce parallèle entre la canne et la betterave exigerait qu'on fît ressortir dans les deux cas le prix de revient du sucre, en faisant entrer en ligne de compte les frais de culture et ceux du travail industriel, qui peuvent changer, par des aggravations indirectes, les avantages que la canne semblerait au premier abord devoir présenter.

Pour ne citer qu'un fait : aux colonies, l'intérêt légal de l'argent est de 12 pour cent, et pour peu qu'il s'agisse d'un prêt à un an ou dix-huit mois, il atteint, avec les commissions de banque, de 15 à 18 pour cent, ce qui place l'industrie coloniale dans une infériorité évidente par rapport à celle de l'Europe.

Autre considération non moins importante : pour atteindre son plein développement, la canne exige de quinze mois à deux ans, suivant les latitudes; et la betterave, de six ou sept mois, d'avril à octobre.

Malgré l'intérêt qui s'y attache, une appréciation plus approfondie de ces éléments divers nous ferait sortir du cadre de nos études. Il me suffit d'avoir défini le résultat agricole. Je laisse à chacun le soin d'en fixer la signification économique suivant les conditions dans lesquelles il est placé.

Messieurs, après vous avoir entretenus des plantes qui produisent le sucre, il me semble impossible de nous séparer sans vous parler un peu des sucres eux-mêmes, de leurs propriétés, de leurs similitudes et de leurs dissemblances.

Nous connaissons aujourd'hui au moins dix sucres différents.

Au point de vue de l'économie domestique, ils forment deux groupes bien distincts.

Le premier n'a qu'un seul représentant : le sucre de canne, qui cristallise en beaux rhomboëdres, inaltérables à l'air. Le sucre de canne est doué d'une saveur douce qu'il communique à tous les mélanges dans lesquels on le fait entrer.

Le second groupe, formé d'un plus grand nombre de types, comprend tous les sucres qui ne cristallisent pas ou qui cristallisent mal, et auxquels on est convenu de donner le nom de glucoses : ces sucres attirent l'humidité de l'air et sont les produits inséparables des fruits acides. Les glucoses solides, moins solubles que le sucre de canne, possèdent une faculté sucrante moins prononcée.

Ces distinctions, un peu superficielles, ont, sous le rapport pratique, une importance capitale. La consommation du sucre de canne se chiffre par des centaines de millions, tandis que les glucoses n'ont qu'une importance commerciale tout à fait secondaire.

Parlons maintenant des sucres sous le rapport de leurs propriétés chimiques :

La chimie appelle sucres tous les produits doués d'une saveur douce qui possèdent la propriété de former de l'alcool par l'action de la levûre de bière ; aussi compte-t-elle huit à dix sucres différents dont je ne parle pas, parce qu'ils n'ont qu'un intérêt de curiosité.

Tous les sucres possèdent, disons-nous, la propriété de fermenter. Chimiquement parlant, le résultat de la fermentation est la chose du monde la plus simple. Le sucre se dédouble par part égale, en acide carbonique et en alcool.

$$\begin{array}{l}\text{Sucre employé (1)}\dots\dots\dots\dots\ 100\\[2pt]\left.\begin{array}{ll}\text{Alcool}\dots\dots\dots\dots&51\\\text{Acide carbonique}\dots\dots&49\\\text{Produits secondaires}\dots&4\end{array}\right\}\ \text{Total}\dots\ 104\end{array}$$

Si on y regarde de plus près, on trouve cependant que les choses ne se passent pas aussi simplement.

Les glucoses, mises en rapport avec la levûre de bière, fermentent tout de suite, sans éprouver de changement dans leur nature et leur composition, tandis que le sucre de canne passe au préalable à l'état de glucose. Il était représenté par la formule $C^{12}H^{11}O^{11}$ pour fermenter, et il devient $C^{12}H^{12}O^{12}$, formule de la glucose.

Autre dissemblance :

Le sucre de canne n'est pas réducteur, tandis que les glucoses le sont au plus haut degré.

Mais qu'appelle-t-on faculté réductive des sucres ?

La propriété d'enlever à certains oxydes métalliques, à l'oxyde de cuivre notamment, une partie de leur oxigène de constitution.

Voici l'expérience : j'introduis quelques cristaux de sucre de canne dans un ballon contenant une dissolution alcaline d'oxyde de cuivre (CuO); je chauffe jusqu'à l'ébullition ; la liqueur bleue ne change pas de couleur, tandis qu'avec la même quantité de glucose le résultat est tout différent : la liqueur se trouble ;

---

(1) Pasteur, *Annales de physique et de chimie*, tome LVIII, p. 347. L'excédant de 4 p. 100 vient de l'eau qui se fixe sur le sucre, avant que la fermentation ne s'établisse.

de bleue elle devient rouge, et il se forme un précipité rougeâtre d'oxydule de cuivre (Cu^2O) (1).

S'agit-il de leurs caractères communs? Les sucres possèdent une saveur douce; solubles dans l'eau, ils jouissent de la propriété de fermenter et forment de l'alcool.

S'agit-il, au contraire, de leur dissemblance? Les uns sont réducteurs, tandis que les autres ne le sont pas. Le sucre de canne n'est pas réducteur; les glucoses le sont.

A cette distinction fondamentale, on peut en ajouter une autre plus intime, plus délicate et plus étroitement liée à l'organisation moléculaire des sucres.

Tous les sucres, lorsqu'ils sont dissous dans l'eau, dévient le plan de polarisation de la lumière polarisée, à gauche pour les uns et à droite pour les autres. Ajoutons qu'on appelle cette déviation pouvoir rotatoire des sucres.

Mais ce n'est pas tout : le pouvoir rotatoire peut varier de deux manières différentes, par le sens de la déviation et par son amplitude.

Citons des exemples :

Le sucre de canne dévie la lumière polarisée à droite, et son pouvoir rotatoire est exprimé par un angle de 73° 8.

---

(1) On obtient la liqueur spéciale à base de cuivre en mêlant une dissolution de sulfate de cuivre avec une deuxième dissolution de tartrate neutre de potasse, ou mieux encore du tartrate de potasse et de soude (sel de seignette), rendue alcaline par un excès de soude caustique.

La glucose dévie aussi la lumière polarisée à droite, mais son pouvoir rotatoire n'est que de 56°.

Enfin, le sucre incristallisable ou levulose dévie la lumière polarisée à gauche, et son pouvoir rotatoire est de 106°.

Inverse du pouvoir rotatoire propre à la glucose et au sucre de canne, celui de la levulose l'emporte encore par l'amplitude de la déviation.

Nous sommes donc amenés à distinguer les sucres sous deux rapports bien différents. Economiquement, ils se classent par leur saveur, par leur faculté de cristalliser ou de ne pas cristalliser, par leur degré de solubilité, par leur inaltérabilité à l'air. Chimiquement, ils réduisent ou ne réduisent pas les oxydes métalliques et affectent différemment la lumière polarisée.

L'analyse des sucres est un sujet très-important. Un mot, un seul sur la réaction qui permet de l'opérer.

Analyser un sucre, c'est connaître ce qu'il contient de sucre cristallisable, de sucre incristallisable et de matière étrangère. Une expérience bien simple suffit pour être fixé sur ces trois points. Le sucre en question réduit-il la dissolution de cuivre? Tenez pour certain qu'il est mêlé de glucose. N'a-t-il pas d'action sur cette liqueur? Il est exempt de ce produit.

Peut-on savoir le rapport de la glucose au sucre de canne? Très-facilement.

Entre le volume de la liqueur d'essais qui est réduite et décolorée et la quantité de glucose, il y a une relation constante et invariable : 1 gramme de glucose réduit 6 gr. 928 de sulfate de cuivre pur. Pas un atome de plus, pas un atome de moins.

Donc, pour savoir combien il y a de glucose dans un sucre donné, il suffit de connaître combien il décolore de centimètres cubes de la liqueur d'essai, dont le titre doit être invariable; on retranche la quantité de glucose ainsi trouvée du poids de l'échantillon. La différence exprime la proportion de sucre de canne.

Le sucre pouvant contenir des matières non réductives autres que le sucre de canne, il faut soumettre cette indication à une deuxième épreuve.

Pour cela on fait dissoudre une nouvelle quantité de sucre dans de l'eau distillée; on ajoute à la liqueur quelques gouttes d'acide sulfurique, et on chauffe à 100° pendant un quart d'heure; tout le sucre de canne passe à l'état de glucose. On détermine de nouveau la richesse de la liqueur. L'excès de glucose trouvé dans la seconde opération indique combien il y avait de sucre de canne dans l'échantillon analysé.

En effet, 1 de glucose correspond à 0,95 de sucre de canne, ce qui permet de remonter du poids de la glucose trouvée à celle du sucre de canne.

L'analyse des betteraves ne présente pas plus de difficultés.

Le sucre est très-inégalement réparti dans la betterave; sa proportion varie aux divers étages de la racine. D'après M. Violette, la tranche qui correspond au tiers de la hauteur, à partir du sommet, possède la richesse moyenne de toute la racine.

Pour prendre le titre d'une betterave, il suffit donc d'opérer sur un morceau appartenant à la zone de richesse moyenne. Pour cela on enlève, avec une petite sonde de métal, un morceau de racine de 10 à 12 grammes; on le coupe par petits fragments, on les introduit dans un ballon de verre contenant 50. grammes d'eau additionnée de quelques gouttes d'acide sulfurique, et on chauffe à 100° pendant quelques minutes, puis on ajoute de nouveau de l'eau distillée, de façon à porter le volume total à 100^{cc}. On détermine alors la richesse saccharine de 10^{cc} au moyen de la dissolution de cuivre. La betterave ne contenant que 1/2 p. 100 environ de sucre incristallisable, on peut considérer comme sucre de canne tout ce qui a opéré la précipitation de l'oxyde de cuivre.

Ce procédé, proposé par M. Violette, a un avantage inestimable. Au lieu de râper la betterave, un petit morceau de racine suffit, ce qui permet d'essayer les betteraves pendant leur végétation, sans nuire à leur développement ultérieur, résultat important pour le choix des porte-graines.

Vous comprenez, Messieurs, qu'il m'est impossible de vous présenter en plein champ des notions d'analyse chimique, autrement qu'à titre d'indications générales.

Dans la betterave et dans la canne, le sucre est contenu dans un tissu spécial, distinct du tissu cellulaire et des vaisseaux où circule la séve. On peut l'apercevoir à l'œil nu sur une betterave. Pour cela il suffit de couper une tranche perpendiculairement à l'axe de la racine et de la regarder par transparence; le tissu s'offre au regard de l'observateur sous la forme de cercles concentriques, opaques et transparents; les cercles opaques appartiennent au tissu sucré; la partie transparente aux vaisseaux et au tissu cellulaire.

Enfin, comme dernière considération sur les plantes sucrées, j'appelle votre attention, Messieurs, sur ce tableau, qui indique quelle a été la consommation du sucre pendant l'année 1866, dans les principaux états des deux hémisphères :

ANNÉE 1866.

PAYS (1).	CONSOMMATION EN KILOGRAMMES.	DROIT P. 100 KIL.	CONSOMMATION PAR TÊTE.
Grande-Bretagne............	600,914,000 kil.	24ᶠ16	19ᵏ33
France....................	265,000,000	43,66	7,25
Zollverein.................	178,365,000	23,43	5 »
Russie (environ)	100,000,000	3,23 (2)	1,65
Autriche..................	50,000,000	22,75	1,50
Italie	113,562,000	20,66	4,45
Espagne..................	78,816,600	20,92	4,29
Turquie (environ)..........	24,000,000	5,31	1,50
Belgique..................	25,000,000	45 »	5,00
Pologne	12,037,500	3,25	2,25
Suède et Norwège..........	21,250,000	30,75	3,66
Hollande..................	36,000,000	49,95	7,43
Suisse	11,750,000	6,88	4,66
Portugal	17,500,000	42,42	4,60
Danemark.................	10,000,000	26,18	6,25
Grèce....................	3,150,000	5,31	2,70
Villes anséatiques. Mecklembourg et duchés..........	10,750,000	» »	9,15
États-Unis (environ)........	400,000,000	40,16	11,42

(1) J'emprunte ces données à l'excellent rapport de M. Dureau à l'Exposition universelle, tome XI, page 320.

(2) Ce faible droit s'applique seulement aux sucres de betteraves produits en Russie. Quant aux sucres étrangers, ils payent un droit d'entrée énorme : 123 fr. 81 et 113 fr. 27 pour les raffinés, selon qu'ils sont importés par terre ou par mer, et 79 fr. 92 sur les bruts, quel que soit le mode d'importation.

II.   6.

La consommation du sucre a donc été de 1,948,330,000 kilogrammes. En 1867, elle s'est élevée à 2 milliards 332 millions, ce qui représente, en y comprenant l'impôt, un capital de plus de 2 milliards.

Comme vous pouvez le remarquer, la quantité moyenne du sucre consommée par individu est fort inégale. La France ne vient guère qu'au troisième rang, l'Angleterre et les Etats-Unis l'emportant sur nous.

Cette différence s'explique par celle du droit dont le sucre est grevé dans ces trois états. Là où le droit est élevé, la consommation est faible. Là où il est modéré, elle est plus considérable ; l'abaissement du droit favorise donc là consommation du sucre, sa production, le développement et la prospérité de cette grande industrie.

En France le droit est excessif, 51 fr. pour 100 kil., ce qui fait peser de 1,000 à 1,200 fr. d'impôts par hectare de betterave, sans compter l'impôt foncier et les taxes locales.

En nous séparant, faisons donc des vœux, Messieurs, pour que le droit qui frappe en ce moment le sucre soit abaissé, afin que sa consommation s'élève en France à l'égal de ce qu'elle est en Angleterre.

Tout le monde y gagnera : le trésor, le bien-être de la population et surtout l'agriculture.

QUATRIÈME ENTRETIEN

Messieurs,

La conférence d'aujourd'hui sera consacrée à l'étude de la pomme de terre, considérée à la fois comme plante alimentaire et comme source de fécule pour l'industrie.

Si on établit un parallèle entre la pomme de terre et le froment, on trouve que la première produit de quatre à cinq fois plus de substance alimentaire. En effet, à raison de 15 hectolitres par hectare, ce qui est la moyenne du rendement en France, le froment fournit 1,000 kilogrammes de farine au plus, tandis que 15,000 kilogrammes de pommes de terre (230 hectolitres) ne donnent pas moins de 4,000 kilogrammes de matière sèche complètement alibile.

Pouvant à la fois servir de nourriture à l'homme et aux animaux, la pomme de terre offre donc une très-grande ressource dans les années de mauvaises récoltes, par l'abondance de ses produits et par l'époque de sa culture qui permet d'utiliser au printemps toutes les terres disponibles.

Comme plante industrielle, à raison de la fécule, la pomme de terre a aussi une importance considérable. Elle joue, dans le département des Vosges et dans quelques cantons de l'Auvergne, un rôle non moins important que la betterave dans nos départements du Nord.

Mais tandis que la fabrication du sucre est une industrie centralisée, opérant avec de grands capitaux et un outillage formidable, l'extraction de la fécule avec ses procédés plus simples et moins coûteux est presque une industrie domestique.

Les régions accidentées où les chutes d'eau d'une faible importance sont nombreuses semblent prédestinées à l'établissement des féculeries : c'est aussi là qu'elles dominent et où elles prospèrent le plus.

Le principal avantage de la pomme de terre c'est la ressource inappréciable qu'elle offre en agriculture, pour faire passer le sol du régime triennal aux assolements alternes; aucune plante n'a plus contribué à la suppression de la jachère et à l'amélioration des conditions d'existence de la population rurale.

Par toutes ces considérations, la pomme de terre mérite d'être placée au rang des plantes les plus utiles et de faire de notre part l'objet d'une étude aussi complète qu'approfondie.

Je me demande, en premier lieu, si avec les engrais

chimiques la pomme de terre produit plus qu'avec le fumier.

Sur ce point, mon affirmation est aussi formelle qu'à l'égard de la betterave : les engrais chimiques l'emportent au moins huit fois sur dix.

Voici les faits qui l'établissent :

En 1866, chez M. le marquis d'Havrincourt, à Havrincourt (Pas-de-Calais) :

	RÉCOLTE A L'HECTARE.
Engrais complet..................	16,000 kil.
35,000 kilog. de fumier de ferme ..	8,050

En 1867, chez M. Schattenmann, à Bouxwiller (Bas-Rhin) :

	RÉCOLTE A L'HECTARE.	
Engrais complet	10,947 kil.	(Jaunes des Vosges.)
30,000 kilog. de fumier..	10,018	(Rouges tardives.)

Ces résultats sont médiocres.

Chez M. Jacob, à Saint-Christot-en-Jarrêt (Loire).

	RÉCOLTE A L'HECTARE.
1,200 kilog. Engrais complet......	9,700 kil.
40,000 — de fumier	8,740
Sans aucun engrais	3,400

Résultat médiocre encore, qui accuse cependant un excédant en faveur de l'engrais chimique.

Remarquons, pour tout préciser, qu'en 1867 l'Al-

sace et le département de la Loire ont beaucoup souf-
fert de la sécheresse.

En 1867, chez M. le baron Daël de Koëth, à Sœr-
genloch, près Mayence :

Engrais complet	19,200 kil.
Terre sans engrais	11,650

En 1867, M. Thomas, à Boulogne-sur-Mer, quatre
essais séparés :

	RÉCOLTE À L'HECTARE.
1° Engrais complet.......	13,600 kil.
Fumier..............	9,210
2° Engrais complet.......	14,630
Fumier..............	10,960
3° Engrais complet.......	16,970
Fumier..............	12,108
4° Engrais complet.......	24,400
Fumier..............	15,740

L'engrais chimique l'emporte toujours.

Les cultures de 1868, tant éprouvées par la sécheresse, conduisent à la même conclusion. Je commence
par les rendements les plus faibles.

M. Goussard de Mayolles, au château de Haut-
Brizay (Indre-et-Loire) :

		RÉCOLTE À L'HECTARE.
714 kil.	Engrais complet (3/4 de dose)	7,125 kil.
34,000	Fumier de ferme.................	6,450
	Sans aucun engrais.............	3,675

M. Emmanuel Nyssens, à Anvers (Belgique) :

		RÉCOLTE A L'HECTARE.
1,000 kil.	Engrais complet modéré	16,000 kil.
40,000	Fumier et cendres de tourbe..	6,000

M. Roze, lieutenant du génie, à Sens (Yonne) :

1,000 kil. d'engrais complet modéré	17,446 kil.
Sans aucun engrais	10,570

M. de Beauroyre, à la Rigole (Dordogne) :

1,000 kil.	Engrais complet.............	19,200 kil
38,000	Fumier de ferme	13,600
	Sans aucun engrais...	7,000

M. Pagnoul, secrétaire de la Société d'agriculture, à Arras (Pas-de-Calais) :

1,000 kil.	Engrais complet.............	23,400 kil.
30,000	Fumier de ferme	16,950
	Fumier de poule.............	17,600

M. Fonvielle, à Landuzière (Oise) :

1,000 kil.	Engrais complet modéré......	24,250 kil.
10,000	Fumier de cheval et de latrine.	20,160

M. Larpin, à Roclès (Allier) :

1,000 kil.	Engrais complet..............	26,000 kil.
	Sans aucun engrais	16,000

M. Jean, à Roquevaire (Bouches-du-Rhône) :

Engrais complet modéré................	30,000 kil.
Rendement du pays avec fumier	14 à 18,000

M. Bougon, à Noyon (Oise) :

750 kil.	Engrais complet modéré...............	31,000 kil.
27,000	Fumier de ferme....................	22,777
	Sans aucun engrais.................	20,555

M. Cossombier, à Chanteheux (Meurthe) :

		RÉCOLTE A L'HECTARE.
1,000 kil.	Engrais complet..............	33,510 kil.
	Sans aucun engrais	16,200

M. Denoyon, à Blérancourt (Aisne) :

1,300 kil.	Engrais complet (azote 76 kil.).........	36,500 kil.
1,100	Engrais complet modéré (azote 42 kil.).	28,500
	Fumier de cheval à haute dose........	20,000

M. Camoin, à Marseille :

1,000 kil. Engrais complet (culture irriguée)......	43,000 kil.

A l'appui de ces indications particulières, qui appartiennent toutes à la récolte de 1868, et que j'ai citées, parce que leurs auteurs me sont connus je puis invoquer les résultats généraux de la même campagne.

Sur quatre-vingt-cinq expériences qui m'ont été communiquées, l'importance des rendements peut se classer ainsi :

		RÉCOLTE A L'HECTARE.	
17 ont produit en moyenne ...	38,271 kil.	588 hect.
16 — — ...	24,288	373
26 — — ...	17,266	265
24 — — ...	11,119	171

Ce qui donne comme moyenne générale 22,736 kilogrammes de tubercules par hectare (350 hectolitres) pour 1,090 kilogrammes d'engrais chimiques, alors que dans les mêmes conditions 39,946 kilogrammes de fumier de ferme n'ont produit que 18,559 kilogrammes de tubercules (285 hectolitres), soit un excédant de 4,177 kilogrammes ou 65 hectolitres par hectare en faveur de l'engrais chimique.

Si l'on divise ces résultats en deux catégories : l'une comprenant les trois premières séries et l'autre la dernière, on trouve que sur quatre cultures, trois donnent en moyenne 26,608 kilogrammes de tubercules par hectare (409 hectolitres) et une 11,119 kilogrammes (171 hectolitres), autrement dit, trois très-bons rendements contre un médiocre.

La pomme de terre nous conduit donc à la même conclusion que la betterave : l'engrais chimique produit plus de récoltes que le fumier.

Je passe à cette seconde question : Quelle est la *dominante* de la pomme de terre, c'est-à-dire celui des quatre termes de l'engrais qui influe le plus sur le rendement?

Un simple regard jeté sur le tableau suivant, où sont inscrits les rendements obtenus à Vincennes, suffit pour vous l'apprendre :

1865.

	RÉCOLTE À L'HECTARE.
Engrais complet contenant 117 kil. d'azote...	27,950 kil.
— sans chaux...............	23,350
— sans phosphate............	17,900
— sans azote	16,750
— sans potasse	10,520
Terre sans aucun engrais...................	7,700

Ces résultats sont très-nets. C'est la potasse qui remplit la fonction prépondérante.

Rapprochez ces trois chiffres :

Engrais complet	27,950 kil.
Engrais sans potasse	10,520
Terre sans aucun engrais..................	7,700

La récolte de 1867 conduit à la même conclusion.

Engrais complet contenant 76 kil. d'azote	24,600 kil.
— sans chaux................	20,500
— sans azote................	20,850
— sans potasse	10,500
Terre sans aucun engrais..................	7,500

Tout est semblable entre les récoltes de ces deux années, à part les rendements obtenus avec l'engrais complet.

	RÉCOLTE À L'HECTARE.	
	1865.	1867.
Engrais complet..........	27,950 kil.	24,600 kil.
— sans chaux.......	23,350	20,500
— sans phosphate...	17,900	» »
— sans azote........	16,750	20,850
— sans potasse......	10,520	10,500
Terre sans aucun engrais..	7,700	7,500

Pourquoi cette différence entre les effets de l'engrais complet? Parce qu'en 1865 il contenait 117 kil. d'azote par hectare et 76 kil. seulement en 1867.

Ce point éclairci, la deuxième série se confond avec la première, et toutes deux attribuent, au même degré, le rôle prédominant à la potasse.

Nouvelle preuve de l'action dominante de la potasse, la matière azotée influe, disons-nous, sur le rendement, mais remarquez que cette influence cesse dès que la potasse est exclue de l'engrais.

	RÉCOLTE A L'HECTARE.
1865. Engrais complet contenant 117 kil. d'azote...	27,950 kil.
1867. Engrais complet contenant 76 kil. d'azote....	24,600
1865. Engrais sans potasse contenant 117 k. d'azote.	10,520
1867. Engrais sans potasse contenant 76 kil. d'azote.	10,500

Trois propositions résument ce qui précède :

1º Les engrais chimiques l'emportent sur le fumier;

2º La potasse est la dominante de la pomme de terre;

3º Avec l'engrais complet, la matière azotée affecte de 20 p. 100 environ le rendement.

Passons aux engrais eux-mêmes. Comment doit-on les composer?

Cela dépend, dans une certaine mesure, du régime auquel le sol est soumis et de l'assolement où figure la pomme de terre.

S'agit-il de l'assolement de quatre ans :

Pomme de terre,
Blé,
Trèfle ou fourrage vert,
Blé.

Il faut employer l'engrais complet n° 3 :

	A L'HECTARE.		
	POIDS.	PRIX.	DÉPENSE.
ENGRAIS COMPLET N° 3....	1,000^k		
Soit :			
Phosphate acide de chaux.	400	64^f »	
Nitrate de potasse........	300	186 »	256 fr. »
Sulfate de chaux.........	300	6 »	

dans lequel l'azote entre pour 42 kilogrammes.

L'assolement est-il de cinq à six ans et y fait-on figurer une plante industrielle très-épuisante, comme le chanvre ou le colza, la terre est-elle de qualité très-inférieure, ne l'a-t-on pas fumée depuis long-temps, il faut avoir recours à l'engrais complet n° 2.

	A L'HECTARE.		
	POIDS.	PRIX.	DÉPENSE.
ENGRAIS COMPLET N° 2 ...	1,200^k		
Soit :			
Phosphate acide de chaux.	400	64^f »	
Nitrate de potasse........	200	124 »	
Nitrate de soude.........	300	105 »	299 fr. »
Sulfate de chaux.........	300	6 »	

Cette fois l'azote est porté à 76 kilogrammes.
Enfin, lorsque la pomme de terre est à l'état de

culture permanente, comme dans les Vosges, il est prudent de recourir tous les trois ans à l'engrais complet n° 4, qui est plus riche en potasse et en phosphate de chaux.

	A L'HECTARE.		
	POIDS.	PRIX.	DÉPENSE.
ENGRAIS COMPLET N° 4 ...	1,000ᵏ		
Soit :			
Phosphate acide de chaux.	600	96ᶠ »	
Nitrate de potasse........	500	310 »	414 fr. »
Sulfate de chaux.........	400	8 »	

A propos de ce dernier engrais qui appartient à la catégorie des engrais intensifs, je dois renouveler la recommandation que j'ai déjà faite pour la betterave : il en faut user avec réserve et ne l'admettre que pour la moitié ou le tiers de la surface cultivée.

La manière d'employer ces engrais est très-simple. On les répand en une seule fois à la surface du sol après le dernier labour, et on les mêle à la couche superficielle par un hersage énergique.

Comme exemple de l'effet de ces trois engrais, voici les résultats obtenus à Vincennes en 1868 :

	RÉCOLTE A L'HECTARE.
Engrais intensif (azote 100 kil.)..........	27,900 kil.
Engrais complet (azote 76 kil.)..........	20,400
Engrais complet (azote 28 kil.)..........	19,300

Chez M. Denoyon, à Blérancourt, dans le département de l'Aisne, l'engrais complet ordinaire l'a emporté sur l'engrais intensif.

	RÉCOLTE À L'HECTARE.
Engrais complet (azote 76 kil.)	36,500 kil.
Engrais complet modéré (azote 45 kil.)	28,500

Dernière question :

Sous quelle forme convient-il d'employer la matière azotée ?

A l'état de nitrate de soude ou à celui de sulfate d'ammoniaque ?

Le choix est indifférent si l'engrais contient une dose suffisante de potasse. En voici la preuve :

1868. Engrais complet au nitrate de soude (azote 70^k)..	20,400 kil.
1868. Engr. compl. au sulfate d'ammoniaq. (azote 76^k).	21,100

Les deux résultats de 1868 sont sensiblement égaux. Remarquons seulement que sur la parcelle fumée avec l'engrais au nitrate de soude, la pomme de terre revenait pour la seconde fois.

Nous avons dit que la pomme de terre a une grande importance par ses propriétés alimentaires et sa richesse en fécule. Indiquons exactement sa composition.

Dans 100 de pommes de terre fraîches, il y a :

Eau	70,00
Fécule	24,00
Matière azotée	1,60
Matières grasses	0,10
Sucre	1,09
Epiderme...................	1,65
Matières minérales (sels).....	1,56
TOTAL............	100,00

La pomme de terre renferme à peu près 30 p. 100 de matières sèches, desquelles il faut retrancher 1,65 pour l'épiderme, ce qui réduit à 28 p. 100 la partie alimentaire, dans laquelle la fécule entre pour 24.

Aujourd'hui la culture de la pomme de terre occupe en France près d'un million deux cent mille hectares ; la production totale est de 142,684,306 hectolitres, représentant, année moyenne, une valeur de 480 à 500 millions de francs.

Le rendement moyen de la pomme de terre est assez faible en France. Il ne s'élève guère qu'à 115 hectolitres par hectare (7,605 kil.).

Sans vouloir traiter en détail de la fabrication de la fécule, il m'est impossible cependant de ne pas vous en dire quelques mots.

Les procédés de cette industrie sont extrêmement simples. Ils se déduisent de l'organisation anatomique de la pomme de terre. Sous le microscope, une tranche de pomme de terre apparaît comme un réseau de cellules remplies de granulations. Ces granulations sont la fécule.

Pour l'extraire, on râpe les pommes de terre et on lave à grande eau, sur un tamis, la pulpe formée par le tissu des cellules ; la fécule passe à travers les mailles et vient se déposer au fond de cuves où l'on recueille les eaux de lavage.

Lorsque le liquide s'est éclairci, on le fait écouler à l'extérieur, et on enlève de la surface du dépôt la première couche qui est formée de débris de cellules et d'épiderme. On délaie de nouveau la fécule dans l'eau, et on renouvelle à plusieurs reprises ce procédé de purification, que l'on complète en faisant passer la fécule à travers des tamis de soie de plus en plus fins.

L'organisation de la fécule de pomme de terre est extrêmement curieuse ; mais avant d'en parler, laissez-moi vous faire remarquer la communauté de caractère qu'il y a entre les fabriques de fécule et les sucreries.

Ces deux industries se rattachent à l'agriculture par la composition de la matière première sur laquelle elles opèrent et par la nourriture qu'elles livrent au bétail sous forme de pulpe.

Malgré leur dissemblance extérieure, le sucre et la fécule ont la même composition; tous deux sont formés de carbone, d'hydrogène et d'oxygène dans les mêmes rapports et représentés par cette formule :

$$(C^{12} H^{11} O^{11}).$$

Pour les fabriques de fécule comme pour les sucreries, l'exportation de la récolte se borne à un produit dont l'air et la pluie ont fait seuls les frais.

Le reste de la récolte fait retour au sol, soit à l'état d'eau de lavage pour l'irrigation, soit à celui de pulpe consommée par le bétail.

Si la fécule et le sucre ont la même composition, ils diffèrent par leurs propriétés et leur organisation. Le sucre est soluble dans l'eau ; il cristallise en beaux rhomboèdres bien définis, et par la régularité géométrique de ses formes, se rapproche des productions de la nature inorganique.

La fécule, au contraire, est insoluble dans l'eau, ne cristallise pas et possède une structure organisée.

Elle est en grains ovoïdes dont le diamètre atteint à peine 185 millièmes de millimètre et qui sont formés de couches concentriques superposées.

Pour mettre en évidence cette structure qu'on ne peut apercevoir qu'avec le secours du microscope, il suffit de dessécher de la fécule à 100°; alors, si on l'humecte avec de l'eau faiblement alcoolisée, l'alcool étant plus volatil, s'évapore, tandis que l'eau, agissant successivement sur les diverses couches, en détermine l'exfoliation, et produit sur chaque grain un veritable épanouissement comparable à celui d'un bouton de fleur.

Ainsi, opposition complète au point de vue physique entre le sucre et la fécule, ce qui n'empêche pas ces deux corps de présenter les plus étroites analogies sous le rapport de leurs fonctions au sein des végétaux.

Tous deux sont, dans le plus grand nombre de cas, des formations essentiellement éphémères, qui, malgré leurs dissemblances, naissent l'un de l'autre avec une facilité remarquable.

Il semble que c'est de préférence à l'état de glucose qu'ils font leur apparition dans les végétaux, et c'est dans les feuilles que s'opère leur formation, à la suite de la réduction que l'acide carbonique de l'air y subit et de la combinaison du carbone qui en provient avec les éléments de l'eau. Des feuilles, la glucose se diffuse dans tout l'organisme végétal, et c'est pendant ce trajet qu'elle revêt tour à tour la forme de sucre de canne ou de fécule.

Citons quelques exemples de ces métamorphoses remarquables.

Le maïs contient deux sortes de sucre : du sucre incristallisable dans les feuilles, et du sucre cristallisable dans la tige.

A l'époque de la floraison, le sucre de la tige disparaît ; il est remplacé par de la fécule qui s'accumule dans la graine.

La betterave donne lieu à des remarques semblables.

Avant de monter en fleurs, elle contient de 8 à 10 p. 100 de sucre ; à mesure que la graine se forme, ce sucre disparaît, si bien que, lorsque la graine est mûre, la betterave ne contient plus trace de sucre.

Ces trois termes expriment les diverses phases de cette genèse remarquable :

GLUCOSE..................	Forme confuse.
SUCRE CRISTALLISABLE....	Forme géométrique.
FÉCULE	Forme organisée.

Jusqu'à présent, nous sommes partis du sucre incristallisable pour arriver à la fécule ; hâtons-nous d'ajouter que la transformation inverse n'est pas moins facile et qu'elle correspond à une autre période de la vie végétale : la germination.

Faites germer du froment ou de l'orge, qui contiennent 60 % environ de fécule, la fécule disparaît ; elle est remplacée d'abord par une sorte de gomme, la dextrine, qui se transforme elle-même en glucose.

J'ai coutume de désigner la fécule, le sucre et leurs congénères sous le nom de *produits transitoires de l'activité végétale,* pour rappeler les transformations incessantes qu'ils subissent et qui sont une des conditions de la vie des plantes.

Règle générale : tout organe en voie de formation provient en partie de la substance des organes préexistants, à laquelle s'ajoute ce que le végétal puise à chaque instant dans l'air et dans le sol.

Les premières feuilles qui se montrent après la germination viennent en totalité de la graine ; à peine formées elles produisent du sucre avec le carbone, l'hydrogène et l'oxigène qu'elles tirent de l'air et de l'eau qui imprègne le sol.

Quant aux feuilles qui viennent ensuite, elles tirent des premières une partie de leur substance, à laquelle s'ajoute encore la glucose, qui prend naissance dans leurs propres tissus aux dépens de l'air et de l'eau.

Ainsi, de feuille en feuille, de branche en branche, on arrive à l'époque de la floraison et de la formation du fruit, dont la substance dérive tout entière des organes préexistants.

Pendant le cours de ce travail complexe, les sucres, la matière amylacée, les gommes se transforment les uns dans les autres, et ceci vous explique le rôle considérable de la fécule dans l'économie de la nutrition végétale.

Sous le rapport économique, le sucre a plus d'importance que la fécule, et par sa valeur et par l'impôt dont il est grevé, qui ne rapporte pas moins de cent millions par an à l'État.

En effet, si nous fixons à 50,000 kilogrammes par hectare le rendement de la betterave, et à 25,000 kilogrammes celui de la pomme de terre, nous trouvons que la valeur du sucre produit par un hectare de betterave est de 3,000 fr., tandis que la valeur de la fécule produite aussi par un hectare n'est que de 1,275 fr. Mais ce n'est pas tout : 50,000 kil. de betterave rapportent encore à l'État 1,500 fr. par le droit sur le sucre, tandis que la pomme de terre ne paye pas d'impôt.

Terminons l'étude de la pomme de terre par quelques mots de la maladie qui en compromet trop souvent la récolte.

Depuis une vingtaine d'années qu'elle a fait son apparition, cette maladie a été l'objet de beaucoup de recherches, et pourtant la question est restée entière. Personne n'a trouvé encore le moyen de combattre efficacement le mal et d'en prévenir le retour.

L'année dernière, la maladie fit son apparition au champ d'expériences de Vincennes, sur quelques parcelles placées au milieu de beaucoup d'autres qui furent épargnées. Ces atteintes étaient à l'origine si nettement circonscrites, qu'elles me semblèrent fournir des indices certains pour remonter à la cause première du mal.

Commençons par constater les faits :

Lorsqu'une plantation de pommes de terre est envahie par la maladie, les feuilles perdent leur fraîcheur et leur coloration verte; elles se rouillent, se crispent, se dessèchent, et pour peu que le mal s'aggrave, toutes les parties aériennes sont anéanties.

Le mal s'arrête souvent à cette première période. Mais si l'année est humide, elle s'étend aux tubercules, qui portent alors des taches rougeâtres plus accusées dans le voisinage de la tige et des bourgeons que sur les autres parties.

Si le mal s'aggrave, les tubercules entrent en pourriture; s'ils ne se décomposent pas sur place, ils sont d'une conservation si difficile, que la récolte n'en vaut guère mieux.

Un fait incontestable, c'est que lorsqu'une pomme de terre est malade, elle est envahie par un cryptogame microscopique; la rouille des feuilles a la même origine. Mais ce cryptogame est-il la cause, est-il l'effet de la maladie? Ici tout devient mystère et incertitude : il est bien difficile, en effet, de décider entre les preuves contradictoires que l'on invoque.

Arrivons aux circonstances qui ont marqué l'apparition de la maladie au champ d'expériences de Vincennes.

Jusqu'en 1867, elle y avait peu sévi. J'avais cru remarquer, cependant, qu'elle se manifestait de préférence sur les parcelles où l'engrais contenait de fortes proportions d'azote, sans que je puisse justifier cette impression par des faits précis et des chiffres. En 1867, les choses se passèrent tout autrement : la maladie se développa avec un ensemble de caractères si nets et si concordants, qu'il devenait impossible de ne pas en être frappé.

Sur une bande de terre, découpée en parcelles contiguës, d'un are de superficie, séparées par un chemin d'un mètre de large, deux carrés furent envahis, à l'exclusion apparente de tous les autres, et les fanes furent frappées les premières.

A quel régime avait-on soumis ces deux parcelles? L'une n'avait pas reçu d'engrais depuis huit ans, l'autre n'avait pas reçu de potasse depuis la même époque.

Ainsi, terre non fumée : maladie; terre sans potasse : maladie.

Mais là ne devaient pas s'arrêter les effets du mal.

Sur un carré dont les fanes étaient extrêmement belles au moment de la récolte, on trouva 25 p. 100 de tubercules malades dans un état de pourriture extrêmement avancé; or, ce carré n'avait jamais reçu de phosphate de chaux.

La maladie s'est donc produite à Vincennes, sous deux modes différents :

Ici, frappant les feuilles et les tiges, alors que les tubercules sont faiblement atteints;

Là, concentrant ses effets de destruction sur les tubercules, sans qu'aucune altération extérieure de la plante pût le faire supposer.

Mais dans les deux cas, l'invasion de la maladie a coïncidé avec l'épuisement total ou partiel du sol.

J'ai répété, cette année, l'expérience sur deux bandes séparées dont les parcelles correspondantes ont reçu le même engrais, à cette différence près que la matière azotée est du sulfate d'ammoniaque dans un cas, et du nitrate de soude dans l'autre, la dose de l'azote étant d'ailleurs la même.

Qu'est-il advenu sur les deux bandes?

Comme l'année dernière, là où la potasse manque,

là où la terre n'a pas reçu d'engrais, les tiges et les feuilles fortement rouillées sont aux trois quarts détruites. Sur les autres parcelles, les atteintes sont isolées et sans importance.

Dans les questions de cette nature, les preuves n'ont jamais le caractère d'une démonstration absolue, parce qu'une fois que la maladie a fait son apparition sur un point, il devient impossible de décider si les atteintes plus légères qui se produisent sur d'autres sont un effet de contagion dû au premier foyer, ou le résultat d'une éclosion primordiale.

Vous voyez, Messieurs, combien j'apporte de circonspection dans l'interprétation des phénomènes : au lieu de conclure, je m'applique à les définir.

Je le répète, le mal frappe avec intensité là où la terre manque d'engrais et de potasse. Dans un moment, vous constaterez vous-mêmes le véritable état de choses dont cette déclaration n'est qu'une expression affaiblie.

Des faits analogues se sont-ils produits ailleurs qu'à Vincennes ?

Oui, et en assez grand nombre pour fortifier l'opinion que la maladie des pommes de terre a certainement pour cause première l'épuisement du sol en substances minérales.

Chez M. Jacob, à Saint-Christot-en-Jarrêt (Loire), on a fait en 1867 trois expériences : la première, avec l'engrais chimique ; la seconde, avec 40,000 kilogrammes de fumier de ferme ; et la troisième, sans aucun engrais.

La maladie a sévi sur les tubercules des trois récoltes, mais d'une manière bien différente. Sur la parcelle au fumier de ferme, il y eut 20 p. 100 de pommes de terre malades, 9 p. 100 sur celle qui n'avait pas reçu d'engrais, et 6 p. 100 seulement sur la parcelle à l'engrais chimique.

Je reproduis les termes de cette expérience :

	RÉCOLTE.	TUBERCULES MALADES.	TUBERCULES MALADES. POUR CENT.
Fumier de ferme	8,740 kil.	1,800 kil.	20,50
Sans aucun engrais	3,400	308	9,06
Engrais complet	9,700	633	6,52

Ces faits sont de tous points conformes à ceux recueillis à Vincennes.

Dans 40,000 kilogrammes de fumier, il y a 200 kilogrammes d'azote, et dans l'engrais complet seulement 76 kilogrammes. Dans l'engrais chimique, la potasse employée à l'état de nitre est immédiatement assimilable, tandis que dans le fumier, pour être absorbé par les plantes, il faut que celui-ci ait éprouvé une décomposition préalable, dont le cours et la durée sont soumis à toutes sortes d'éventualités défavorables.

Chez M. le marquis d'Havrincourt, on a fait l'année dernière deux expériences : l'une avec du fumier et un surcroît d'engrais chimique ; l'autre avec le fumier tout seul. La dose du fumier était la même dans les deux cas. L'engrais chimique qui venait en supplément a produit cette fois un effet nuisible : il y a eu plus de pommes de terre malades ; l'influence défavorable de la matière azotée est ici évidente.

	RENDEMENT A L'HECTARE.	POMMES DE TERRE MALADES.
12,000 kil. de fumier............ ⎱ Engrais complet (15 kil. d'azote). ⎰	15,000 kil.	1,250 kil.
12,000 kil. de fumier............	12,900	457

Dans la première expérience, la dose de l'azote atteint 105 kilogrammes, et seulement 60 kilogrammes dans la seconde.

Une pratique de plusieurs années a conduit M. Grenouillet de Pruniers aux mêmes conclusions (1).

Enfin, cette année, M. Roze, lieutenant-colonel du génie, à qui l'agriculture est redevable d'une excellente étude sur la culture et la distillation de la menthe poivrée, et M. Denoyon, l'un des agriculteurs les

---

(1) « Dans une terre argilo-siliceuse chaulée, mais peu riche et épuisée de tout engrais ancien, j'ai obtenu avec une demi-dose d'engrais complet 17,000 kil. de tubercules par hectare, malgré les ravages considérables occasionnés par les vers blancs. Quant à la maladie, je puis vous dire que depuis trois ans que j'emploie l'engrais chimique pour les pommes de terre, je n'ai pas eu de maladie chez moi. En ce moment mes pommes de terre sont aussi saines que quand je les ai arrachées, et depuis trois ans, mes voisins les ont presque toutes perdues. *J'attribue ce bon résultat à la présence de la potasse dans l'engrais,* car, la première année, connaissant seulement les résultats de vos travaux et ne sachant où et comment me procurer des engrais chimiques, j'ai employé sur une vingtaine d'ares un engrais composé de cendres de bois non lessivées (potasse et chaux), de tourteaux de colza (matière azotée), et de noir animal (phosphate de chaux). Les résultats ont été les mêmes que ceux produits depuis par l'engrais chimique. Pour moi le manque de potasse est donc la cause principale de la maladie!

« GRENOUILLET.

« A Pruniers, par Ambrault (Indre). »

plus éclairés du département de l'Aisne, sont arrivés à des résultats semblables.

M. Denoyon, à Blérancourt (Aisne) :

	RÉCOLTE A L'HECTARE.	TUBERCULES MALADES.	TUBERCULES MALADES. POUR CENT.
Engrais complet intensif connant 400 k. de potasse.....	30,000 kil.	4,500 kil.	15
Engrais complet contenant 76^k d'azote et 100 k. de potasse.	36,500	7,000	20
Engrais complet contenant 42^k d'azote et 150 k. de potasse.	28,500	3,500	12
Sulfate d'ammoniaque contenant 100 k. d'azote........	31,000	12,500	40

M. le lieutenant-colonel Roze, à Sens (Yonne) :

	RÉCOLTE A L'HECTARE.	
Engrais complet (azote 28 kil.)......	17,446	Très-belles et très-saines.
Sulfate d'ammoniaque (azote 100 k.).	18,564	Malades.
Nitrate de soude (azote 75 kil.)......	15,361	Malades.
Sans aucun engrais.................	10,570	Petites et laides, pas malades.

On doit à M. Liébig deux observations non moins décisives que les précédentes.

L'éminent chimiste avait institué trois cultures dans des caisses séparées remplies de tourbe : la première caisse n'avait reçu aucun engrais ; la seconde avait reçu du phosphate de chaux et de la potasse, la troisième de la matière azotéee sans addition de minéraux.

La maladie ne sévit que sur les tubercules venus dans la tourbe naturelle et dans la tourbe additionnée de matière azotée sans minéraux (1).

---

(1) « Six semaines après la récolte, dit M. Liébig, on s'aperçut que

Vous le voyez, l'absence de minéraux, l'abus ou l'excès des matières azotées, ont toujours coïncidé avec l'apparition de la maladie.

Vous trouverez peut-être, Messieurs, que ces exemples, malgré l'accord qu'ils présentent, ne sont ni assez nombreux ni assez décisifs pour justifier une conclusion définitive.

J'incline, pour mon compte, en faveur d'une grande réserve et suis tout à fait d'avis qu'il faut en appeler à de nouvelles expériences.

Mais en attendant, il me paraît singulièrement instructif de rapprocher des faits dont il vient d'être question ceux non moins significatifs qu'on a observés aux colonies sur la canne à sucre.

Une maladie spéciale sévit depuis quelques années sur la canne à la Martinique, et surtout à Bourbon et à Maurice.

Outre cette maladie qui a beaucoup d'analogie avec celle de la pomme de terre, la canne est attaquée par deux insectes : le *borer* et le *pou blanc à poche ;* mais dans les deux cas leur atteinte semble précédée par l'apparition d'un cryptogame à l'aisselle des feuilles.

Un fait sur lequel on est unanime, c'est que la maladie et le parasite n'ont pris des proportions inquiétantes que depuis l'abus qu'on a fait du guano,

---

les tubercules provenant de la tourbe pure et ceux qui avaient reçu des sels ammoniacaux étaient atteints de la maladie, tandis que ceux provenant de la caisse qui n'avait reçu que des phosphates et de la potasse n'en présentaient pas de trace. »

(Lois naturelles de l'Agriculture.)

qui contient beaucoup d'azote et de phosphate de chaux, mais qui manque complètement de potasse.

Cette croyance est en parfaite harmonie avec nos observations.

J'ai reçu de la Guadeloupe et de la Martinique dés communications en grand nombre, à l'occasion d'essais sur les engrais chimiques. Les personnes qui m'écrivaient ne se doutaient pas plus que moi, à ce moment, de l'importance que ces essais prendraient un jour pour expliquer la maladie de la pomme de terre.

M. Sauzier, qui habite Maurice, après m'avoir exposé très en détail les désastres dont les plantations de l'île étaient frappées, ajoute :

« Un sucrier de Bourbon a essayé, en désespoir de cause, l'engrais que vous recommandez pour la canne. Cet essai a été fait sur un hectare pris au milieu d'un champ plus étendu; cette portion que j'ai vue est très-florissante, tandis que le reste du champ, planté comme d'habitude, est frappé de stérilité comme toutes les autres parties de l'établissement. »

Entre l'engrais chimique qui a réussi, et le guano qui ne réussit pas, quelle est la différence ?

Le premier contient de la potasse et peu d'azote; le second beaucoup d'azote et pas du tout de potasse.

A ce témoignage favorable à l'intervention de la potasse, je puis en ajouter un autre non moins précis.

Un honorable négociant de la Martinique, M. Momblet, m'écrivait à la date du 5 novembre 1867 :

« Deux propriétaires de la Martinique, MM. Lenard et Gustave Litté, qui ont fait l'emploi des engrais chimiques sur leurs terres depuis 1867, ont des cannes magnifiques.

« Pour M. Litté, c'est une véritable résurrection, *car ses terres épuisées par l'abus du guano ne lui produisaient plus que des cannes coiffées, dévorées par les pucerons.* »

Plus récemment, j'ai reçu de l'honorable M. de Jabrun, ancien délégué de la Guadeloupe à Paris, une lettre dans laquelle il est dit que, sur deux parcelles contiguës du même champ, l'une ayant reçu du guano et l'autre de l'engrais chimique, sur la parcelle au guano, les rejetons qui ont succédé à la première récolte meurent, tandis qu'ils sont en pleine prospérité sur celle fumée avec l'engrais chimique.

Ne trouvez-vous pas, Messieurs, que ces faits donnent une importance singulière à nos observations sur la maladie de la pomme de terre et raffermissent les conclusions que nous en avons tirées ?

Pour moi, plus j'expérimente, plus mes observations se multiplient, et plus se confirme à mes yeux le témoignage que la cause première de la maladie réside dans le régime du sol.

Fidèle cependant à l'engagement que j'ai pris avec moi-même de ne jamais aller au-delà du témoignage de l'expérience, de suivre les faits et de ne pas les devancer, je m'abstiens de toute conclusion radicale. Je dis seulement : Voilà ce que j'ai vu, ce que vous allez voir vous-mêmes et vérifier. Là où la plante n'est pas fumée, elle est malade ; là où elle manque de potasse, elle est malade ; là où la dose d'azote est trop forte, elle est malade.

Après que vous aurez vu, je vous laisserai le soin de conclure, je vous dirai : Expérimentez vous-mêmes.

La végétation est influencée par trop de circonstances différentes pour qu'un observateur isolé puisse avoir l'espérance de résoudre de telles questions à bref délai par ses seuls efforts. Pour obtenir rapidement et sûrement une solution certaine, il faut de toute nécessité multiplier les expériences, les instituer dans des conditions différentes de sol et de climat, et soumettre leurs résultats à une sévère comparaison.

Les engrais chimiques, à raison de la fixité de leur composition et de la sûreté avec laquelle on peut la régler à son gré, permettent de donner à ces recherches collectives une base commune à laquelle on ne pouvait prétendre lorsqu'on n'opérait qu'avec du fumier qui est un tout indivisible, dont la richesse et l'état physique présentent de si nombreuses variations. L'engrais chimique, lui, est partout le même.

Il faut donc faire des expériences d'après un plan arrêté d'avance.

En première ligne, je propose l'essai de doses progressives de matière azotée dans l'engrais complet, pour savoir exactement où il faut s'arrêter dans une culture normale, car je trouve mes observations insuffisantes pour décider ce point capital.

En second lieu, on devra employer parallèlement les mêmes matières azotées, en l'absence des éléments minéraux de l'engrais.

Enfin, comme dernière tentative, des expériences

poursuivies pendant plusieurs années sur la même terre qui ne serait jamais fumée.

Pour ces divers essais, des parcelles de deux ares sont grandement suffisantes.

PARCELLE No 1.

ENGRAIS COMPLET avec 100 kil. d'azote par hectare.

	A L'HECTARE.	POUR DEUX ARES.
Phosphate acide de chaux..	400 kil.	8 kil.
Nitrate de potasse.........	400	8
Nitrate de soude..........	300	6
Sulfate de chaux..........	400	8
	1,500	30

PARCELLE No 2.

ENGRAIS COMPLET avec 76 kil. d'azote par hectare.

	A L'HECTARE.	POUR DEUX ARES.
Phosphate acide de chaux..	400 kil.	8 kil.
Nitrate de potasse.........	200	4
Nitrate de soude..........	300	6
Sulfate de chaux..........	300	6
	1,200	24

PARCELLE No 3.

ENGRAIS COMPLET avec 44 kil. d'azote par hectare.

	A L'HECTARE.	POUR DEUX ARES.
Phosphate acide de chaux ..	400 kil.	8 kil.
Nitrate de potasse.........	300	6
Sulfate de chaux..........	300	6
	1,000	20

PARCELLE N° 4.

MATIÈRE AZOTÉE SEULE : 100 kil. d'azote par hectare.

	A L'HECTARE.	POUR DEUX ARES.
Sulfate d'ammoniaque......	500 kil.	10 kil.

PARCELLE N° 5.

MATIÈRE AZOTÉE SEULE : 75 kil. d'azote par hectare.

	A L'HECTARE.	POUR DEUX ARES.
Nitrate de soude..........	500 kil.	10 kil.

PARCELLE N° 6.

AUCUN ENGRAIS.

Si les faits qui se sont produits à Vincennes doivent se généraliser, la maladie sévira de préférence sur les parcelles 4, 5 et 6.

Quant à ce qui doit arriver sur les parcelles 1, 2 et 3, j'incline à penser que la parcelle 3 sera plus ménagée que les deux autres (1).

Il est très-probable qu'à moins d'opérer sur des terres épuisées, les résultats seront moins tranchés qu'à Vincennes, et cela se comprend. La parcelle qui n'a pas reçu de potasse ce printemps en est privée depuis huit années; la parcelle fumée avec de la matière azotée sans autre addition est soumise à ce ré-

---

(1) Cette prévision s'est vérifiée chez M. Denoyon, dont les résultats sont postérieurs à la date de cet Entretien.

gime aussi depuis huit ans; même condition pour la parcelle qui n'a pas reçu d'engrais.

Il résulte de cette continuité du même régime que le sol est aujourd'hui dans un état de préparation exceptionnel.

Il est probable qu'en 1861, à l'époque de la fondation du champ d'expériences, les engrais qui nous donnent des effets si tranchés en auraient produit de moins accusés, parce que la richesse propre du sol aurait suppléé dans une certaine mesure à ce qui manquait à l'engrais.

Pour arriver à une solution satisfaisante, il faut continuer les expériences pendant plusieurs années et choisir au début des terres qui n'aient pas été fumées depuis quatre ou cinq ans. Dans ces conditions les résultats seront vraisemblablement nets, précis, concordants, et pourront servir de guide à la pratique.

Résumons-nous :

Vous voyez, Messieurs, que la méthode que nous suivons, après nous avoir permis de définir les conditions fondamentales qui règlent la production des végétaux, de la pomme de terre comme de tous les autres, doit nous mettre à même de remonter aussi dans beaucoup de cas à la cause des maladies qui les affectent, car tout ce que j'ai dit de la pomme de terre s'applique à la vigne, à la canne à sucre, et, selon toute probabilité, au mûrier, dans lequel beau‑coup de bons esprits n'hésitent point à placer la source de la maladie des vers à soie (1).

---

(1) Sous l'empire d'observations qui nous sont communes, nous

Pénétrez-vous bien de cette pensée, que les accidents et les épidémies ne sont qu'une déviation des phénomènes réguliers. L'excès et la pénurie dans les conditions d'existence sont également préjudiciables aux manifestations de la vie. Mais les anomalies irrégulières en apparence, relèvent des mêmes causes que les phénomènes normaux. Les effets sont différents, la loi est la même.

J'espère que l'examen des cultures que nous allons visiter vous raffermira dans la conviction que caprice et hasard, appliqués aux phénomènes naturels, sont deux mots vides de sens que la science de nos jours doit exclure de son domaine.

---

nous sommes souvent demandé, M. Joulie et moi, si la maladie des vers à soie ne doit pas sa persistance à une altération de la feuille du mûrier, résultant de l'épuisement du sol en phosphate ou en potasse, ou de l'abus de fumiers azotés.

Après beaucoup d'hésitation, nous avons décidé d'en appeler à l'expérience.

Une éducation a été conduite avec des feuilles provenant de mûriers diversement fumés. La graine employée était saine. Aucun cas de maladie ne s'est manifesté; mais le poids des vers, au moment de la montée, a présenté des différences considérables, suivant la nature de l'engrais que l'arbre avait reçu.

Cette observation a été confirmée depuis par l'honorable M. Légier, qui m'écrit à la date du 10 juillet 1869 :

« L'engrais chimique a fait produire aux mûriers de la feuille saine, qui a mené à bien les vers à soie qui en ont été alimentés. La même graine, élevée avec la feuille dont l'arbre avait reçu l'engrais chimique, a donné 10 kil. de cocon de plus par once de graine (25 grammes) que la partie qui avait été nourrie avec de la feuille provenant d'arbres fumés avec du fumier de ferme.

« LÉGIER.

« Nîmes, ce 10 juillet 1869. »

CHAMP D'EXPÉRIENCES DE VINCENNES. — RÉCOLTE DE POMMES DE TERRE DE 1869.

Cette année, la récolte de Pommes de terre a été médiocre au champ d'expériences de Vincennes : à peine la moitié du rendement obtenu depuis dix ans. Comme les années précédentes, la maladie a sévi sur la parcelle qui n'a pas reçu de potasse et sur celle qui n'a pas été fumée. Les fanes ont commencé à se flétrir au mois de mai ; fin juin elles étaient complètement détruites. Il y a eu moins de tubercules malades que les années précédentes, mais ils étaient petits, verdâtres et possédaient une odeur vireuse.

J'ai signalé depuis longtemps l'impossibilité de remplacer la potasse par la soude. J'ai établi par des expériences directes sur le froment (*Comptes-rendus de l'Académie des sciences*, 1860, t. LI, p. 437) qu'en l'absence de la potasse, cette plante ne donne que des résultats précaires et incertains. Le même fait se reproduit depuis cinq ans à Vincennes sur les pommes de terre. Là où la potasse manque, l'emploi du nitrate de soude ne produit presque aucun effet. Associé à la potasse, le nitrate de soude se montre très-efficace. On peut se faire une idée du contraste par cette planche, où les dimensions de chaque pyramide sont proportionnelles au poids de la récolte.

Autre conclusion non moins importante : la potasse est la dominante de la pomme de terre. Eh bien ! le défaut de potasse coïncide avec l'invasion de la maladie ; d'où cette proportion capitale : les plantes privées de leurs dominantes, atteintes par conséquent dans l'une de leurs conditions les plus essentielles d'existence, deviennent la proie des organismes inférieurs : champignons microscopiques, pucerons, etc. Explication inattendue de l'un des fléaux les plus redoutables avec lesquels l'agriculture ait à lutter : les épidémies végétales.

LA SOUDE NE PEUT PAS REMPLACER LA POTASSE COMME AGENT DE FERTILITÉ.

Depuis quelques années l'agriculture anglaise consomme pour la fumure des terres des quantités énormes et toujours croissantes de nitrate de soude importé du Pérou. Les bons effets de ce sel, attestés aujourd'hui par la pratique la plus étendue, ont été mis en lumière à l'origine par les recherches de M. Kuhlmann (1), par les études plus théoriques de MM. Rineau, Boussingault, Georges Ville, et par les nombreuses et remarquables publications sorties de la plume du docteur Pusey (2).

Savants et agriculteurs, hommes de théorie et de pratique, tout le monde est unanime maintenant pour ranger le nitrate de soude parmi les agents les plus efficaces de la production végétale.

Avant que l'infortuné Leblanc eût découvert le procédé admirable qui a permis à l'industrie de retirer la soude du sel marin pour alimenter les arts et l'économie domestique de ce précieux agent, on mettait à profit la faculté dont les plantes marines sont douées d'extraire la soude des eaux de la mer et de l'accumuler au sein de leurs fragiles tissus. La combustion de ces plantes laisse en effet comme résidu une cendre dont le carbonate de soude est un des éléments prédominants. On procédait autrefois, à l'égard des plantes marines, comme on le fait encore en Amérique lorsque, les voies de grande communication et les moyens de transport venant à manquer, on ne peut tirer parti du bois des forêts. On brûle les arbres pour retirer de leur cendre la potasse assimilée par la végétation.

Parmi les plantes propres à l'extraction de la soude, la Barille, cultivée sur les côtes d'Espagne, produit par sa combustion une cendre dont la partie soluble contient de 20 à 40 p. 100 de carbonate de soude (3). Quoique moins riches en alcalis, les cendres de varechs en contiennent cependant des quantités considérables. L'abondance de la soude dans la cendre de ces végétaux, jointe à la disparition des végétaux à soude dans l'intérieur des terres, lorsque le sol cesse de

(1) Expériences chimiques et agronomiques, in-8°, 1857.
(2) The Journal of the royal Agricultural Society of England, t. XIII, XIV et XV.
(3) Thénard, t. III, p. 141.

contenir du sel, indiquent clairement que la soude est essentielle à leur constitution, qu'elle remplit à leur égard une fonction de premier ordre. En raison de l'étroite parenté existant entre la soude et la potasse, il est intéressant de se demander jusqu'à quel point ces deux alcalis peuvent se remplacer mutuellement, et si cette substitution n'apporte aucun trouble dans le court de la vie végétale.

M. Payen rapporte que les branches et les feuilles de *Mesembrianthemum crystallinum*, exploité à l'île de Ténériffe pour l'extraction de la soude, sont parsemées de glandes remplies d'une dissolution d'oxalate de soude, lequel disparaît pour faire place à l'oxalate de potasse, à mesure qu'on s'éloigne du littoral pour s'avancer dans l'intérieur des terres.

Le vénérable M. de Gasparin cite une autre plante où la potasse se substitue à la soude plus complètement encore, sans préjudice d'aucun genre. Il paraît que le *Salsola tragus* exploité comme plante à soude, entre Frontignan et Aigues-Mortes, remonte très-loin dans la vallée du Rhône. « Elle ne se montre pas moins vigoureuse dans la station la plus continentale qu'elle ne l'était près de la mer. Alors, cependant, la plante ne contient que de la potasse ; la soude a entièrement disparu (1). »

Il semblerait résulter de ces deux exemples que la potasse peut quelquefois remplacer la soude ; reste à savoir si l'inverse est également possible, si la soude peut tenir lieu de la potasse pour certains végétaux, et si ces derniers s'accommodent de la substitution. À l'égard du blé, pas d'hésitation : la soude employée à l'exclusion de la potasse porte une grave atteinte à son développement ; la récolte diminue des trois quarts. Je puis invoquer à cet égard le témoignage de deux expériences exécutées dans des conditions différentes et dont les résultats se vérifient et se complètent réciproquement.

Par les raisons que j'ai rapportées dans ma dernière note (2), j'ai adopté la terre des Landes, naturellement dépourvue de potasse, comme sol d'expérimentation. Chaque

(1) De Gasparin, Cours d'agriculture, 3e édit., t. I, p. 406.
(2) Comptes-rendus de l'Académie des sciences, t. LI, p. 216.

culture a reçu 10 grammes de phosphate de chaux et 0 gr. 110 d'azote. La potasse et la soude ont été employées à l'état de nitrate.

Avec le phosphate de chaux et le nitrate de potasse, on détermine une végétation active et florissante. Dans ces conditions, le blé réussit à merveille ; le chaume est ferme, l'épi bien formé, richement pourvu de grains ; le grain est dense et volumineux.

Remplace-t-on le nitrate de potasse par le nitrate de soude ? La végétation change aussitôt de caractère : le blé pousse mal, le chaume, au lieu de s'élever verticalement, s'incline en tous sens. Les épis sont peu nombreux ; les grains sont rares, chétifs, incomplètement formés.

Je place sous les yeux de l'Académie la photographie de ces deux cultures. Le poids des récoltes va traduire sous une autre forme le témoignage de la photographie.

CULTURE DANS LA TERRE DES LANDES.

Récolte moyenne desséchée à 100°.

SEMENCE : 20 GRAINS.

PHOSPHATE DE CHAUX. — NITRATE DE POTASSE.	PHOSPHATE DE CHAUX. — NITRATE DE SOUDE.
Paille et racines. 13gr.14 / 110 grains...... 2 78 } 16gr.92	Paille et racines. 7gr.08 / 20 grains...... 0 32 } 7gr.41

La différence va du simple au double. La soude ne peut donc remplacer la potasse. J'ai dit que cette proposition était susceptible d'une autre démonstration ; il me reste à la faire connaître.

Au lieu d'ajouter à la terre des Landes un mélange de phosphate de chaux et de nitrate de potasse, ou de phosphate de chaux et de nitrate de soude, ajoutons en plus, à chaque mélange employé comme engrais, quatre grammes de silicate de potasse. En l'absence du silicate, la culture au nitrate de soude est inférieure à celle au nitrate de potasse : l'addition du silicate équilibre les effets ; les différences entre les cultures s'éteignent. Le nitrate de soude se montre aussi efficace que le nitrate de potasse. Pourquoi, dans ces nou-

velles conditions, les deux nitrates produisent-ils sensiblement les mêmes effets ? Parce qu'ils n'agissent plus que par leur azote.

Le sol étant largement pourvu de potasse par l'addition du silicate, la potasse du nitre ne peut manifester son influence. Quelques chiffres vont me permettre de mieux préciser les effets obtenus :

CULTURE DANS LA TERRE DES LANDES.

Récolte moyenne desséchée à 100°.

SEMENCE : 20 GRAINS.

PHOSPHATE DE CHAUX. — NITRATE DE POTASSE. — SILICATE DE POTASSE.	PHOSPHATE DE CHAUX. — NITRATE DE SOUDE. — SILICATE DE POTASSE.
Paille et racines. 17gr.30 / 211 grains...... 5 » } 22gr.30 (1)	Paille et racines. 15gr.70 / 210 grains...... 4 67 } 20gr.37

CONCLUSION. — En tant qu'il s'agit du blé, la soude ne peut pas remplacer la potasse ; le nitrate de soude associé au phosphate de chaux est un engrais peu efficace. Une addition de potasse communique à ce mélange une activité immédiate. Si dans la pratique le nitrate de soude s'est montré efficace, c'est parce que le sol était naturellement pourvu de potasse. (*Extrait des comptes-rendus de l'Académie des sciences*, juillet 1860, t. LI, p. 457.)

(1) Ces résultats sont des moyennes ; voici les expériences isolées qui les ont fournies.

PHOSPHATE DE CHAUX. — NITRATE DE POTASSE. — SILICATE DE POTASSE.	PHOSPHATE DE CHAUX. — NITRATE DE SOUDE. — SILICATE DE POTASSE.
I.	I.
Paille et racines.. 17gr.70 / 215 grains...... 5 30 } 23gr.05	Paille et racines.. 15gr.25 / 220 grains...... 4 48 } 19gr.70
II.	II.
Paille et racines.. 17gr.88 / 507 grains...... 4 45 } 21 33	Paille et racines.. 16gr.14 / 201 grains...... 4 00 } 21 04

CINQUIÈME ENTRETIEN

Messieurs,

Notre climat possède un assez grand nombre de plantes oléagineuses différentes, le colza, la cameline, la navette, le pavot, le chanvre et le lin, etc., auxquelles il faut ajouter trois essences forestières de premier ordre : dans nos départements du centre, le noyer et le noisetier, et dans le Midi l'olivier, dont l'huile est à juste titre la plus estimée de toutes.

Fidèle au programme que j'ai constamment suivi, je ne traiterai que des plantes oléagineuses qu'il m'a été donné d'étudier. Les résultats qui vont suivre sont tous empruntés à mes recherches personnelles.

Parlons d'abord du colza.

Le colza est une culture d'automne ; on peut procéder à son égard par le semis de la graine sur place ou par le repiquage de plants venus en pépinière.

Dans le premier cas, les colzas sont généralement plus forts, mais cet avantage est grandement compensé par les chances défavorables qui naissent des attaques du puceron. Dès qu'on opère sur une surface un peu étendue, il est à peu près impossible d'en prévenir et d'en combattre les atteintes, difficulté qui n'existe plus pour une pépinière. Pour se défendre du puceron, il suffit de répandre sur le sol, au moment où la graine commence à germer, un hectolitre par hectare de sciure de bois, imprégnée de 4 à 5 litres d'acide phénique brut. On renouvelle l'opération deux ou trois fois, à quatre jours d'intervalle. L'odeur de l'acide phénique chasse le puceron, et une fois que le colza a poussé sa quatrième feuille, on peut considérer la plantation comme sauvée.

Le colza est susceptible de très-forts rendements. En 1866, j'ai obtenu 70 hectolitres de graine par hectare; mais c'est là, il est vrai, un résultat exceptionnel. La moyenne des récoltes obtenues à Vincennes est de 30 à 35 hectolitres, — 30 hectolitres lorsque le colza succède au colza, — 35 hectolitres lorsqu'il alterne avec le froment, et 42 hectolitres après une récolte d'avoine, ce qui prouve, pour le dire en passant, combien l'ordre de succession des cultures influe sur l'importance de leurs produits.

A raison de 35 hectolitres de grains (2,400 kil.), le colza produit 1,080 kilogrammes d'huile par hectare, quantité qui se trouve réduite à 800 kilogrammes seulement, parce qu'on n'extrait en réalité de la graine que 35 p. 100 d'huile sur les 42 ou 44 p. 100 qu'elle contient. Malgré cette réduction, née du travail industriel, le colza n'en reste pas moins la plante oléagineuse la plus productive de nos climats.

Voici les données qui l'établissent :

	PRODUITS PAR HECTARE.			DANS 100 PARTIES DE GRAINES.	
	Graines.	Huile.	Tour-teaux.	Huile.	Tour-teaux.
CULTURES D'AUTOMNE (1).	kil.	kil.	kil.		
Colza....................	2,400	955	1,300	40	54
Julienne................	1,925	350	1,400	18	73
Navette.................	2,100	700	1,312	33	62
Rutabaga	1,950	650	1,212	33	62
Choux francs...........	2,100	700	1,312	33	62
Choux-navets...........	1,867	617	1,136	33	61
CULTURES DE PRINTEMPS.					
Cameline ......'.......	2,187	595	1,575	27	72
Soleil...................	2,000	300	1,000	15	80
Lin.....................	1,950	420	1,350	22	69
Pavot blanc	1,312	612	687	44	52
Chenevis................	1,000	250	700	25	70
Navette d'été...........	1,500	450	975	30	65

Pour obtenir du colza un rendement de 25 à 130 hectolitres de graines, il faut employer l'engrais complet n° 1, dont la formule vous est déjà connue :

(1) Gaujac, *Annales de l'agriculture pratique*, t. XLI, première série.

	A L'HECTARE.		
	QUANTITÉS.	PRIX.	DÉPENSE.
ENGRAIS COMPLET N° 1....	1,200^k		
Phosphate acide de chaux ...	400	64^f »	
Nitrate de potasse..........	200	124 »	307 fr. 50
Sulfate d'ammoniaque.......	250	112 50	
Sulfate de chaux...........	350	7 »	

Et lui substituer l'engrais complet n° 6, si on veut porter le rendement à 35 hectolitres.

	A L'HECTARE.		
	QUANTITÉS.	PRIX.	DÉPENSE.
ENGRAIS COMPLET N° 6....	1,500^k		
Phosphate acide de chaux ..	400	64^f »	
Nitrate de potasse..........	120	74 40	326 fr. »
Sulfate d'ammoniaque.......	400	180 »	
Sulfate de chaux...........	380	7 60	

Il m'est impossible de dire en ce moment quelle est au juste la *dominante* du colza. J'incline, cependant, à penser que c'est la matière azotée. Mon incertitude à cet égard vient d'une circonstance toute fortuite.

A l'époque de la création des champs d'expériences de Vincennes, un certain nombre de parcelles se trouvant en contre-bas, on dut les surcharger d'une couche de terre de 30 à 40 centimètres d'épaisseur pour les mettre au niveau des autres, ce qui a suffi depuis huit ans pour masquer l'influence du régime auquel ces parcelles ont été soumises, et rendre inappréciables les effets qu'aurait dû produire la suppression du phosphate de chaux et de la potasse dans les engrais.

Voici pourtant, à titre de première information, quelques données qui me semblent indiquer la prééminence de la matière azotée :

	RÉCOLTE A L'HECTARE.
Engrais complet	30 hect.
Minéraux sans azote	14
Matière azotée sans minéraux	16
Sans aucun engrais	13

Vous le voyez, la progression des rendements est tout en faveur de la matière azotée. Les trois minéraux réunis, phosphate de chaux, potasse et chaux, ont produit 14 hectolitres : avec la matière azotée en plus, la récolte a atteint 30 hectolitres.

J'aurais pu rapporter des exemples de récoltes plus élevées, mais je préfère m'en tenir à ceux qui précèdent, parce qu'ils se rapprochent davantage des rendements obtenus par la grande culture, dont voici, au surplus, quelques témoignages :

En 1866, M. Lavaux, à la ferme de Choisy-le-Temple, a obtenu, à l'aide de 250 kilogrammes de nitrate de soude, 32 hectolitres de colza par hectare, sur une pièce de 19 hectares qui avait produit, en 1865, 39 hectolitres de blé au moyen de l'engrais complet n° 2.

Vous savez que l'année 1867 a été extrêmement défavorable au colza. Néanmoins, à la ferme de Choisy-le-Temple le rendement a été de 24 hectolitres et demi par hectare, tandis que dans tout le pays il atteignait à peine 16 ou 18 hectolitres.

Dans cette même année 1867, sur une pièce de 4 hectares dont l'engrais contenait 76 kilogrammes d'azote par hectare, la récolte a été en moyenne de 29 hectolitres 50, tandis que sur une parcelle voisine, où l'on avait porté la dose de l'azote à 100 kilogrammes par hectare, le rendement s'éleva à 43 hectolitres.

J'aurais voulu procéder à l'égard du colza comme je l'ai fait pour la betterave et la pomme de terre ; établir un parallèle entre les effets du fumier de ferme et ceux des engrais chimiques. Mais les documents me font défaut ; je ne possède que trois ou quatre résultats que je rapporterai à titre de première information :

M. Lavaux, à la ferme de Choisy-le-Temple (Seine-et-Marne).

	RÉCOLTE A L'HECTARE.
Engrais chimiques......................	32ʰ 60
Rendement moyen dans le pays.........	17 »

M. de Matharel, au Chéry, par Issoire (Puy-de-Dôme).

120 kil. Engrais complet...............	25ʰ »
Terre sans aucun engrais...............	15 »

M. Autier, à la ferme de Saint-Denis (Ardennes).

Fumier et 100 fr. d'engrais chimique....	24ʰ 67
Fumier seul	16 »

Le colza passe, non sans raison, pour une plante

très-épuisante. Pour un rendement de 35 hectolitres de graines, la somme de la récolte ne s'élève pas à moins de 9,807 kilogrammes de matière sèche par hectare.

        Paille .... 5,165 kil.⎫
        Siliques 2,303   ⎬ 9,807 kil.
        Graines 2,339   ⎭

Dans lesquels il y a :

        Acide phosphorique....... 42 kil.
        Potasse 106
        Chaux 129
        Azote.................... 177

Si l'on se bornait à ces indications, le colza mériterait, à tous égards, la qualification de plante épuisante.

Mais si l'on considère que la graine est le seul produit exporté, que la paille et les siliques font retour à la terre par le fumier, le colza n'a plus ce caractère, puisque les pertes subies par le sol se réduisent en définitive à :

        30ᵏ » d'acide phosphorique.
        17   69 de potasse.
         7   59 de chaux.
        97   98 d'azote.

par hectare.

Il y a deux manières d'utiliser la paille de colza : s'en servir comme litière, ou la brûler sur place pour en recueillir les cendres qu'on répand ensuite sur le sol et qu'on enterre à la charrue. Quant aux siliques, il est préférable de les faire consommer par les animaux, qui s'en montrent généralement très-avides.

En faisant alterner le colza avec le froment, on se place dans les meilleures conditions de succès, parce que le colza est une plante sarclée qui permet de détruire les mauvaises herbes, et que sa racine pivotante puise de préférence dans les couches profondes du sol et ménage les couches superficielles au profit de la céréale qui doit lui succéder.

Lorsqu'on cultive alternativement le colza et le froment, voici les engrais auxquels il faut avoir recours :

PREMIÈRE ANNÉE.

Colza.

A L'HECTARE.

	QUANTITÉS.	PRIX.	DÉPENSE.
ENGRAIS COMPLET N° 6...	1,500ᵏ		
Phosphate acide de chaux ..	400	64ᶠ »	
Nitrate de potasse..........	120	74 40	
Sulfate d'ammoniaque......	400	180 »	326 fr. »
Sulfate de chaux..........	380	7 60	

DEUXIÈME ANNÉE.

Blé.

Sulfate d'ammoniaque......	300ᵏ	135ᶠ »	135	»
Cendres de paille et de siliques de colza............	»	»	» Mémoire.	
DÉPENSE TOTALE.........			451 fr. 75	
SOIT PAR AN			230 50	

La cendre de colza doit être répandue par un temps

calme au moment de labourer, et enterrée par la charrue dans les couches profondes du sol.

Le sulfate d'ammoniaque, au contraire, doit être répandu en couverture après l'achèvement des labours et incorporé aux couches superficielles du sol par un hersage énergique.

Il faut éviter le mélange du sulfate d'ammoniaque et de la cendre de colza, dont les bases puissantes, la potasse et la chaux, dégageraient en pure perte une partie de l'ammoniaque.

Au lieu d'employer, la seconde année, les 300 kilogrammes de sulfate d'ammoniaque en une seule fois à l'automne, il est préférable de réduire la dose à 200 kilogrammes, et d'en réserver 100 pour relever au printemps les parties de froment qui laisseraient à désirer.

Enfin dans les terres prédisposées à la verse, il sera prudent de s'arrêter à 200 kilogrammes : 100 kilogrammes à l'automne, et 100 kilogrammes au printemps.

Pendant la première période de sa croissance, le colza a besoin de trouver beaucoup d'azote dans le sol; plus tard il le puise de préférence dans l'air, et tout compte fait, j'incline à le croire moins épuisant que la betterave.

J'ai vu, l'année dernière, à Choisy-le-Temple, chez M. Lavaux, deux parcelles contiguës, d'un demi-hectare, qui avaient reçu le même engrais en 1866, mais dont l'une avait produit de la betterave, et l'autre du colza; semées en blé toutes les deux, elles offraient en 1867 un contraste saisissant : sur la parcelle qui avait porté le colza, le blé était d'un vert sombre, une partie même avait versé; sur l'autre parcelle, le blé, d'une nuance moins foncée, avait résisté à l'action des pluies.

Une expérience plus étendue confirmera-t-elle cette première indication? L'avenir en décidera.

Vous le voyez, Messieurs, l'expérience est toujours notre guide. Nos principes ne changent pas, mais nous en varions les applications suivant les nécessités de la pratique.

Grâce à cette circonspection, nous avançons lentement, mais nous avançons; chaque jour amène son progrès et nous permet de faire un peu mieux que la veille.

Un autre assolement, excellent aussi, dans lequel le colza figure avec avantage, est le suivant : colza, blé, trèfle, blé.

Ouvert par une plante sarclée dont l'utilité vous est connue, cet assolement a de plus le mérite de faire alterner le froment avec le trèfle, qui tire presque tout son azote de l'air, et ménage la terre au profit du deuxième blé.

Voici les engrais les mieux appropriés à cette succession de cultures :

PREMIÈRE ANNÉE.

Colza.

	A L'HECTARE.		
	QUANTITÉS.	PRIX.	DÉPENSE.
ENGRAIS COMPLET Nº 6...	1,300ᵏ		
Phosphate acide de chaux ..	400	64ᶠ »	
Nitrate de potasse..........	120	74 .40	
Sulfate d'ammoniaque......	400	180 »	326 fr. »
Sulfate de chaux...........	380	7 60	

DEUXIÈME ANNÉE.

Blé.

Sulfate d'ammoniaque......	200ᵏ	90ᶠ »	90	»
Cendres des pailles et siliques de colza	»	»	» Mémoire.	

TROISIÈME ANNÉE.

Trèfle.

ENGRAIS INCOMPLET Nº 2.	1,000ᵏ		
Phosphate acide de chaux ..	400	64ᶠ »	
Nitrate de potasse..........	200	124 »	196 fr. »
Sulfate de chaux...........	400	8 »	

QUATRIÈME ANNÉE.

Blé.

Sulfate d'ammoniaque......	200ᵏ	90ᶠ »	90	»
DÉPENSE TOTALE			702 fr. »	
— PAR AN			175 50	

Si on devait employer les engrais chimiques de

concert avec le fumier pour le même assolement, il
faudrait alors opérer ainsi :

PREMIÈRE ANNÉE.

Colza.

A L'HECTARE.

	QUANTITÉS.	PRIX.		DÉPENSE.
Fumier.....................	50,000^k	Mémoire.		
Engrais chimiques complémentaires.				
ENGRAIS COMPLET N° 6...	650^k			
Soit :				
Phosphate acide de chaux ..	200	32^t	»	
Nitrate de potasse.........	60	37	20	163 fr. »
Sulfate d'ammoniaque......	200	90	»	
Sulfate de chaux	190	3	80	

DEUXIÈME ANNÉE.

Blé.

RIEN	»	»	»	»	»

TROISIÈME ANNÉE.

Trèfle.

ENGRAIS INCOMPLET N° 2.

Soit :

	QUANTITÉS.	PRIX.		DÉPENSE.
Phosphate acide de chaux ..	400^k	64^t	»	
Nitrate de potasse.........	200	124	»	196 fr. »
Sulfate de chaux..........	400	8	»	

QUATRIÈME ANNÉE.

Blé.

RIEN	»	»	»	»	»

DÉPENSE TOTALE...........	359 fr.	»
— ANNUELLE........	89	75

Inutile d'ajouter que la première année, le fumier étant enterré dans les couches profondes du sol, l'engrais chimique complémentaire doit être répandu à la surface.

Le rêve des agriculteurs a été de tout temps la découverte d'une culture qui pût fournir à la fois une récolte de fourrage et un produit commercial pour l'exportation. Ce but a été atteint au moyen des fabriques de sucre et des distilleries, mais au prix d'une concentration énorme de capitaux, et à la condition de subordonner la culture au travail industriel.

Le hasard pourrait bien m'avoir mis sur la voie d'une solution pratique de ce difficile problème.

Vous savez, Messieurs, que le chou fournit en abondance un fourrage excellent, d'autant plus précieux qu'on le récolte pendant l'hiver. Ici, à Vincennes, j'ai obtenu de cette culture jusqu'à 80,000 kilogrammes de récolte verte, dont 40 à 50,000 kilogrammes de feuilles arrachées d'octobre à février, ce qui correspond à 7 à 8,000 kilogrammes de luzerne sèche (1).

En Bretagne, dans le Poitou, et généralement dans les pays de landes, pauvres en nourriture pour le bétail, le chou est une ressource d'un prix inestimable.

Or, il y a deux ans, ayant fait une plantation de choux branchus, l'idée me vint de leur laisser pas-

---

(1) Je compare avec contention le chou et la luzerne, parce que

ser l'hiver, pour savoir ce qu'ils produiraient de graines.

Deux choux choisis parmi les plus beaux furent donc conservés. Mais on les soumit à un régime différent. A l'un, on enlevait tous les huit jours quelques feuilles, comme cela se pratique dans le Poitou; l'autre était laissé intact. Lorsque le froid commença à sévir, ce dernier perdit spontanément son feuillage, à commencer par les feuilles du bas, si bien qu'au printemps les deux choux différaient très-peu l'un de l'autre.

Dès que la chaleur se fit sentir, la végétation se

ces deux plantes présentent les analogies les plus étroites sous le rapport de la composition :

	LUZERNE. Pour cent.	CHOU. FEUILLES. Pour cent.	TIGES ET TÊTES. Pour cent.
Azote	4.08	4.37	2.93
Cendres	12.35	15.60	10.50

Et à leur tour les cendres contiennent :

Acide carbonique	22.81	17.00	8.96
— phosphorique	6.95	4.79	10.03
— sulfurique	3.98	12.72	12.12
Chlore	3.55	1.41	1.78
Potasse	29.38	10.90	32.79
Soude	3.25	13.90	15.59
Chaux	23.49	34,44	11.86
Magnésie	5.06	1.87	3.63
Oxyde de fer	0.59	0.39	0.68
Silice soluble	0.93	2.55	2.38
Sable	0.71	»	»
	100.70	99.97	99.82

ranima chez tous deux ; leurs tiges se couvrirent de feuilles plus longues et plus étroites que celles de l'automne ; enfin la graine se forma, et la récolte fut à peu près égale pour les deux, 150 grammes sur l'un, 156 sur l'autre. Or, à ce taux, une culture en grand, comptant 12,000 pieds de choux par hectare, aurait produit 1836 kilogrammes de graines ou 28 hectolitres, et 40,000 kilogrammes de fourrage vert équivalant à 6,000 kilogrammes de luzerne.

Par sa teneur en huile, la graine de chou ne le cède pas à celle du colza.

Ce résultat avait trop d'importance pour ne pas le soumettre au contrôle d'une expérience nouvelle plus en grand.

En 1867 on institua donc deux cultures de choux, l'une de choux branchus, et l'autre de choux cavaliers. Chaque culture comprenait un are et comptait 175 choux, soit 17,500 par hectare. Les choses se passèrent très-bien jusqu'à la fin d'octobre. Mais à partir de ce moment des froids excessifs firent périr la moitié des plants environ, et la récolte ne fut que de 10 hectolitres de grains par hectare, valant 250 fr.

L'expérience est donc incomplète et demande à être reprise ; je souhaite qu'elle le soit dans les pays qui manquent de fourrage et pour lesquels la culture du chou a une importance particulière.

La moyenne du rendement du colza en France est de 15 hectolitres par hectare, la surface affectée à cette culture de 200,000 hectares, et la production annuelle de la graine de 3 millions d'hectolitres, ayant une valeur de 21 à 22 millions de francs (1).

Je passe à une nouvelle plante oléagineuse, le lin.

Le lin est surtout cultivé pour le précieux textile qu'on en retire ; cependant, il appartient par sa graine aux plantes oléagineuses.

En 1865, j'ai tenté la culture du lin à Vincennes, mais sans succès. Le terrain est trop sec. Mais diverses tentatives faites dans la grande culture sur mes indications m'ont permis cependant de fixer la composition de l'engrais le mieux approprié à ses besoins ; c'est l'engrais incomplet n° 2, celui des légumineuses, ce qui indique qu'il faut au lin une faible dose d'azote :

	A L'HECTARE.		
	QUANTITÉS.	PRIX.	DÉPENSE.
ENGRAIS INCOMPLET N° 2.	1,000^k		
Phosphate acide de chaux ..	400	64^f »	
Nitrate de potasse..........	200	124 »	196 fr.
Sulfate de chaux...........	400	8 »	

Avec cet engrais, M. Chavée, à Clermont-les-Fermes, dans le département de l'Aisne ; M. Leroy, à la ferme de Varesne, dans le département de l'Oise, ont obtenu des récoltes qui ont été vendues sur pied de 900 à 1,200 fr., à l'hectare. M. le marquis de Pardieu, dans la Normandie, est arrivé à des résultats semblables.

---

(1) Surface cultivée : 201,515 hectares. — Rendement moyen par hectare : 15 hectolitres.

Récolte annuelle en moyenne : 3,205,475 hectolitres. — Prix moyen de l'hectolitre : 25 fr.

Valeur de la récolte : 21,683,860 fr.   (*Statistique de 1862.*)

Lorsqu'on force la dose de la matière azotée, le lin est plus grossier, plus chargé de matière visqueuse, il mûrit difficilement, et la fibre textile en est plus colorée.

Jusqu'à nouvelle information, je persiste donc à conseiller l'engrais incomplet nº 2, dans lequel on pourrait porter peut-être la dose du nitrate de potasse de 200 à 300 kilogrammes, ce qui nous mènerait à l'engrais complet nº 3 :

A L'HECTARE.

	QUANTITÉS.	PRIX.	VALEUR.
ENGRAIS COMPLET Nº 3...	1,000ᵏ		
Phosphate acide de chaux ..	400	64ᶠ »	
Nitrate de potasse..........	300	186 »	256 fr. »
Sulfate de chaux...........	300	6 «	

Par suite de l'effet préjudiciable des matières azotées sur la qualité du lin, il y a avantage dans la pratique à réserver le fumier pour les plantes qui le précédent ou pour celles qui doivent lui succéder, et à s'en tenir à l'un des deux engrais chimiques que je viens d'indiquer.

La culture du lin occupe en France 105,455 hectares, dont le produit s'élève à 88 millions de francs : 66 pour la filasse et 22 pour la graine.

A ce taux la récolte moyenne du lin par hectare est de 8 hectolitres de graines, valant 205 fr., et de 496 kil. de filasse dont la valeur est de 572 fr., soit un total de 772 fr. par hectare.

Le chanvre n'a pas moins d'importance que le lin.

En 1866, j'ai institué deux cultures, l'une avec l'engrais complet n° 1, contenant 76 kilogrammes d'azote, et l'autre avec l'engrais minéral sans azote.

En voici les résultats :

ENGRAIS COMPLET *avec 76 kil. d'azote.*

		A L'HECTARE.		
		RÉCOLTE.	PRIX.	VALEUR (1).
10,900 kil. de récolte brute	Graines...	960^k	288^f »	} 1,056^f »
de laquelle on a retiré ..	Filasse....	835	768 »	

ENGRAIS MINÉRAL *sans azote.*

7,900 kil. de récolte brute	Graines...	710^k	213^f »	} 742 »
de laquelle on a retiré ..	Filasse....	575	529 »	

Vous voyez qu'entre ces deux récoltes il y a un écart de 327 fr. (88 fr. 50 pour la graine et 239 fr. pour la filasse), obtenu au moyen de 76 kilogrammes d'azote ne valant que 160 fr. — Nouvel exemple de l'importance qu'il faut attacher à régler la dose des divers termes de l'engrais suivant les plantes auxquelles on le destine.

Le chanvre comme le lin appartient par sa graine aux plantes oléagineuses, et par sa matière textile aux végétaux à cellulose filamenteuse. Il occupe année moyenne 100,000 hectares environ, dont le produit un peu inférieur à celui du lin atteint cependant 72 millions : 16 pour la graine et 56 pour la filasse, ce qui donne par hectare :

---

(1) On a fixé le prix de la filasse à 92 fr. les 100 kilos, et celui de la graine à 30 fr.

9 hectolitres de graine, valant.......... 165 fr. 31
574 kil. de filasse, valant.............. 556   78
                             TOTAL........... 722   09

Si on voulait cultiver le chanvre au moyen du fumier
et des engrais chimiques réunis, il faudrait procéder
comme pour la betterave : répandre le fumier en automne, l'enterrer dans les couches profondes du sol,
et compléter cette fumure par 800 kil. d'engrais intensif n° 1, répandus en couverture au printemps au
moment de semer :

	A L'HECTARE.		
	QUANTITÉS.	PRIX.	DÉPENSE.
ENGRAIS COMPLET INTENSIF N° 1.	800ᵏ		
Soit :			
Phosphate acide de chaux ..	300	48ᶠ	»
Nitrate de potasse..........	200	124	»
Sulfate d'ammoniaque......	125	56	25
Sulfate de chaux..........	175	3	50

231 fr. 75

Moyennant ce supplément d'engrais, la récolte de
la filasse atteint aisément 1,000 kilogrammes par
hectare.

J'arrive enfin au coton dont la graine contient aussi
de l'huile, mais dont le textile dépasse tous les autres
par la masse de sa production et par les intérêts
politiques et financiers qui s'y rattachent. En 1856,
la quantité de coton exportée a été de 679,879,335 kil.,
valant 1 milliard 400 millions. A l'état de produits
manufacturés, sa valeur s'est élevée à 4 milliards,
dans lesquels les salaires des ouvriers entraient pour

650 millions, et l'intérêt des capitaux engagés pour 400 millions. Vous voyez par ces chiffres, qui nous reportent à treize années en arrière, quelle est l'importance des intérêts qui reposent sur la culture du coton.

Quelques expériences que j'ai faites en Égypte vont me permettre de vous présenter sur cette plante des renseignements qui, pour être incomplets, ne me semblent pas moins de nature à vous intéresser.

Le cotonnier est un bel arbuste, de la famille des malvacées, dont le tronc et les branches atteignent 2 ou 3 mètres de hauteur et produisent chaque année 10,000 kilogrammes par hectare environ de matière ligneuse, qu'on peut utiliser comme combustible et qui sert en Égypte aux usages domestiques. Je crois qu'on pourrait l'employer avec plus d'avantages encore pour la fabrication du charbon artificiel, dit *charbon de Paris*, qu'on obtient par l'agglomération de menus bois, au moyen de matières goudronneuses.

La graine du cotonnier, longtemps délaissée, est cependant un produit de grande valeur. Elle est à la fois riche en azote et en huile. En voici la composition :

	POUR CENT.
Huile......................	20,30
Azote......................	4,56
Cendres....................	4,35

Mais la récolte principale dans le cotonnier, c'est la soie qui enveloppe la graine, et dont la filature fait une si grande consommation.

Il résulte de quelques expériences que j'ai tentées dans le domaine de Choubrah, au Caire, de concert avec le prince Halim-Pacha, que l'engrais de la canne est le mieux approprié au cotonnier. Je vous en rappelle la formule :

	A L'HECTARE.		
	QUANTITÉS.	PRIX.	DÉPENSE.
ENGRAIS COMPLET N° 5...	1,200k		
Phosphate acide de chaux..	600	96f »	228 fr. »
Nitrate de potasse..........	200	124 »	
Sulfate de chaux...........	400	8 »	

Si on a égard, cependant, à la grande quantité de potasse que le bois et la graine contiennent, j'incline à penser qu'on pourrait porter la dose du nitrate de potasse de 200 à 300 kilogrammes. Avec de tels engrais, on peut aisément obtenir 6 ou 8 quintaux métriques de coton, qui, au prix moyen de 2 fr. 50 le kilogramme, représentent une valeur de 1,500 à 2,000 fr. par hectare, sans compter ni le bois, ni la graine.

A une époque où je ne connaissais pas encore la *dominante* du coton, ni les inconvénients que présentent les doses trop fortes de matières azotées dans les pays chauds, j'ai obtenu à l'hectare :

Avec :

	A L'HECTARE.	
	COTON BRUT.	COTON NETTOYÉ.
Engrais complet, 76 kil. d'azote....	1,208 kil.	403 kil.
Engrais minéral sans azote	1,056	352
Phosphate de chaux seul..........	1,206	406
Terre sans aucun engrais.........	624	208

produits par six cueillettes faites aux époques suivantes :

	ENGRAIS COMPLET.	ENGRAIS MINÉRAL.	PHOSPHATE DE CHAUX.	TERRE SANS AUCUN ENGRAIS.
7 septembre 1865..	140 kil.	64 kil.	256 kil.	144 kil.
16 septembre.......	140	96	160	96
2 octobre	192	192	224	80
27 octobre	224	224	320	144
19 novembre.......	64	160	91	64
22 décembre	224	128	91	32
11 janvier 1866.....	224	192	64	64
	1,208 kil.	1,056 kil.	1,206 kil.	624 kil.

Il convient de faire deux réserves à l'égard de ces
résultats :

La première, c'est qu'on a omis, dans la récolte,
le produit de la dernière cueillette, qui est une des
meilleures.

La seconde, c'est que l'engrais ne contenait que
400 kilogrammes de phosphate de chaux par hectare,
au lieu de 600 kilogrammes qu'il faut employer dans
les pays chauds.

Ces deux circonstances réunies ont dû réduire le
rendement d'au moins 30 p. 100.

Enfin, comme dernière indication pour fixer la composition des divers produits du cotonnier et définir ce
qu'il prélève sur le sol, voici l'analyse de toutes les
parties de ce végétal, bois, feuilles, valves de la capsule et graines.

	DANS 100 DE MATIÈRE SÈCHE.	
	CENDRES.	AZOTE.
Racines	6.10	1.39
Tiges............	4.87	1.31
Feuilles..........	17.26	3.79
Capsules..........	14.76	1.41
Filaments........	1,80	0.66
Grains...........	4.96	5.17

	DANS 100 DE CENDRES.			
	RACINES.	TIGES.	FEUILLES.	GRAINES.
Acide carbonique....	17.09	19.13	11.77	0.471
Acide sulfurique.....	3.87	4.94	11.84	4.13
Chlore..............	6.54	6.75	3.50	1.08
Soude	10.17	7.02	7.10	3.05
Magnésie	6.59	8.33	5.00	13.88
Oxyde de fer........	5.70	1.11	4.08	0.87
Silice soluble	5.96	1.04	3.23	0.51
Sable...............	2.93	0.51	9.02	0.59
Acide phosphorique	6.00	9.09	6.00	34.79
Potasse...........	18.84	22.21	13.76	32.87
Chaux	17.90	21.66	26.17	9.48
	101.59	101.79	101.47	101.72

Je rapproche de ces données la richesse en azote des parties correspondantes.

Azote.................	1.39	1.31	3.79	5.17

On cultive en Orient une autre plante oléagineuse, que nous ne pouvons passer sous silence : le sésame. La graine contient 55 p. 100 d'huile, 4 p. 100 d'azote et 21 p. 100 de cendres de la composition suivante :

	POUR CENT.
Acide carbonique........	7.72
Acide phosphorique......	39.45
Potasse	14.38
Soude..................	0.15
Chaux	19.93
Magnésie...............	14.42
Oxyde de fer	1.60
Silice soluble...........	0.92
Sable	1.43
	100.00

Au Caire, j'ai obtenu, dans le jardin de Cazr-el-Nouza, avec un engrais complet qui contenait 42 kilogrammes d'azote :

	A L'HECTARE.
Grains de sésame	1,226 kil.
Terre sans aucun engrais....	630

Même remarque que pour mes expériences sur le cotonnier. — L'engrais ne contenait que 400 kilogrammes de phosphate de chaux, au lieu de 600 kilogrammes reconnus depuis nécessaires.

Le sésame est donc susceptible de donner de très-beaux produits. Je regrette de ne pouvoir vous fournir de plus amples renseignements sur cette plante.

Vous voyez, Messieurs, par ce qui précède, combien la connaissance des dominantes contribue au succès en agriculture. De cette connaissance découle en effet le profit. Tentez d'enfreindre les règles qui s'en déduisent ; donnez au coton l'engrais du chanvre et au chanvre celui prescrit pour le lin ; méconnaissez le principe des dominantes, la récolte sera détestable.

Ayez égard à ce principe, réglez la composition de l'engrais sur les exigences et les aptitudes de la plante à laquelle il est destiné, aussitôt tout rentre dans l'ordre, et vous obtenez le maximum de produit avec le minimum de dépense.

Remarquez, en outre, que la dominante dépend uniquement de l'organisation de la plante et non du produit qu'on en retire. Avec le lin, le chanvre et le coton, c'est toujours de la cellulose filamenteuse ; cependant la dominante de ces trois plantes est différente : au lin, il faut peu d'azote et de la potasse ; au chanvre, beaucoup d'azote ; au coton, une faible quantité d'azote, mais plus de phosphate de chaux. Les agents sont toujours les mêmes : les doses seules changent. Que peut-on concevoir de plus simple et de plus fécond à la fois ?

Pour terminer l'histoire des plantes oléagineuses, j'ai à vous entretenir de leur produit le plus essentiel.

Quelle est la nature des matières grasses? Participent-elles à l'épuisement du sol ?

Les matières grasses sont liquides ou solides ; elles possèdent trois caractères qui les distinguent de tous les autres produits végétaux : elles sont insolubles dans l'eau, solubles dans l'éther, et forment des savons avec les alcalis.

Si on délaye de l'huile dans une dissolution de potasse ou de soude caustique, il se fait une véritable émulsion. Porte-t-on à l'ébullition, au bout d'une heure environ, l'émulsion change d'aspect, le liquide s'éclaircit, et il s'en sépare des flocons d'une matière blanche de consistance pâteuse, qui devient dure et compacte par le refroidissement. Cette matière, soluble dans l'eau, est le savon, qui est lui-même un véritable sel ou plutôt un mélange de plusieurs sels dont les acides proviennent du corps gras.

Toutes les graisses et les huiles contiennent, en effet, plusieurs acides en combinaison avec un produit spécial, la glycérine, qui remplit dans une certaine mesure à leur égard le rôle d'une base. D'où il résulte que les corps gras ont, avec les sels, de réelles analogies.

Ce qui nous intéresse surtout dans les corps gras, c'est leur composition élémentaire.

Elle se réduit aux trois corps : carbone, hydrogène, oxygène. *Pas d'acide phosphorique, pas de potasse, pas de chaux, pas d'azote.* Aucune des substances dont l'exportation épuise le sol. Il suit de là que, malgré leur dissemblance avec le sucre, la fécule et la cellulose, les corps gras rentrent dans la classe des produits hydro-aériens ou hydro-carbonés.

Cette analogie de composition a une conséquence pratique singulièrement importante. S'il est vrai que l'exportation de la fécule et du sucre ne fait rien perdre d'utile au sol, et si l'annexion d'une fabrique de sucre ou d'une féculerie est un puissant moyen d'amélioration, parce que les pulpes ramènent au fumier la plus grande partie de l'azote, de l'acide phosphorique, de la potasse et de la chaux contenus dans la récolte, au même point de vue, l'annexion d'une huilerie doit présenter des avantages bien supérieurs.

L'emploi des pulpes de betteraves pour la nourriture du bétail a d'abord l'inconvénient d'exiger une avance considérable de capital, soumis à toutes les chances auxquelles un nombreux bétail est toujours exposé.

De plus, lorsqu'il y a consommation à l'étable, une partie notable des agents de fertilité est perdue pour le sol. Le dixième environ des minéraux de la pulpe se fixe dans l'organisme des animaux, et un tiers au moins de l'azote est déversé dans l'air par l'acte de la respiration.

Avec l'annexe d'une huilerie, on échappe à tous ces inconvénients. Pour utiliser les déchets de fabrication, il n'est pas besoin de recourir aux animaux. Les tourteaux, délayés dans l'eau, se décomposent avec autant de facilité que les matières animales. La paille et les siliques de colza, arrosées avec ce liquide, éprouvent une très-rapide désagrégation; la masse s'échauffe et passe en moins de quinze jours à l'état pâteux comme le fumier de ferme.

Ainsi conçue, la culture des plantes oléagineuses me semble appelée à devenir l'une des plus lucratives et des plus améliorantes que la théorie puisse concevoir.

Mais pour que ce système réalise dans la pratique les avantages qu'on peut en attendre, il faut extraire de la graine la totalité de l'huile qu'elle contient. Les tourteaux, au sortir de la presse hydraulique, en retiennent encore de 6 à 8 p. 100 dont la valeur est de 6 à 7 fr. Or, l'huile étant dépourvue de toute propriété fertilisante, il y a un intérêt manifeste à la retirer des tourteaux. On le peut au moyen du sulfure de carbone ou des essences légères de pétrole, que l'on sépare ensuite de l'huile par distillation.

Supposez une culture de colza où l'huile serait seule exportée et où, chaque année, tout le reste de la récolte, paille, siliques, tourteaux, seraient rendus à la terre.

Dans ces conditions, le sol, bien loin de s'épuiser, irait chaque année en s'améliorant, attendu qu'il recevrait, en plus de ce qu'il aurait perdu, tout l'azote que la plante aurait puisé dans l'air.

Pour mettre dans tout son jour l'avantage de ce mode d'opérer, il me suffira de rapprocher la valeur d'une récolte vendue en nature de celle qu'on peut réaliser lorsqu'on extrait l'huile par simple pression et par l'action combinée de la presse et du sulfure de carbone.

RÉCOLTE VENDUE EN NATURE (1) :

35 hect. de graines de colza à 25 fr.................. 875 fr. »

RÉCOLTE TRAITÉE A LA PRESSE :

808 kil. d'huile à 101 fr. .... 816 fr. »⎱
1,432.   de tourteaux à 17 fr. 246   »⎰ 1,062   »

RÉCOLTE TRAITÉE A LA PRESSE ET AU SULFURE DE CARBONE.

1,039 kil. d'huile à 101 fr.................. 1,049 fr. »⎱
1,201   de tourteaux à 17 fr. 204   »⎰ 1,253 fr. »

------

(1) Prix du jour, 15 juillet 1869.

BONIFICATION DU DEUXIÈME PROCÉDÉ.

Sur la vente de la récolte en nature......... 378 fr. »
Sur la simple extraction à la presse......... 191   »

Supposez que, pour extraire l'huile au moyen du sulfure de carbone, on dépense 100 fr., il n'en restera pas moins un bénéfice net de 200 à 250 fr. par hectare sur la vente de la graine.

Au lieu de se borner à traiter la graine de leur récolte, les agriculteurs pourraient y joindre des tourteaux d'une provenance étrangère et se procurer ainsi à bas prix une grande quantité d'engrais à l'aide d'un matériel simple et peu coûteux (1).

---

(1) Pour établir que ce ne sont pas là des idées nouvelles pour moi, qu'il me soit permis de citer ce passage d'un brevet d'invention pris le 10 novembre 1860 :

« POURQUOI JE PRENDS DES BREVETS.

« Par mon brevet sur la production en grand du chloroforme, et par mon brevet d'aujourd'hui sur l'extraction des huiles, j'ai l'ambition de créer un ordre nouveau de cultures, les cultures industrielles se suffisant à elles-mêmes, entretenant la terre dans un état croissant de fertilité, sans autre engrais que le résidu de la fabrication dont la récolte est la matière première.

« Je m'explique plus clairement : à l'aide du chloroforme appliqué à l'extraction des corps gras, je veux donner aux agriculteurs le moyen d'extraire l'huile de leurs graines oléagineuses plus complètement et plus économiquement que ne le fait actuellement l'industrie. A l'avenir, l'agriculteur exportera de l'huile; les tourteaux et les pailles lui serviront à rendre au sol les agents de production qu'il avait perdus. La totalité des agents utiles retournera à la terre; il ne sera exporté qu'un produit sans influence sur la végétation : l'huile ne possède, en effet, aucune propriété fertilisante. Grâce à ce système, la culture du colza et du pavot, qui sont des cultures de grand rapport, mais qui épuisent beaucoup la terre, devien-

Au moyen des plantes oléagineuses on peut, en effet, rendre au sol tout ce qu'il a perdu par une voie plus rapide, aussi sûre et moins coûteuse qu'avec la

---

dront, comme la betterave, des cultures améliorantes. Dans le cas des plantes oléagineuses, l'amélioration du sol sera bien plus complète que dans le cas de la betterave.

« Avec la betterave, le sol ne reçoit qu'une partie de l'azote de la récolte, celle que les déjections des animaux retiennent; l'azote que les animaux s'assimilent, celui que leur respiration déverse dans l'atmosphère sont perdus pour le sol de l'exploitation. Soit qu'on travaille la betterave pour en extraire le sucre ou pour le transformer en alcool, la plus grande partie de la potasse contenue dans la récolte est encore perdue pour le sol. Dans le cas des plantes oléagineuses, aucune de ces pertes ne se produit; le tourteau, délayé dans l'eau, contient la presque totalité de l'azote, des phosphates, de la potasse et de la chaux prélevés sur le sol par la récolte. Cet engrais contient les éléments d'une nouvelle récolte sous la forme la plus favorable à l'assimilation par les végétaux; on n'a pas besoin de recourir à la digestion animale pour préparer l'engrais; la facilité avec laquelle les tourteaux, délayés dans l'eau, se décomposent, rend cet organe intermédiaire, dont l'emploi est si onéreux, absolument inutile.

« Si, au lieu d'employer les tourteaux seulement, on utilise en même temps les fanes des récoltes, par leur immersion dans l'eau avec addition d'une partie du tourteau pour favoriser leur désagrégation et leur décomposition, la culture des plantes oléagineuses deviendra une des plus améliorantes que la théorie conçoive et que l'art puisse réaliser, car la terre bénéficiera, chaque année, de l'azote prélevé sur l'air par les cultures antérieures, en même temps que des minéraux utiles rendus accessibles à la végétation par la désagrégation des roches constitutives du sol.

« Ce 10 novembre 1860. *Signé :* G. VILLE, 43 *bis,* rue de Buffon. »

« Vu pour être annexé au brevet de quinze ans, pris le 10 novembre 1860 par le sieur Ville. Paris, le 18 décembre 1860.

   « *Pour le Ministre et par délégation,*
 « Le Directeur du Commerce intérieur, *Signé :* E. JULIEN. »

betterave, puisqu'elle permet de s'affranchir du bétail dont l'intervention se traduit par une avance de 7 à 800 fr. par hectare.

Gardez-vous de croire, d'après ces indications, que je proscris l'élève du bétail. Rien ne serait plus loin de ma pensée ; je me borne à vous exposer les lois qui règlent la production des végétaux, laissant à chacun le soin de les appliquer au mieux de ses intérêts.

Pour ne parler que des plantes oléagineuses, trouvez-vous avantage à faire de la viande ? La consommation du tourteau à l'étable vous en donne les moyens. Manquez-vous du capital nécessaire à l'achat du bétail ? Je vous indique comment il est possible de s'en passer. Produire avec économie sans appauvrir la terre, voilà le but. Peu importe le moyen.

Mais là ne se bornent pas les applications qui découlent des principes que je viens d'exposer.

Je vous ai parlé de la culture du chanvre. Vous n'ignorez pas que c'est une des plus épuisantes que l'on connaisse. Pourquoi ? Parce que rien ne fait retour à la terre. — Quel est pourtant le produit principal du chanvre ? Le textile.

Pour le séparer de la tige, on a coutume de faire séjourner la plante dans l'eau pendant un mois ou six semaines au bord des rivières ou dans des étangs. Au bout de très-peu de jours, la matière gommorésineuse qui tient les filaments du textile collés à la tige se décompose et se dissout, ce qui permet de les séparer par le teillage. Mais le rouissage ainsi pratiqué a l'inconvénient de faire perdre la plus grande partie de la potasse, du phosphate de chaux et de la matière azotée contenue dans la plante. Voilà pourquoi le chanvre est une culture épuisante.

Supposez qu'au lieu de procéder ainsi, on soit parvenu à réaliser un mode nouveau de rouissage, applicable dans des conditions industrielles; le lin et le chanvre perdent aussitôt leur caractère de plantes épuisantes, et il devient possible de les cultiver avec les seuls déchets du rouissage.

En effet, de quoi est formé le textile? De carbone, d'hydrogène et d'oxygène, c'est-à-dire des éléments hydro-aériens, qui ne font rien perdre à la terre. Il faut donc s'efforcer de limiter à ce produit l'exportation de la récolte.

En vue d'obtenir ce résultat, MM. Joulie et Bertin ont eu l'heureuse inspiration de substituer au rouissage ordinaire un rouissage industriel plus judicieux. Au lieu de faire séjourner la plante dans l'eau, ils la soumettent, dès qu'elle est mûre et sèche, à l'action de certains organes mécaniques qui broyent et séparent la partie ligneuse des fibres textiles.

Cette première filasse est grossière, sans doute; aussi la soumet-on à un rouissage chimique. On la lave avec une lessive de potasse ou de soude caustique, pour dissoudre toute la partie azotée et gommeuse qui en altère la pureté. — Quant au liquide alcalin chargé de ces matières, on s'en sert pour arroser les débris de chenevotte où sont concentrés les produits minéraux. La masse entre rapidement en décomposition; les parties ligneuses de la plante se désagrègent; en les rendant au sol, on lui restitue la totalité des agents de fertilité qu'il avait perdus, plus la potasse qui a servi au lavage, plus l'azote que la plante a prélevé sur l'air.

Vous voyez, Messieurs, que, quelle que soit la culture que nous prenions pour exemple, dès que l'exportation se borne à un produit formé d'hydrogène, d'oxygène et de carbone, si on ramène au sol tout le reste de la récolte, la fertilité initiale n'est pas atteinte.

Quant à la solution pratique, nous avons le choix entre trois moyens : L'ENGRAIS CHIMIQUE, LE FUMIER PAR LE BÉTAIL, OU LES DÉTRITUS DE RÉCOLTES UTILISÉS DIRECTEMENT.

Quel est le meilleur de ces trois procédés ?

C'est une question qu'on ne peut résoudre *à priori,* car elle dépend de la situation où l'on opère et du capital dont on dispose.

Au point de vue des exigences de la culture, ces trois procédés s'équivalent, s'ils sont employés de façon que la loi de restitution totale soit observée, car, en dehors de ces prescriptions, il n'y a pas de succès durable pour l'industrie agricole. Mais soit qu'on se serve comme engrais du fumier de ferme ou des résidus de récolte, on trouve toujours un avantage réel à faire intervenir dans une certaine mesure les engrais chimiques, parce qu'en raison de leur grande solubilité et de la rapidité de leur action, ils permettent d'obtenir plus sûrement qu'aucun autre le maximum de récolte avec la moindre dépense, résultat auquel il faut subordonner tous les autres, parce que l'importance du profit en dépend !

ADDITION AU CINQUIÈME ENTRETIEN.

DÉTERMINATION

DE LA RICHESSE EN MATIÈRES GRASSES

DE DIVERS PRODUITS VÉGÉTAUX,

PAR

M. CLOËZ,

Répétiteur de chimie à l'École polytechnique.

1º PRODUITS USUELS.

NOMS DES PLANTES.	POIDS de l'hectolitre du produit.	MATIÈRE GRASSE EN POIDS	
		pour 100 parties de produit commercial.	pour 100 parties de produit desséché.
Colza d'automne (*Br. campestris oleifera*)....................	kil. 68,8	43,42	47,01
— de Vendée....................	68,6	44,20	47,88
— de la Somme	68,2	42,83	46,65
— froid des environs de Paris...	67,8	41,99	45,73
— de printemps (*Br. camp. oleifera præcox*)	62,2	39,50	43,31
— de mars du Nord............	65,6	33,30	37,94
Chou marin (*Crambe maritima*)...	57,2	40,68	43,50
— cavalier (*Brassica semper-virens*)'....................	69,8	39,25	43,17
Rutabaga (*Brassica napobrassica*)..	66,6	39,10	42,70
Navet turneps (*Brassica rapa*)......	70,7	37,60	41,36
Radis oléifère.	68,6	36,13	39,44
Navette d'hiver (*Br. napus oleifera*).	66,7	40,97	44,88

NOMS DES PLANTES.	POIDS de l'hectolitre du produit.	MATIÈRE GRASSE EN POIDS	
		pour 100 parties de produit commercial.	pour 100 parties de produit desséché.
	kil.		
Navette d'été (*Br. asperifolia oleifera*)............................	»	»	»
Cameline (*Camelina sativa*)........	67,0	31,64	34,70
— du Nord..................	70,5	31,00	33,79
Lin de Vendée (*Linum usitatissimum*).........................	69,6	37,95	41,17
— d'Odessa	71,0	38,60	42,30
Chènevis	51,9	29,49	32,61
Cotonnier (*Gossypium herbaceum*).	63,1	23,67	26,10
Pavot hybride (*Papaver hybridum*).	60,0	35,28	37,38
— coquelicot (*Pap. rhœas*)......	64,2	39,01	42,22
— à bractées (*Pap. bracteatum*).	58,8	40,04	43,56
— somnifère à graine blanche...	61,8	44,55	46,83
— — — blonde ...	58,5	48,10	51,32
— œillette du Nord.............	60,8	42,30	45,68
— — de la Somme	62,8	44,00	47,56
Sésame du Levant (*Sesamum indicum*).....................	62,2	53,95	56,93
— d'Orient....................	62,5	55,10	57,90
— des Antilles..............	62,5	51,99	54,67
— blanc kurrachée...........	61,2	49,60	52,36
— bigarré de Bombay	61,8	49,80	53,37
— noir de Bombay..........	61,9	49,80	52,55
— noir de Pondichery	62,7	50,30	52,97
Moutarde noire (*Sinapis nigra*).....	72,6	31,92	34,79
— blanche (*Sinapis alba*)....	75,4	31,27	34,15
— champêtre (*Sinapis arvensis*).......................	70,7	23,37	26.90
— rouge (*Sinapis dissecta*)..	74,2	18,70	20.50
Olives (*Olea Europea*).............	67,1	39,45	55,72
Amandes douces (comm^ce droguerie).	58,9	55,69	59,02
— douces (pour la table) sans coques	59,4	58,50	60,11
— amères (récolt. à Auxerre).	58,1	53,26	56,02
— amères (comm^ce droguerie).	60,3	48,05	51,76
— de prunier (mirabelle)....	62,0	42,96	45,81
— de prunier (Reine-Claude).	66,2	43,18	45,87
— de la pêche	55,6	46,74	49,81
— de l'abricot	57,5	43,62	47,04
— de la cerise (dite de Montmorency)................	64,7	35,66	37,55

NOMS DES PLANTES.	POIDS de l'hectolitre du produit.	MATIÈRE GRASSE EN POIDS	
		pour 100 parties de produit commercial.	pour 100 parties de produit desséché.
	kil.		
Noisettes sans coque (des bois).....	54,4	60,35	64,64
— de table.................	54,6	64,00	67,29
Noix sans coque (*Juglans regia*)...	44,1	64,32	67,48
— amère (*Carya amara*)........	»	30,00	32,71
Faines avec téguments (de Fontainebleau).................	48,4	28,30	32,48
— décortiquées (de Fontainebleau).................	63,4	43,52	47,89
— décortiquées (forêt d'Arc) ...	63,8	36,45	40,84
Arachides de Gambie décortiquées..	62,1	50,50	53,30
— — avec coque...	34,9	37,24	39,64
— décortiquées (Min. agriculture)...............	62,0	44,10	47,39

2o AUTRES PRODUITS.

NOMS DES PLANTES.	POIDS	pour 100	pour 100
Maïs (*Zea maïs*).................	78,8	5,41	6,33
Souchet comestible (*Cyperus esculentus*)......................	62,2	23,76	26,11
Brou de la noix de palme (*Enœis Guineensis*)	»	71,60	73,34
Amande de noix de palme..........	68,8	47,07	50,15
Palmiste (amande de la noix de palme).	60,8	46,44	50,01
Amande fraîche de la noix de coco (*Cocos nucifera*).................	»	41,98	74,72
Copra (*Cocos nucifera*), amande sèche	57,8	69,30	72,97
Paripo (*Guilielma speciosa*)........	55,1	31,40	33,29
Aouara de la Guyane (*Astrocaryum vulgare*)	62,4	39,22	41,54
Noix d'arec (*Areca catechu*).......	66,2	8,04	9,14
Iris des marais (*Iris Germanica*)....	31,6	8,64	9,97
Bardane (*Arctium lappa*)	51,6	19,03	21,41
Ram till (*Guizotia oleifera*)........	66,8	35,10	38,12
Hélianthe (*Helianthus annus*)......	44,0	21,81	24,04
Madi (*Madia sativa*)...............	45,6	32,70	35,67
Cardon (*Cynara cardunculus*)	64,8	20,01	21,99

NOMS DES PLANTES.	POIDS de l'hectolitre du produit.	MATIÈRE GRASSE EN POIDS	
		pour 100 parties de produit commercial.	pour 100 parties de produit desséché.
	kil.		
Laitue (*Lactuca oleifera*)..........	46,5	37,50	40,60
Chardon (*Carduus pycnocephalus*).	50,0	39,64	43,84
Onoporde (*Onopordon horridum*)...	56,9	10,58	11.79
Chardon Marie (*Silybum marianum*).	71,2	25,97	27 96
Marguerite dorée (*Chrysanthemum segetum*).......................	45,2	15,22	16,82
Centaurée (*Centaurea sonchifolia*)..	65,7	26,90	28,75
Chardon champêtre (*Cirsium arvense*)	50,4	22,37	23,80
Carthame (*Carthamus tinctorius*)..	55,3	18,39	20,39
Echinops (*Echinops gigantea*)	59,3	30,00	32,12
Carpesie (*Carpesium cernuum*)....	26,4	20,40	22,23
Pissenlit (*Leontodon taraxacum*)...	32,6	26.53	28,89
Café vert de la Martinique (*Coffea arabica*)	71,6	10,72	12,07
Café torréfié	36,6	15,26	»
Gremil (*Lithospermum officinale*)..	66,4	15,91	17,15
Stramoine (*Datura stramonium*)...	58,4	25,00	27,34
Stramoine (autre échantillon).......	56,0	23,15	25,80
Datura metel.....................	51,0	14,77	16,12
Tabac rustique (*Nicotiana rustica*).	47,7	38,61	41,06
Jusquiame noire (*Hyoscyamus niger*)	57,2	34,91	38,24
Douce-amère (*Solanum dulcamara*).	48,7	23,86	25,77
Paulonie (*Paulownia imperialis*) ..	6,7	21,98	24,41
Moldavique (*Dracocephalum Moldavicum*)	64,0	21,32	23,69
Sauge sclarée (*Salvia sclarea*).....	59,0	24,42	26,05
Noyaux des olives (*amandes*).......	52,6	43,87	46,47
Houx épineux (*Ilex aquifolium*)....	59,8	25,90	28,03
Djavé du Gabon (*Bassiæ species*)....	»	63,55	66,44
Noungou du Gabon (*Bassiæ species*).	»	56,12	58,55
Shea du Sénégal (*Bassia butyracea*).	»	49,14	52,23
Suifier du Gabon (*Pentadesma*).....	58,2	62,87	66,20
Galba amandes (*Calophyllum Calaba*)	52,3	69,49	71,52
Tamanu (*Calophyllum inophyllum*).	»	69,17	72,58
Lophira (*Lophira alata*)...........	67,0	43,87	45,60
Driobalanops du Gabon (*Sp. nova*)..	»	61,50	64,30
Tilleul (*Tilia microphylla*).........	55,0	25,18	29,62
Abutilon (*Ab. titiæfolium*).........	68,1	15,07	16,80
Hibiscus (rose de Chine)...........	47,2	16,86	18,65

NOMS DES PLANTES.	POIDS de l'hectolitre du produit.	MATIÈRE GRASSE EN POIDS	
		pour 100 parties de produit commercial.	pour 100 parties de produit desséché.
	kil.		
Noix de (*Sterculia fœtida*)	57,6	48,31	50,26
Fromager (*Bombax pentandrum*)	43,0	20,47	22,77
Cacao Caraque (*Theobroma cacao*)	58,0	44,27	47,85
— Maragnon	53,5	38,25	41,79
Ricin de France (*Ricinus communis*)	58,9	50,85	54,59
— — décortiqué	56,1	68,81	71,49
— d'Amérique	48,1	45,87	49,34
— — décortiqué	46,6	63,76	67,23
Epurge (*Euphorbia lathyris*)	56,8	43,75	47,21
Noix de Bancoul (*Aleurites triloba*)	46,8	62,12	65,48
Graine de Tilly (*Croton tiglium*)	48,7	37,03	39,59
— (albumen décortiqué)	56,5	53,38	56,90
Suifier de la Chine (*Stilingia sebifera*)	49,2	36,94	39,41
Omphalier (*Omphalea diandra*)	42,5	64,58	66,90
Pignon d'Inde (*Curcas purgans*)	45,4	55,85	58,47
Capucine (*Tropæolum majus*)	36,4	8,60	9,86
Graine de Rue (*Ruta graveolens*)	54,5	20,57	22,58
Ailante vernis du Japon (*Ail. glandulosa*)	61,8	53,87	57,26
Pistaches (*Pistacia vera*)	62,6	51,40	55,93
Cirier du Japon (*Rhus succedaneum*)	43,3	22,20	24,02
Anacarde occidentale (amandes)	»	40,50	42,43
— — (péricarpe)	»	29,50	31,18
Dika (*Irvengia Barteri*)	»	59,55	62,22
Pépins d'orange (*Citrus aurantium*)	48,6	27,38	41,23
Carapa de la Guyane (amandes)	44,6	70,20	73,25
Touloucouna du Sénégal (*Carapa touloucouna*)	41,5	65,00	67,14
Melia azedarach (amandes)	56,3	49,80	54,07
Citron de mer (*Ximenia americana*)	48,2	69,60	75,45
Marron d'Inde (*Æsculus hippocastanum*)	57,4	5,21	5,97
Picaya (*Pekea Guyanensis*) péricarpe	»	7,10	7,78
— (*Pekea Guyanensis*) amandes	»	62,10	64,80
Kœlreuteria paniculata	65,1	23,90	26,18
Pépins de raisins (*vitis vinifera*)	61,2	11,60	12,45
Fusain (*Evonymus Europœus*)	57,6	44,80	48,59
Staphylier (*Staphylea pinnata*)	58,5	8,40	11,37
— (graine sans tégument)	57,9	33,90	39,66

10.

NOMS DES PLANTES.	POIDS de l'hectolitre du produit	MATIÈRE GRASSE EN POIDS	
		pour 100 parties de produit commercial.	pour 100 parties de produit desséché.
	kil.		
Ravison d'Odessa (*Sinapis arvensis*).	72,5	25,70	27,85
Erysimum du ravison (*Er. orientale*).	69,8	20,87	22,39
Thlaspi oléifère	73,1	18,45	21,14
Tabouret (*Thlaspi bursa pastoris*).	70,4	30,00	32,69
Ravenelle (*Raphanus raphanis-trum*	61,6	45,34	48,21
Kakile maritime....................	64,6	52,11	55,23
Sisymbre (*Sisymbrium strictissi-mum*)...........................	59,3	30,00	32,37
Sisymbre des dunes (*Sisymbrium nurale*).........................	69,6	32,15	34,74
Sisymbre oléifère (*Sisymbrium acu-tangulum*).......................	69,4	27,42	29,76
Giroflée quarantaine (*Matthiola an-nua*)............................	53,8	22,66	24,42
Cresson alénois (*Lepidium sativum*).	75,3	23,97	26,73
Navette d'été (*Br. asperifolia olei-fera*)...........................	69,9	40,62	44,50
Navette d'été (récoltée au Muséum).	71,4	33,70	36,67
Corblet (*Glaucium flavum*)........	65,6	59,11	42,50
— (récolté au Muséum).......	65,0	37,75	40,52
Glaucier rouge (*Glaucium cornicu-latum*)..........................	65,8	27,08	29,20
Ræmeria hybrida..................	61,0	33,97	36,13
— refracta..................	56,4	34,20	36,73
Pavot à fleurs doubles (Muséum, 1861)............................	59,4	42,30	45,55
Pavot à fleurs doubles (Muséum, 1862)	58,7	44,95	44,90
Pavot œillette (Muséum, 1862).....	60,4	39,70	43,84
Coque du Levant	42,9	23,17	25,87
Muscade des Moluques (*Myristica moschata*)	60,7	38,66	42,62
Muscade combo du Gabon (*Myr. an-golensis*)	43,5	72,00	75,25
Muscade combo ? (origine incertaine)	62,4	64,58	67,35
Ortie (*Urtica dioica*).............	50,8	30,62	33,78
Micocoulier (*Celtis australis*)	72,0	15,26	16,10
Gr. de chanvre (*Cannabis sativa*)..	56,0	31,50	34,54
Savignon (*Cornus sanguinea*)......	54,8	26,30	29,72
Noix de Coula (*Coula edulis*).......	»	32,88	35,23

NOMS DES PLANTES.	POIDS de l'hectolitre du produit.	MATIÈRE GRASSE EN POIDS	
		pour 100 parties de produit commercial.	pour 100 parties de produit desséché.
	kil.		
Potiron (*Cucurbita maxima*)	38,7	39,22	41,91
Courge vivace (*Cucurbita perennis*).	38,7	18,95	21,17
Pastèque (*Cucumis citrullus*).......	61,4	21,07	23,38
Courge des prophètes (*Cucumis prophet.*)...........................	57,4	28,02	31,07
Rhyncocarpa dissecta.............	51,1	34,28	36,40
Ogadioka du Gabon (*Telfairia pedata*)	»	33,08	35,14
Onagre (*Œnothera biennis*)........	40,0	21,83	24,44
— (des bords de la Loire)	39,1	20,35	22,72
Baies de Laurier (*Laurus nobilis*) ..	53,9	24 45	26,73
Noix du Brésil (*Bertholletia excelsa*).	»	66,74	69,07
Pépins de pomme	63,1	20,45	23,11
M'poga du Gabon (*Incertœ sedis*)...	56,3	58,25	61,47
Owala du Gabon (*Peutaclethra macrophylla*).....................	»	48,92	50,83
Baguenaudier (*Colutea arborescens*)	89,0	4,52	4,95
Parkia biglandulosa de l'Inde.......	76,0	17,55	19,58
Ben ailé (amandes *mor. pterigosperma*)	46,8	36,20	38,70
Cirier d'Amérique (*Myrica cerifera*).	46,5	24,11	26,73
Pignons doux sans coque (*Pinus pinea*)	54,8	44,73	48,56
Pin maritime (graine avec tégum.)..	58,5	15,82	16,51
Epicea (*Abies excelsa*).............	55,0	32,40	35,64
Pignons de Chine sans coque (*Pinus parviflora ?*)...................	53,4	65,41	67,77

On a souvent besoin de connaître, au moins approximativement, la quantité d'huile qu'on peut extraire par l'action de la presse d'une graine oléagineuse dont on a déterminé la richesse par l'analyse au moyen d'un dissolvant. On obtient, d'après M. Cloëz, cette indication, avec une approximation suffisante, en retranchant du poids de l'huile celui du tourteau divisé par neuf $\frac{T}{9}$.

Exemple, le colza :

Huile extraite par le sulfure de carbone............ 44,20
Tourteau 55,80

Pour savoir ce que le colza doit donner d'huile par la seule action de la presse, il suffit, disons-nous, de retrancher de 44,20 $\frac{55,80}{9}$ ou 6,20, soit :

Huile..................................... 44,20
$\frac{T}{9}$ 6,20

Huile extraite par simple pression 38,00

. L'expérience accuse........................ 37,69

La règle donnée par M. Cloëz est fondée sur la supposition que le tourteau, après l'action de la presse, retient le dixième de son poids d'huile. J'incline à croire cette quantité un peu trop forte. Je n'ai jamais trouvé plus de 6 à 8 p. 100 d'huile dans les tourteaux de colza.

Voici trois exemples nouveaux à l'appui de la règle donnée par M. Cloëz :

	HUILE EXTRAITE PAR UN DISSOLVANT.	TOURTEAU.	HUILE FOURNIE PAR LA PRESSION.	
			Calculs.	Expériences.
Cameline....	31,64	68,36	24,05	27,27
Œillette	44,00	56,00	37,77	37,29
Lin	37,95	62,05	31,06	30,15
Arachide	44,10	55,90	37,89	37,10

L'écart qui s'est manifesté à l'égard de la cameline, entre le calcul et l'expérience, s'expliquerait, d'après M. Cloëz, par le degré de pression tout à fait inusité auquel cette graine avait été soumise.

SIXIÈME ENTRETIEN

Pour clore les conférences de cette année, j'ai l'intention de vous présenter un aperçu des progrès accomplis par l'agriculture dans le cours de ces trente dernières années.

En me livrant à cette étude rétrospective, je ne cède pas à un simple intérêt de curiosité, mais au désir de vous montrer comment les résultats dont je vous ai entretenus se rattachent aux progrès antérieurs dont ils sont la continuation agrandie et comme le couronnement.

Enfin je voudrais apprécier d'un point de vue plus général que je ne l'ai fait jusqu'ici ce qu'il est permis d'attendre de l'emploi des engrais chimiques, et vous rendre juges des changements qu'ils sont appelés à introduire en France, surtout dans les procédés de culture consacrés par le passé.

Pour se faire une idée nette de la situation agricole d'un pays, on a besoin d'être fixé sur l'étendue et le mode de répartition de ses forces productives.

Depuis 1789 la propriété a subi en France une extrême division ; c'était un effet inévitable de la loi qui règle le partage des héritages. Sur les 48 millions d'hectares que comprend notre territoire agricole, la grande propriété en possède 18, la moyenne 8, et la petite 21 ou 22 millions. La grande propriété et la moyenne réunies sont aux mains de 2 millions de possesseurs, alors que la petite propriété en compte 23 millions. La petite propriété domine donc la grande et la moyenne par le nombre de ses représentants et par l'étendue de la surface qu'elle exploite.

Lorsqu'on veut apprécier dans leur ensemble les intérêts qui naissent de cette situation, sur laquelle la législation civile et commerciale, le régime économique, et jusqu'aux mœurs de la population, ont une influence qu'on ne peut négliger, il faut toujours avoir présent à l'esprit qu'il y a en France 23 millions de petits propriétaires ne possédant que des surfaces exiguës. N'avoir égard qu'aux intérêts des grands propriétaires, ce serait aller à l'encontre du but que nous nous sommes proposé.

Le progrès qui domine tous les autres depuis cinquante ans, c'est la tendance qui porte tous les peuples de l'Europe à supprimer les jachères, et à substituer au régime triennal des assolements alternants où la terre est occupée par des plantes de nature différente, de manière à ne jamais la laisser improductive.

Comme le régime triennal marque une grande époque dans l'histoire agricole, à raison de la sécurité et des garanties d'ordre qu'il donne aux sociétés, quelles que soient d'ailleurs ses imperfections, laissez-moi vous en rappeler l'ordonnance et l'économie.

Le système triennal consiste à faire de la terre deux parts égales, l'une qu'on maintient toujours en prairie, l'autre qu'on divise en deux ou trois soles vouées invariablement à la production des céréales, mais avec cette réserve que la terre est laissée en jachère, c'est-à-dire improductive une année tous les deux ou trois ans.

La culture exclusive des céréales, alternant avec la jachère, et le libre parcours devenu commun, forment donc les deux traits saillants du système triennal.

Pourquoi ce système est-il un grand système, et pourquoi mérite-t-il de faire époque dans l'histoire de l'agriculture? — Parce qu'il donne aux sociétés qui l'emploient une sécurité entière en tant que sa puissance de production suffit à leurs besoins. En effet, lorsqu'on le suit dans toute sa rigueur, ce système n'épuise pas la terre; il ne porte pas atteinte à la fécondité naturelle du sol; les rendements qu'il produit se maintiennent indéfiniment.

Mais, il faut le reconnaître, ce système a aussi des inconvénients : d'abord il est peu productif; quoi que l'on fasse, si on l'applique pendant une longue suite d'années, il vient un moment où les rendements, après avoir été ou plus élevés ou plus bas, s'arrêtent pour le froment à 14 hectolitres de grains par hectare, et à 2,500 kilogrammes de paille. C'est la limite extrême du progrès auquel on peut prétendre.

Il était donc évident que le jour où ce régime ne répondrait plus aux besoins nés de l'accroissement de la population, il devrait disparaître ou se transformer.

Cette transformation a commencé il y a une cinquantaine d'années et s'étend de jour en jour, sous l'empire d'une nécessité que les agriculteurs ont subie sans s'en rendre bien exactement compte.

Il a été remplacé, ou il tend à l'être, par des assolements alternes d'où la jachère est exclue. Or, comme c'est là, à mes yeux, le plus grand progrès agricole de la première moitié de ce siècle, appliquons-nous à en faire ressortir le caractère et la portée.

Dans le système triennal, un tiers des terres reste improductif; avec les assolements alternes, la totalité de la terre est toujours en travail. Par conséquent, il est de toute évidence que ces derniers l'emportent par l'importance de l'étendue cultivée.

Dans le système triennal, le rendement du froment s'arrêtait à 14 hectolitres de grains par hectare; avec les assolements alternes, où la jachère est remplacée par la culture du trèfle et des pommes de terre qui permettent d'entretenir un plus nombreux bétail, le rendement du froment atteint 20 hectolitres, et celui de la paille passe de 2,500 à 3,300 kilogrammes par hectare.

L'avantage reste donc encore aux assolements alternes sous le rapport du rendement.

Mais, remarquez-le, Messieurs, si l'on applique les assolements alternes dans toute leur rigueur, c'est-à-dire si l'on n'emploie comme agent de fertilité que le fumier produit sur le domaine, et que le sol doive fournir à la fois l'engrais qui fertilise la terre et les céréales ou autres récoltes destinées à l'exportation, le rendement de 20 hectolitres de grains par hectare devient à son tour une limite infranchissable et forme le terme d'un progrès qu'on ne peut dépasser.

A leur supériorité sous le rapport du rendement, les assolements alternes joignent un autre avantage, celui d'atténuer et de prévenir, dans une certaine mesure, les crises alimentaires.

En effet, dans ce système, le trèfle et une grande partie des pommes de terre sont employés à la nourriture du bétail. La récolte est-elle mauvaise ? Le prix du blé s'élève, mais celui de la viande et des pommes de terre suit une progression correspondante, et le producteur trouve alors avantage à se défaire de ses animaux et de son stock de pommes de terre, qui servent à combler, au moins en partie, le déficit des grains.

Survient une bonne récolte, le prix des grains baisse ; aussitôt la spéculation se reporte sur les cultures propres à nourrir et à engraisser le bétail.

Par conséquent, je le répète, avec le régime des assolements alternes, les crises alimentaires perdent beaucoup de leur gravité ; la production n'étant plus restreinte aux céréales, le cultivateur possède toujours des terres disponibles dont il peut changer la destination à bref délai. Pour conjurer les effets des mauvaises récoltes, on peut donc s'en remettre à l'initiative privée et au libre jeu de l'offre à la demande, ce qui, en matière économique, est la meilleure des solutions.

Mais les assolements alternes ont à leur tour un défaut grave : il vient un moment où ils ne répondent plus aux besoins de la consommation, puisque avec eux on ne peut dépasser le rendement de 20 hectolitres.

Pourquoi cette limite infranchissable? Parce que le fumier dont on dispose, et qui est le seul agent de fertilité qu'on emploie, ne permet pas une récolte plus abondante. En effet, la limite des rendements a pour expression la quantité des agents de fertilité que contiennent les pailles et les produits de la prairie consommés à l'étable.

Je m'arrête ici pour bien constater ce premier fait : supériorité des assolements alternes, mais défaut grave, en ce que ces assolements, de même que le système triennal, puisant tout en eux-mêmes, n'ouvrent à l'agriculture qu'une voie limitée de progrès.

C'est ici que la science intervient, et qu'un nouvel ordre de choses commence.

Vous n'ignorez pas, Messieurs, que jusqu'à ces trente dernières années on a considéré le fumier de ferme comme un produit *sui generis*, seul capable d'entretenir la fertilité du sol, et le seul auquel l'agriculture pût avoir recours. C'était là cependant une opinion erronée, car le fumier est un mélange de diverses substances qui, associées à l'état de produits chimiques d'après certaines règles et dans certaines proportions, manifestent les mêmes effets que le fumier lui-même, et peuvent dans certains cas lui être supérieures. Nous savons, d'expérience certaine, que sans le secours du fumier on peut communiquer aux sols les plus pauvres la fécondité des sols les plus favorisés, et régler presque à volonté, à l'aide de ces produits, le travail de la végétation.

Le champ de Vincennes est là pour attester la vérité de ce résultat. Or, je veux raffermir aujourd'hui cette démonstration, en me fondant exclusivement sur le témoignage de l'histoire, et c'est à une époque où la doctrine des engrais chimiques n'était pas encore pressentie que je demanderai de préférence mes preuves et la justification de l'enseignement auquel vous avez bien voulu vous associer.

S'il est vrai que quatre substances : le phosphate de chaux, la potasse, la chaux, et une matière azotée, suffisent, dans les conditions où l'agriculture opère, à la production de toutes les plantes, il est évident qu'il doit y avoir balance entre les quantités de ces quatre substances que contiennent le fumier et les récoltes. L'histoire d'une époque où ces notions étaient inconnues peut donc intervenir pour infirmer ou consacrer la justesse et la vérité de la doctrine des engrais chimiques.

Eh bien ! faisons la preuve : ce petit tableau en résume tous les éléments pour le système triennal :

BALANCE ANNUELLE.

	PAR HECTARE (1).	
	FUMIER.	RÉCOLTE.
Acide phosphorique	39.4	37.8 (2)
Azote..................	82.8	87.4
Potasse................	102.6	52.4
Chaux	160.0	32.9

Vous le voyez, la balance conclut en notre faveur, car pour deux éléments de production, l'acide phosphorique et l'azote, elle se solde en équilibre, et pour les deux autres, la potasse et la chaux, elle se solde par un excédant en faveur du fumier et de la terre.

Suivons les conséquences de ce premier fait.

La doctrine des engrais chimiques ajoute que les substances qui règlent la formation des récoltes n'agissent qu'à la condition d'être associées toutes les quatre; elle ajoute que chacune d'elles, suivant la nature des plantes, remplit tour à tour une fonction subordonnée ou prédominante, et que cette prédominance et cette subordination dépendent exclusivement de la nature des plantes.

La doctrine des engrais chimiques dit encore, comme troisième proposition, qu'il faut diviser les végétaux en deux grandes classes au point de vue de la source où ils puisent l'azote : ceux qui le prennent

---

(1) Boussingault, *Économie rurale,* t. II, p. 187.

(2) L'acide phosphorique est la partie active du phosphate de chaux.

de préférence dans l'air, comme les légumineuses, et ceux au contraire qui, à l'exemple des céréales, ont besoin de le trouver dans le sol.

Enfin, la doctrine des engrais chimiques affirme que les substances constitutives de l'engrais cessent de manifester leur action si on les emploie isolément dans une terre dépourvue des trois autres, et deviennent, à ce point de vue, une non-valeur pour la végétation.

A la lumière de ces notions, nous pouvons découvrir au système triennal des défauts que l'observation, livrée au seul témoignage de l'empirisme, n'aurait pu ni formuler, ni même pressentir, et arriver enfin par le même procédé de critique, appliqué aux assolements alternes, à une justification plus complète, plus entière, de la doctrine des engrais chimiques.

Il vous souvient, Messieurs, que le système triennal laisse dans la terre un excédant de potasse et de chaux.

D'après ce que nous avons dit de l'inertie qui frappe les éléments de l'engrais, lorsqu'on les emploie isolément, c'est là un défaut grave, puisque ces produits ne peuvent manifester leur action en l'absence de quantités corrélatives de phosphate de chaux et de matière azotée.

Passe-t-on du système triennal au régime des assolements alternes, que trouve-t-on ? Que la pratique, sans autre guide que son instinct merveilleux, le jour où elle a dû supprimer la jachère, a eu recours à la pomme de terre et au trèfle qui ont besoin de beaucoup de potasse et de chaux, et qui, en outre, puisent leur azote dans l'atmosphère, ce qui permet d'utiliser les produits laissés sans emploi dans la terre par le système triennal, et d'arriver à une balance parfaite.

Consultons, en effet, l'expérience, et prenons pour exemple un assolement de cinq ans, comprenant la succession de récolte suivante :

1re année.......	Pommes de terre.
2e —	Froment.
3e —	Trèfle.
4e —	Froment.
5e —	Avoine.

Tandis que dans le système triennal, il y avait excédant de potasse et de chaux, cette fois rien n'est laissé sans emploi, et à part une petite quantité de chaux qui est sans importance, la balance se solde en équilibre.

BALANCE ANNUELLE.

	A L'HECTARE (1).	
	FUMIER.	RÉCOLTE.
Acide phosphorique.......	98 kil.	85 kect.
Potasse	255	·247
Chaux................ ....:	281	132
Azote....................	203	250

Vous me ferez remarquer peut-être que le sol est en perte pour l'azote : cette perte ne doit pas nous

---

(1) Boussingault, *Économie rurale*, t. II.

inquiéter ; elle n'est en réalité que nominale, puisque nous faisons figurer dans la somme totale de l'azote de la récolte celui du trèfle, qui a l'atmosphère pour origine.

Serait-on tenté de nier cette origine ? — Il est facile d'en fournir la preuve. — Dans l'économie de l'assolement alterne pris comme exemple, le froment figure deux fois : la première fois avant le trèfle, et la seconde après cette plante. Or, il est attesté par l'expérience universelle des agriculteurs que le froment qui succède au trèfle produit toujours plus que celui qui le précède.

Pourquoi? — Parce que la troisième coupe de trèfle est enfouie en vert, et que le froment bénéficie de l'azote qu'elle contient, et dont l'atmosphère a fait tous les frais.

Il est donc vrai, comme la science basée sur l'expérience l'affirme, que le phosphate de chaux, la potasse, la chaux, unis à une matière azotée, sont la source et la matière première de toutes les récoltes, et vous voyez à quel point l'histoire, interrogée sans parti pris, confirme les quatre propositions fondamentales sur lesquelles repose la doctrine des engrais chimiques.

N'apercevez-vous pas les conséquences qui se déduisent de ces prémisses? S'il est vrai, et le fait est incontestable, qu'il existe dans la nature des gisements de phosphate de chaux, de potasse, de chaux et de matières azotées, puisque le progrès agricole peut être arrêté dans son essor par l'insuffisance du fumier, il faut avoir recours à ces agents, afin de pousser les rendements à une limite de plus en plus élevée.

Cette déduction nouvelle n'a pas seulement pour nous un intérêt théorique; elle nous est imposée par les conditions économiques qui ont prévalu depuis le traité de commerce avec l'Angleterre.

Je pose en principe que l'agriculture par le fumier tout seul a cessé, pour la grande culture, de produire des bénéfices en rapport avec le prix de la terre et le loyer de l'argent, et qu'il lui est impossible de lutter contre l'importation des blés étrangers.

Dès lors, vous le voyez, Messieurs, il devient nécessaire de nous préoccuper du parti qu'on peut tirer dans la pratique de ces agents nouveaux qui, en dégageant l'agriculteur des entraves et des charges que lui crée l'obligation de produire son fumier, lui permettront de commander aux rendements de ses terres, comme le mécanicien à sa machine, en donnant plus ou moins de vapeur, ou en consommant plus ou moins de combustible. Le combustible de l'agriculture, ce sont ces éléments premiers de toutes les récoltes.

Leur dose règle les produits de la végétation et le profit qu'on en retire.

A l'égard de la petite propriété, la culture par le fumier a des conséquences encore plus graves. La quantité de fumier dont elle dispose étant presque toujours insuffisante, si ce n'est tout à fait nulle, elle soumet la terre à un régime d'épuisement inévitable, qui réagit à son tour sur l'économie générale du pays.

Établissons donc, par quelques exemples qu'on ne puisse contester, que l'agriculture qui n'opère que par le fumier a cessé d'être une industrie suffisamment rémunératrice, et qu'elle est incapable d'améliorer économiquement, et à bref délai, les terres de qualité inférieure.

Je puiserai ma première preuve dans une exploitation célèbre, la ferme de Bechelbronn, en Alsace, à l'époque où elle était dirigée par M. Boussingault, à qui la science agricole est redevable de si utiles et si estimables travaux.

Le domaine dont il s'agit représente une valeur de 300,000 fr., mise en œuvre par un fonds de roulement de 35,000 fr. Or, tous comptes faits, le service des intérêts du capital foncier, fixé à 3 p. 100, le bénéfice obtenu n'est que de 3,500 fr. par an. Le résultat financier est-il en rapport avec le capital engagé ?

Pourtant, sur 110 hectares dont se compose l'exploitation, 60 sont affectés à la prairie, et la part faite aux animaux est conforme aux règles prescrites par les traditions du passé.

Ne croyez pas que ce faible revenu soit le résultat d'une administration défectueuse; non, il dépend uniquement du mode de culture qu'on y applique, et il me suffira pour vous en convaincre d'énoncer les rendements des principales récoltes.

Froment............	18 hect.
Avoine.............	32
Betteraves..........	26,000 kil.
Foin...............	4,315

Voilà ce que la pratique la plus éclairée a pu obtenir en n'employant que le fumier comme agent de fertilité.

Pour tout une école d'économistes qui s'occupent des choses agricoles, le faible profit obtenu à la ferme de Bechelbronn ne tient pas au mode de culture adopté, mais à l'insuffisance du capital affecté à l'exploitation. Augmentez, disent-ils, le capital, vous aurez plus de bétail, partant plus de fumier, et les rendements s'accroîtront; pour les représentants de cette école, l'alternance des cultures servie par un capital puissant est capable de conduire aux rendements les plus élevés, et là est, d'après eux, tout le secret du profit en agriculture.

Qu'y a-t-il de vrai dans cette prétention? L'exemple de l'institut de Grignon va vous l'apprendre.

Là, le capital de roulement fut, dès l'origine, porté à 1,000 fr. par hectare, premier avantage auquel il faut en ajouter un second : Grignon n'avait pas de loyer à payer; un bail de quarante ans lui avait été consenti, et le fermage devait être soldé en améliorations dont l'établissement avait le temps de recueillir tous les fruits. Quel a été le résultat de cette tentative? La négation du principe que le respectable fondateur de Grignon avait eu l'espoir et l'ambition de faire triompher. Non seulement Grignon n'a pas fourni la preuve qu'il produisait avec profit, ou que le profit était en rapport avec l'importance du capital engagé, mais il s'est toujours refusé à publier ses comptes de culture. Cependant, malgré la réserve de ses communications avec le public, Grignon en a dit assez pour que nous puissions suppléer à l'absence de ses comptes.

L'assolement suivi dans cet établissement a une durée de sept ans ; au point de vue industriel, c'est une période considérable. Eh bien ! voici, d'après des chiffres authentiques, ce qu'avec un capital roulant de 1,000 fr. par hectare on y a obtenu. A la première rotation, le blé d'hiver rendait sur le pied de 21 hectolitres par hectare ; à la deuxième, c'est-à-dire sept ans après, le rendement a été de 24 hectolitres, soit un accroissement de 3 hectolitres. Mais, en vérité, à qui persuadera-t-on qu'un fonds de roulement de 1,000 fr. par hectare, pour obtenir, après sept ans d'efforts, de chances de pertes de toute nature, un excédant de rendement de 3 hectolitres par hectare, soit un résultat dont on puisse se prévaloir ?

Le blé de printemps nous mène à des conclusions analogues. — A la première rotation, le rendement était de 22 hectolitres ; à la deuxième, il s'est élevé à 26.

Pour le colza, au lieu d'un accroissement de produit, il y a eu diminution. — De 22 hectolitres par hectare, le rendement est descendu à 16.

Le meilleur résultat a été obtenu sur l'avoine qui, de 39 hectolitres, est passé à 51.

Je vous le demande, Messieurs, après un tel exemple, est-on autorisé à soutenir la toute-puissance du capital pour améliorer à bref délai les terres de qualité inférieure ? — Est-on fondé à prétendre qu'il y a avantage à improviser en quelque sorte les cultures fourragères pour forcer l'élève ou l'engraissement du bétail ?

Faut-il appuyer cet exemple par un autre plus célèbre encore ?

Je l'emprunterai à un homme dont le nom ne doit être prononcé qu'avec un profond sentiment de respect. Je veux parler de Mathieu de Dombasle. En 1825, déjà éprouvé par des revers de fortune, Mathieu de Dombasle, persuadé que la culture par le fumier et le bétail pouvait donner des résultats avantageux dans de mauvaises terres, se fit un point d'honneur de fournir cette démonstration à ses contemporains. Il se mit donc à l'œuvre, et avec une bonne foi qu'on ne saurait trop louer, il fit connaître, chaque année, le résultat de ses tentatives. Après douze ans de lutte obstinée, qu'est-il advenu? — Mathieu de Dombasle, la tête blanchie par les années, couronné par l'estime publique, est venu dire au monde agricole : « Je me suis trompé; non, l'alternance des cultures n'est pas un moyen assuré de bénéfice et de progrès; malgré tous mes efforts, je n'ai pu dépasser le rendement de 12 hectolitres pour le froment, de 18,000 kilogrammes pour la betterave, de 13 hectolitres pour le colza, et tous mes comptes de culture se soldent en perte ! »

Ah ! Messieurs, honneur et respect à cet homme éminent dont le caractère était à la hauteur de l'esprit. Il est le premier qui ait éclairé de considérations supérieures l'économie politique appliquée aux choses du sol. Que son exemple nous serve, à nous et à ceux qui poursuivent la même carrière. Respect et honneur à Mathieu de Dombasle, qui n'a pas craint de proclamer sa défaite, dans l'espoir de nous en éviter de semblables.

Mais, pourra-t-on dire, la pratique de l'Angleterre proteste contre vos conclusions.

L'agriculture anglaise, qui réalise de si grands profits, ne doit sa supériorité qu'à son nombreux bétail et à la puissance de son capital.

Pour répondre, je n'ai que l'embarras du choix; mais je me bornerai à citer l'exemple de sir John Hudson, qui, grâce à ses succès agricoles, possède une fortune opulente.

Sur une ferme de 300 hectares, il entretient 10 vaches, 250 bœufs, 3,400 moutons, et malgré la quantité énorme de fumier que doit produire un tel bétail, chaque année il achète pour 25,000 fr. d'engrais artificiels et pour 50,000 fr. de farineux ou de tourteau, qui équivalent eux-mêmes à une importation d'engrais.

Par conséquent, l'objection tirée de la pratique de l'Angleterre ne porte pas, et nous arrivons finalement à cette conclusion que la culture avec le fumier tout seul, pratiquée par les hommes les plus habiles, les plus autorisés, servie par les circonstances les plus favorables, est impuissante à obtenir des rendements élevés, et que, dans ces conditions, l'agriculture n'a devant elle qu'un horizon borné de progrès et d'amélioration.

Quelles sont les conclusions pratiques auxquelles nous devons nous arrêter? Ces conclusions sont bien simples.

L'agriculture est aujourd'hui à peu près dans les conditions où se trouvait l'industrie avant l'invention de la machine à vapeur. Aussitôt qu'elle fut découverte, on se mit à l'envi à la recherche des gisements de houille, dont l'exploitation prit tous les jours une plus grande activité; les machines se multiplièrent, et l'industrie vit s'ouvrir devant elle la perspective d'une production illimitée.

Aujourd'hui, la situation de l'agriculture est exactement la même; il existe dans la nature des gisements inépuisables de ces agents primordiaux de fertilité auxquels le fumier lui-même doit ses bons effets.

Le phosphate de chaux se trouve, sous les formes les plus variées, dans tous les pays de l'Europe, en France, en Allemagne, en Angleterre, en Espagne surtout, dans les provinces de Cacerès, de Logrosan et de Truxillo, où les gisements à ciel ouvert s'étendent sur une superficie qui se mesure par kilomètres.

La potasse forme des chaînes de montagnes dans le granit et le porphyre : on peut l'en extraire économiquement, à des conditions pratiques et industrielles. La potasse existe encore dans les eaux de la mer, d'où M. Ballard nous a appris à la retirer. Elle accompagne, dans certaines conditions, à l'état de chlorure et de sulfate, les mines de sel gemme, comme à Stassfurt, en Prusse, où elle forme des dépôts capables de fournir à la consommation de tous les pays de l'Europe pendant plusieurs siècles. On a découvert des gisements analogues en Hongrie; nul doute qu'on en découvre encore d'autres dans des conditions géologiques semblables. — Donc, la potasse ne peut faire défaut à l'agriculture.

Je ne parle pas de la chaux qui, à l'état de chaux et de plâtre, ne peut non plus nous manquer.

Il n'y aurait tout au plus que les matières azotées qui pourraient nous donner quelque inquiétude, mais cette inquiétude est destinée à cesser bientôt. D'abord, le nitrate de soude du Pérou n'a été exploité, depuis une dizaine d'années, que pour la fabrication des produits chimiques, mais il n'est pas douteux que le jour où un marché important et sûr lui sera ouvert, les gisements actuellement connus, qui s'étendent sur une superficie de plus de 80 kilomètres carrés, ne deviennent la source d'une exportation plus importante.

Le nitrate de potasse, dans les régions tropicales, se forme incessamment à la surface du sol. On en importe peu en France, parce que, jusqu'à présent, il n'a été employé que pour les besoins industriels; mais naisse le marché agricole, et ce produit nous arrivera de toutes parts.

Quant au sulfate d'ammoniaque, on peut en obtenir des quantités considérables en modifiant le mode de fabrication du coke. A cette source on devra désormais en ajouter une autre plus importante encore: quand les volcans sont parvenus à la période d'apaisement, où ils ne dégagent que de la vapeur d'eau, ils produisent une quantité énorme de sulfate d'ammoniaque que l'on peut extraire en utilisant la chaleur de la vapeur qui a entraîné ce sel à la surface du sol,

Le seul volcan aqueux de Travale, dans la province de Volterre, en Toscane, en fournit chaque jour, d'après le professeur Becchi, 1,500 kilogrammes — une tonne et demie ! Il m'a été donné de constater un fait analogue sur un grand nombre d'autres volcans de la même origine.

Vous voyez, Messieurs, que nous avons des ressources à peu près illimitées de ces produits nouveaux. La conclusion pratique, c'est de les employer dans une proportion tous les jours plus grande, attendu qu'à leur aide on commande à la fertilité de la terre, et qu'on sort enfin du cercle jusque-là infranchissable où l'on était renfermé, lorsqu'on ne pouvait recourir qu'au fumier. L'agriculteur gagne à ce changement une liberté d'action qu'il n'avait pas encore connue.

De là une doctrine nouvelle que l'on peut résumer ainsi :

1° Rendre à la terre plus que les récoltes ne lui prennent en acide phosphorique, en potasse et en chaux ;

2° Lui rendre 50 p. 100 de l'azote des récoltes, parce que l'air fournit la différence ;

3° Au lieu de recourir à un bétail mal nourri et de chercher à improviser des cultures fourragères, s'appuyer sur une importation permanente d'engrais, lorsqu'on opère sur des terres de qualité inférieure, afin d'obtenir immédiatement des rendements élevés, et, suivant le capital dont on dispose et les exigences, la proximité ou l'éloignement du marché où l'on écoule ses produits, décider s'il vaut mieux faire de la viande ou des céréales ; *employer les engrais chimiques seuls ou associés au fumier de ferme, le choix étant indifférent.*

Mais, à quelque parti qu'on s'arrête, il faut toujours donner pour auxiliaire au fumier des engrais spéciaux, dont la nature est déterminée par celle des plantes qui composent l'assolement.

Où l'avantage inhérent à l'emploi des engrais chimiques se révèle surtout, c'est dans la facilité que l'on acquiert de varier et de régler à volonté la composition des fumures suivant les besoins différents de chaque plante, faculté que l'on ne possède pas avec le fumier. Vous pouvez bien employer des quantités de fumier plus ou moins grandes, mais vous ne pouvez pas en changer la composition, tandis qu'avec les engrais chimiques vous faites prédominer à votre gré la matière azotée, le phosphate de chaux, la potasse, là où cette prédominance est reconnue utile. Et ainsi l'agriculture sort des voies incertaines de l'empirisme pour entrer dans les voies plus sûres de la science, définissant toutes choses, se rendant compte de tous les termes des problèmes qu'elle agite et qu'elle a l'ambition de résoudre.

Notre siècle est en ce moment l'objet d'appréciations bien diverses. Ici, le blâme obstiné, et là l'éloge sans mesure ; les uns ne craignent pas de prononcer le triste mot de décadence, alors que d'autres exaltent la supériorité de notre civilisation, parce que tous ses efforts tendent à favoriser l'émancipation des peuples.

Sans vouloir me faire l'arbitre de ce conflit d'opinions où les exagérations d'un parti pris ont souvent plus de part que la raison, je ne puis cependant m'abstenir de réclamer dans notre bilan social une place pour le progrès agricole, qui touche par tant de côtés différents aux intérêts les plus vivants du pays.

En se donnant pour tâche de remonter aux conditions qui règlent la fertilité du sol, la science a une ambition inavouée que j'essayerai de vous faire pressentir; elle veut saisir les liens qui rattachent le bien-être de l'homme au régime de la terre qui le nourrit, et découvrir les conditions auxquelles il faut satisfaire pour donner aux populations la plus grande source de bien-être et de sécurité.

Voyez quelle a été dans l'antiquité la destinée des nations les plus fameuses. Certes, le sénat romain a poussé loin l'art de la politique; de quelle merveilleuse sagacité et de quel patriotisme n'a-t-il pas fait preuve? Et pourtant qu'est devenu l'empire romain, malgré les ressources de toute nature qu'il tirait des pays soumis à ses armes? Que sont devenues, avant lui, l'Assyrie, la Perse, Babylone? Réfléchissez à ce qu'était leur régime agricole, et vous y trouverez, au milieu de beaucoup d'autres causes, l'une des raisons principales de leur décadence. Leur mode de culture était un régime dévastateur; on demandait toujours au sol, et on ne lui rendait rien ou à peu près rien.

Sous un tel régime le résultat était inévitable: les populations devaient, à un moment donné, être atteintes dans leurs conditions d'existence et s'effondrer sur elles-mêmes, comme un édifice dont les fondations seraient vermoulues. Il est arrivé à ces empires ce qui arrive tous les jours au cultivateur imprudent qui exporte sa récolte sans rendre à la terre l'équivalent de ce qu'elle a pris au sol.

Tenez pour certain, Messieurs, que le jour n'est pas loin où la découverte des moyens pratiques de satisfaire, par des emprunts faits à la nature inorganique, à la loi de restitution, qui seule rend durable la fertilité du sol, sera placée parmi les découvertes les plus considérables et les plus utiles de notre temps, parce qu'après tout, dans le jeu complexe des intérêts sociaux, c'est de cette loi que dépend au premier chef le bien-être et la prospérité des populations.

Remarquez, Messieurs, quelle est sous ce rapport notre situation en France. J'ai dit que sur 48 millions d'hectares cultivés, la petite propriété en possédait 21 millions. Or, à quel régime ces 21 millions d'hectares sont-ils soumis par rapport à la loi de restitution?

Si nous nous confinons dans la formule : prairie, bétail, céréales, la petite propriété est une véritable calamité, car celui qui ne possède qu'un hectare de terre ne peut avoir de la prairie et des animaux. — Peut-il suivre un assolement judicieusement pondéré? Il ne le peut pas davantage.

Aussi qu'advient-il? — Huit fois sur dix il soumet la terre à un véritable appauvrissement.

Il faut donc, par une instruction plus largement répandue, lui apprendre qu'en persévérant dans cette voie funeste, il compromet le présent et rend l'avenir plus incertain.

Ce n'est pas là une question oiseuse. Vingt et un millions d'hectares sont détenus par la majorité de la population du pays; c'est pour cette grande majorité, qui vit à la sueur de son front, que je demande que la lumière soit faite. Supposez que ces 21 millions d'hectares, aujourd'hui cultivés sans règle, en dehors de toutes les lois conservatrices de la fertilité, soient au contraire soumis au régime dont je vous ai exposé l'économie. Quelle serait la conséquence? Doubler pour ainsi dire, du jour au lendemain, la production de ces 21 millions d'hectares; changer de fond en comble l'économie du pays. Notre budget, contre lequel s'élève tant de critiques, a dépassé 2 milliards ! Que faudrait-il pour le supporter sans effort? une bonification de 10 à 12 p. 100 sur la production agricole qui dépasse 15 milliards par an (1).

---

(1) Décompte approximatif de la production agricole annuelle en France.

	SURFACES CULTIVÉES.	VALEURS PRODUITES.
Froment d'automne	7,372,819 hect.	2,883,201,911 fr.
Froment de printemps	84,112	33,945,213
Autres céréales	8,163,890	1,957,944,178
Pommes de terre	1,234,897	488,300,000
Châtaignes	556,701	44,400,000
Légumes frais	113,552	44,422,995
Légumes secs	370,978	103,273,161
Plantes potagères	229,942	400,308,270
Betteraves	229,942	83,178,187
Cultures oléagineuses	500,835	161,232,381
Plantes textiles	205,029	121,822,667
Mûrier. — Soie	54,019	29,440,777
Cultures industrielles	51,153	22,910,554
Fourrages	14,626,510	1,889,444,791
Vignes. — Vin	2,320,809	1,386,756,278
Bois communaux et de l'État	2,999,794	95,553,149

Ce ne sont pas là, Messieurs, de vaines exagérations, des effets calculés de langage, mais des vérités que quiconque aime son pays et prend souci de sa prospérité doit tenir à honneur de propager.

Dans le midi de la France, les anciens procédés de culture ne sont pas possibles, par cette raison unique que le Midi manque de fourrage. La culture de la vigne tend à s'y propager de plus en plus, à cause de la haute valeur de ses produits. Mais la vigne épuise le sol, car le vin est presque entièrement exporté. Comment sortir de cette situation et rétablir l'équilibre ?

Affectera-t-on à la vigne le fumier des terres cultivées ? On aura reculé la difficulté sans la résoudre ; car qu'adviendra-t-il de ces terres ?

Avec la formule nouvelle : importation permanente d'engrais chimiques, la loi de restitution est observée, et l'avenir est assuré.

Vous n'ignorez pas, Messieurs, qu'une partie de la presse agricole, cédant à d'assez tristes mobiles, s'efforce de travestir le caractère de la solution que nous cherchons à faire triompher. En persistant dans cette voie, elle assume sur elle une grave responsabilité, car elle méconnaît l'un des intérêts les plus vivaces de notre temps. En face de ces défaillances, affirmer avec une nouvelle énergie que la culture par le fumier a cessé d'être une solution qui réponde à nos besoins, n'est pas seulement une question de doctrine, c'est un devoir. Le petit propriétaire ne peut faire de fumier, le grand propriétaire ne gagne rien s'il n'emploie que du fumier. L'un et l'autre doivent fonder leur industrie sur une importation permanente d'engrais, et cette solution revêt un caractère encore plus impérieux lorsqu'il s'agit de cultures arbustives.

Donc la culture par les engrais chimiques employés exclusivement ou de concert avec le fumier est la solution du problème agricole. Quoi qu'on fasse, l'emploi des engrais chimiques s'impose à nous; c'est une nécessité qui domine là situation agricole de notre temps et du pays.

Dira-t-on qu'il est impossible de faire prévaloir cette solution par la seule initiative individuelle? Le cas le plus défavorable qu'on pourrait nous opposer va me permettre de prouver le contraire.

Je suppose un homme qui possède un ou deux hectares de terre et ne peut faire l'avance des 3 ou 400 fr. d'engrais pour en tripler les produits.

Ce qui lui est impossible pour la totalité de son domaine lui est du moins accessible pour une partie, pour le 1/4 ou le 1/5e. Admettons qu'il opère sur le 1/5e, et généralisez l'opération. En cinq ans, 21 millions d'hectares auront passé d'un rendement de 14 hectolitres à un rendement de 30.

Vous représentez-vous les conséquences de tous genres qui découleraient de cet accroissement de production?

La voie est ouverte, Messieurs; la solution est trouvée, vous en connaissez les termes, la pratique a prononcé. Voulez-vous faire de la culture à grands profits? Fumez abondamment : le moyen est à votre portée; toujours le profit viendra répondre à vos tentatives et couronner vos efforts. Voilà, Messieurs, comment la doctrine des engrais chimiques vient à point nommé pour améliorer le régime de la petite propriété et rendre possible la spécialité des cultures par région, qui est le progrès auquel on doit tendre et dont la liberté du commerce nous fait une nécessité.

Nous terminerons là, Messieurs, nos études de cette année. Laissez-moi croire que la pensée qui nous a rassemblés ne s'évanouira pas en nous séparant, et que chacun de vous, dans la sphère de son influence, voudra répandre les préceptes dont la valeur pratique s'est affirmée à ses yeux et dont le succès doit avoir pour résultat de diminuer le prix de toutes les denrées alimentaires, de fournir du travail aux classes nécessiteuses, d'étendre à l'intérieur la consommation des objets manufacturés de toute nature, et d'émanciper enfin la petite culture, qui est représentée par la majorité du pays.

Qui de vous, Messieurs, voudrait me refuser son concours pour atteindre ce but?

APPENDICE

1º Notice sur la lévuline, matière saccharigéne du Topinambour.

2º Du dosage des sucres.

3º Aperçu général sur les résultats de la campagne de 1869, au moyen des engrais chimiques.

4º Rapport de M. de Jabrun sur des expériences faites à la Guadeloupe, sur la culture de la canne à sucre au moyen des engrais chimiques.

NOTICE SUR LA LÉVULINE

MATIÈRE SACCHARIGÈNE DU TOPINAMBOUR,

Par MM. GEORGES VILLE et JOULIE.

I.

Les recherches que nous poursuivons depuis longtemps sur la
génération des hydrates de carbone au sein des végétaux nous
ont conduit à étudier les tubercules du topinambour et à déterminer avec plus de soin qu'on ne l'avait fait jusqu'ici la nature et
la quantité des matières hydrocarbonées qu'ils renferment. Cette
étude nous a permis de constater plusieurs faits intéressants qui
seront publiés plus tard dans un travail d'ensemble. Nous ne
voulons détacher aujourd'hui qu'un seul feuillet de ce mémoire,
pour prendre date à l'égard d'un résultat nouveau destiné à
mettre en lumière les ressources que l'on peut tirer des procédés de la physique appliqués à l'analyse chimique, et signaler
les dangers de ces procédés lorsqu'on en accepte les résultats
sans discussion.

Après avoir exprimé le jus des tubercules de topinambour, on
le soumit à l'analyse par le procédé bien connu aujourd'hui auquel
M. Bareswil a donné son nom. On s'attendait à avoir du premier
coup, et par le simple contact du jus avec la liqueur cupro-potassique bouillante, une abondante réduction d'oxydule de cuivre. La
science possède, en effet, deux analyses de topinambour, l'une
de M. Boussingault, l'autre de M. Payen. Dans la première nous
voyons figurer le sucre incristallisable pour 14,80 pour 100 parties

de racine, et dans la seconde nous trouvons : « glucose et sucre, 14.7 (1). »

Après ces deux résultats, il était difficile de douter de l'existence d'une forte proportion de sucre réducteur dans les tubercules du topinambour.

Il n'en est rien cependant. Le jus essayé ne nous a donné qu'une très-faible réduction, et la quantité de sucre réducteur dosable dans le jus naturel n'a jamais dépassé un demi-centième de son poids.

Mais tout change si, au préalable, on fait bouillir le jus avec une faible quantité d'acide chlorhydrique ou sulfurique. Le

---

(1) Voici ces deux analyses.

M. BOUSSINGAULT.

Sucre incristallisable	14,80
Inuline	3,00
Gomme	1,22
Albumine	0,99
Substances grasses	0,09
Citrates de potasse et de chaux	0,20
Sulfate de potasse	0,12
Chlorure de potassium	0,08
Malates et tartrates de potasse et de chaux	0,05
Ligneux	1,22
Silice	0,03
Eau	77,05
	100,00

M. PAYEN.

Glucose et sucre	14.7
Albumine et autres substances azotées	3,1
Inuline	1,9
Acide pectique	0,9
Matières grasses	0,2
Cellulose	1,5
Substances minérales	1,3
Eau	76,0
	100,0

pouvoir réducteur du liquide ainsi obtenu devient très-intense, et on trouve alors de 15 à 20 centièmes de sucre réducteur.

Voici deux analyses :

SUCRE RÉDUCTEUR DANS 100 GR. DE JUS.	N° 1.	N° 2.
Avant l'inversion.....	0,553 p. 100	0,32 p. 100
Après l'inversion.....	16,265	20,77

Le jus de la seconde analyse provenait de tubercules qui avaient subi un commencement de dessiccation; c'est pourquoi il accuse une richesse plus grande.

Ces résultats ne laissaient prise à aucun doute. Il était évident que la matière réductrice n'existait pas toute formée dans le jus, mais prenait naissance par l'action des acides sur une matière hydrocarbonée non réductrice. Cette dernière existait en proportion considérable dans le jus; il restait à déterminer sa nature. La pensée que ce pourrait être du sucre de canne se présenta naturellement à nous, et pour nous en assurer, le jus fut examiné à l'aide du saccharimètre optique de M. Dubosq.

Les résultats obtenus furent les suivants :

a. Analyse chimique par la liqueur cupro-potassique.

	gr.
Sucre réducteur total après inversion dans 100cc de jus...	17.826
Sucre réducteur avant l'inversion dans 100cc de jus......	0.576
Différence (représentant peut-être du sucre de canne)..	17.250

b. Analyse physique par le saccharimètre.

Jus additionné de 1/10 de sous-acétate de plomb pour le clarifier.

$$\left.\begin{array}{l}\text{Notation directe} + \ 10° \\ \text{Notation inverse} - 120°\end{array}\right\} \text{Température } 15°$$

Somme de l'inversion 130°

Si l'on cherche dans les tables de M. Clerget la quantité de sucre cristallisable qui correspond à ces données, on la trouve égale à 156 gr. 91 par litre, soit pour 100 centimètres cubes 15.691. Ce chiffre doit être augmenté de 1/10 à cause du sous-acétate de plomb employé; on arrive donc en définitive au résultat suivant :

$$
\begin{array}{lr}
\text{Sucre cristallisable d'après la table } \ldots\ldots\ldots & 15{,}691 \\
\text{Plus 1 dixième} \ldots\ldots\ldots\ldots\ldots\ldots\ldots\ldots & 1{,}569 \\
\hline
\text{Total} \ldots\ldots\ldots\ldots & 17{,}260
\end{array}
$$

L'essai chimique avait donné 17.250. Une pareille concordance semblait, au premier abord, confirmer pleinement l'hypothèse du sucre de canne. Cependant du jus déféqué par l'alcool, décoloré au charbon et évaporé à une douce chaleur, ne cristallisait pas et n'avait fourni qu'un sirop épais et visqueux d'une saveur à peine sucrée. D'ailleurs, en examinant de près l'essai saccharimétrique que je viens de rapporter, il était facile de concevoir des doutes, malgré la surprenante coïncidence du résultat définitif avec celui de l'analyse chimique.

Par la liqueur cupro-potassique, en effet, on n'avait trouvé qu'une très-faible quantité de sucre réducteur dont le pouvoir rotatoire pouvait être gauche. Le sucre de canne, dont le pouvoir rotatoire droit est égal à 73°.8, aurait donc dû donner une forte notation directe. En supposant que le jus ne contînt pas d'autre matière active que les 17.250 pour 100 de canne dosés, la notation directe aurait dû être de + 94°, tandis qu'elle n'était que de + 10. Pour expliquer un pareil résultat, il eût fallu trouver dans le jus une matière active à pouvoir rotatoire gauche en quantité considérable pour abaisser la notation de 84°. Ce ne pouvait être le sucre réducteur, puisqu'il était en très-faible proportion. D'un autre côté, les 17 pour 100 de matière active représentaient la presque totalité de la partie solide du jus. Il fallait donc renoncer à l'hypothèse du sucre de canne. Mais alors quelle était la matière qui se transformait en sucre réducteur par l'action des acides, et quelle était la nature du sucre réducteur ainsi produit ?

Une certaine quantité de jus de topinambour fut déféquée,

puis évaporée en consistance de sirop épais et repris par l'alcool. Une grande partie du sirop ayant refusé de se dissoudre, la matière fut reprise par l'eau, décolorée par le charbon animal ; la dissolution fut évaporée de nouveau en consistance de sirop et traitée de nouveau par l'alcool à 90 degrés. Cette fois l'alcool laissa une matière blanchâtre et semi-fluide qui se rassemblait au fond de la capsule. Cette matière, redissoute dans l'eau distillée et précipitée par l'alcool, put enfin être desséchée à l'air libre et pulvérisée.

Par ses caractères physiques, elle ressemble beaucoup à la dextrine. Elle est amorphe, soluble en toute proportion dans l'eau, d'une saveur douceâtre, mais non sucrée. Elle se distingue nettement de la dextrine par ses caractères chimiques. En effet, tandis que cette dernière réduit énergiquement la liqueur cupro-potassique, la nouvelle matière est sans action sur ce réactif. La fait-on bouillir quelques instants avec une petite quantité d'acide chlorhydrique, elle acquiert immédiatement un pouvoir réducteur très-intense. Il n'y avait donc plus aucun doute à conserver : c'est bien à la présence de ce corps nouveau que nous devions les effets observés sur le jus de topinambour au moyen du réactif cupro-potassique. Il restait à examiner s'il pouvait rendre compte des résultats fournis par le polarimètre.

Une dissolution aqueuse de la nouvelle matière n'exerce aucune action sur la lumière polarisée, ce qui la distingue encore de la dextrine qui dévie à droite, comme son nom le rappelle. Mais si on soumet la dissolution à l'inversion par l'acide chlorhydrique, elle exerce une action des plus intenses vers la gauche. Nous en avons mesuré avec soin l'intensité. Voici les résultats de l'expérience :

On a fait dissoudre 2 gr. de la substance séchée à l'air libre dans 50 centimètres cubes d'eau ; on a ajouté 5 centimètres cubes d'acide chlorhydrique, et on a fait bouillir. Le liquide, refroidi et ramené exactement au volume de 55 centimètres cubes, a été examiné au saccharimètre de M. Dubosq dans le tube à inversion dont la longueur est de 22 centimètres. On a trouvé les chiffres suivants :

Notation gauche 27°,5, température 25 degrés. La matière,

soumise à une dessiccation prolongée à 100 degrés, a perdu 13 pour 100 d'eau. Les 2 gr. employés ne renfermaient donc, en réalité, que 1 gr. 14 de matière sèche.

La solution examinée contenait donc pour 100 centimètres cubes 3 gr. 48 de matière. Nous ne parlons pas de l'augmentation de volume produite par l'acide, puisque l'observation a été faite dans un tube de 22 centimètres, au lieu de 20 centimètres, longueur du tube ordinaire. Si on calcule au moyen de ces données le pouvoir rotatoire du sucre produit par l'action de l'acide chlorhydrique sur la nouvelle matière, on le trouve égal à — 96.05 (1). Le pouvoir rotatoire de la lévulose est égal à — 106 à 15°, et il s'abaisse de 0° 7 par chaque degré d'élévation de la température; à 25 degrés il serait donc égal à — 99. La différence entre le pouvoir rotatoire trouvé et celui de la lévulose étant très-faible, nous serions déjà fondés à conclure qu'il y a identité entre les deux matières auxquelles ils se rapportent; mais faisons encore un pas, et nous allons arriver à l'identité presque absolue.

Dans la crainte que la matière examinée, malgré les diverses précipitations par l'alcool qu'elle avait subies, ne retînt encore quelques traces de matière étrangère, nous avons voulu nous rendre compte de la quantité exacte de sucre réducteur que renfermait la dissolution examinée au saccharimètre, et pour cela nous en avons fait l'analyse par la liqueur cupro-potassique.

---

(1) Ce résultat s'obtient au moyen de la formule suivante :

$$D = \frac{n \times 0{,}121555}{p},$$

dans laquelle D est le pouvoir rotatoire cherché, n le nombre de divisions observé au saccharimètre, et p le poids de matière contenu dans 1^{cc} de la dissolution. Dans l'analyse dont nous parlons on a :

$$D = \frac{- 27,5 \times 0{,}121555}{0{,}0348} = - 96{,}05.$$

Pour la génération de cette formule, voir *Études et expériences sur le sorgho sucré*, par M. H. Joulie, p. 191 et suivantes.

Nous sommes ainsi parvenus au chiffre de 3 gr. 3341 pour 100 centimètres cubes, nombre un peu plus faible que celui que nous avions déduit du poids de la matière employée. Il en résulte que 1 centimètre cube du liquide examiné ne contenait, en réalité, que 0 gr. 033341 de sucre réducteur ($C_{12} H_{12} O_{12}$). Si on emploie ce nombre pour calculer le pouvoir rotatoire de ce sucre, on arrive au chiffre — 100°.25 (1), qui ne diffère plus que de 1°. 25 du pouvoir rotatoire de la lévulose à la même température. Cette différence ne dépassant pas la limite des erreurs auxquelles on est exposé dans ce genre de déterminations, nous nous croyons fondés à conclure que la matière que nous avons extraite du topinambour se transforme intégralement en lévulose par l'action des acides.

On a déjà signalé dans cette même plante une matière de nature amylacée qui avait été d'abord extraite de la racine d'aunée et qui, pour cette raison, a reçu et conservé le nom d'inuline. Cette substance diffère essentiellement de celle dont nous venons de démontrer l'existence par son insolubilité dans l'eau froide et dans l'alcool aqueux. Mais elle s'en rapproche par la remarquable propriété qu'elle possède, et dont on doit la connaissance à M. Bouchardat, de se transformer intégralement en lévulose.

Nous n'avons pas encore pu déterminer la composition élémentaire du produit nouveau que nous venons d'étudier, mais nous nous sommes assurés qu'il ne renfermait pas d'azote. Tout nous porte donc à croire qu'il se rattache à la formule générale des hydrates de carbone $C_{12} (HO)^n$ et, dans cette hypothèse, nous serions disposés à penser qu'il est, par rapport à l'inuline, ce que la dextrine est à l'amidon.

L'existence de cette sorte d'inuline soluble jettera certainement quelque lumière sur la théorie chimique des hydrates de carbone et soulève des questions d'un ordre élevé que nous nous

---

(1) Voici les éléments de ce résultat :

$$D = \frac{-27,50 \times 0,121555}{0,033341} = -100,25.$$

proposons de traiter avec tout le soin qu'elles exigent dans le mémoire que nous préparons. En attendant, contentons-nous de signaler une application pratique qui nous paraît devoir se déduire immédiatement de notre découverte : c'est l'avantage qu'il y aurait à chauffer les pulpes de topinambour avec quelques centièmes d'acide sulfurique avant de les soumettre à la fermentation, lorsqu'on se propose d'en extraire de l'alcool. On aurait ainsi la certitude de transformer la totalité de l'inuline et de la nouvelle substance en sucre fermentescible.

Nous ne voulons pas terminer cette note sans signaler le rapport qui existe probablement entre les faits que nous venons d'exposer et ceux qui ont été récemment observés par M. Joseph Boussingault. Ce chimiste a constaté, en effet, que dans les prunes et dans les cerises la quantité d'alcool que produit la fermentation est toujours inférieure à celle que devrait produire la quantité de sucre réducteur que l'on peut doser par la liqueur cupro-potassique après avoir fait bouillir le jus avec un acide. Il y a donc dans ces fruits, comme dans le tubercule du topinambour, des matières non réductrices qui se transforment en sucres réducteurs par l'action des acides, et qui ne sont pas du sucre de canne, puisqu'elles ne subissent pas la fermentation. Il ne serait pas sans intérêt d'isoler ces matières et de déterminer la nature des sucres dans lesquels elles peuvent se transformer.

Un point doit surtout appeler notre attention : c'est l'action des ferments, surtout celle de la levûre de bière, sur la matière du topinambour, à laquelle nous donnerons le nom de *lévuline*. Le ferment la transforme-t-il en lévulose ? La quantité considérable d'alcool qu'on retire du jus de topinambour fermenté tendrait à le faire supposer; cependant, avant de rien conclure, il est prudent de s'en enquérir ; il ne serait pas impossible qu'une fermentation acide ne précédât, dans le jus, la fermentation alcoolique. La question doit donc être réservée. Tout nous porte à penser cependant qu'on se trouvera bien de chauffer la pulpe additionnée de 1 à 2 pour 100 d'acide sulfurique, avant de faire fermenter le jus.

H. JOULIE.

II

Nous n'avons rien à changer aux termes de cette note, qui remonte à 1866 (*Moniteur scientifique* du 15 septembre 1866, page 836). Mais nous pouvons la compléter sur plusieurs points, notamment par l'indication des conditions qui assurent le cours régulier de la fermentation alcoolique de la lévuline.

Il existe dans les tubercules de topinambour quatre à cinq matières saccharigènes différentes, au lieu d'une seule, comme nous l'avions supposé en 1866.

Nous avons réussi à en isoler trois dont la prédominance dans les tubercules de topinambour correspond aux trois phases principales de leur formation, — le début, le milieu et le terme.

Des faits analogues ont été observés par M. Commailles sur les melons et les pastèques aux diverses périodes de leur maturation (1).

Nous disons donc qu'il existe au moins trois variétés de lévuline. Nous les désignerons désormais par les trois initiales A, B, C.

A. Qui a fait l'objet de notre première note, provenait de tubercules de topinambour récoltés aux mois de février et de mars, par conséquent parvenus au terme de leur développement.

A cet état la lévuline est caractérisée par quatre propriétés fondamentales :

1º Elle est soluble en toute proportion dans l'eau, et insoluble dans l'alcool absolu ;

2º Elle est neutre à la liqueur de Bareswill ;

3º Elle est sans action sur la lumière polarisée ;

4º Elle produit par inversion une glucose lévogyre dont le pouvoir rotatoire est égal à — 99º.

---

(1) *Moniteur scientifique* du docteur Quesneville, 1869, p. 245.

Lorsque la lévuline provient de tubercules récoltés au mois de février, avant leur 'pleine maturité, elle est sans action sur la lumière polarisée, mais elle produit par inversion une glucose lévogyre dont le pouvoir rotatoire est égal à — 56º.

C'est la variété B.

Si on extrait la lévuline des tubercules de topinambour aux mois de septembre ou d'octobre, on obtient la variété C. Peu soluble dans l'eau froide, cette variété dévie la lumière polarisée à gauche de 26º, et fournit par son inversion une glucose lévogyre dont le pouvoir rotatoire égale — 99º, comme celui de la variété A.

Ces variations dans l'état moléculaire de la lévuline, n'ont rien qui doive nous surprendre. L'inuline en offre de semblables ; cette substance est caractérisée par sa grande solubilité dans l'eau bouillante et son insolubilité dans l'eau froide. Or, M. Bouchardat rapporte qu'ayant abandonné du jus de dahlia au contact de l'air, ce jus laissa déposer une quantité considérable d'inuline. L'un de nous a fait la même observation sur le jus de topinambour. Un jus qui était limpide a été trouvé trouble le lendemain, comme si on y avait délayé de la fécule. C'était de l'inuline précipitée spontanément, par suite de son passage de l'état soluble et visqueux à l'état insoluble et granuleux.

Pénétrons plus avant dans l'étude chimique de la lévuline.

Tout ce qui va suivre se rapporte à la variété B.

Soumise à une température de 100º, la lévuline perd de 10 à 12 % de son poids d'eau, mais elle se colore ; exposée à 120º, elle devient tout à fait brune. Voici, d'une manière plus précise, la quantité d'eau qu'elle laisse dégager entre 50º et 120º :

	N° 1.	N° 2.
A 50º..............	2,1 p. 100	1,6
80º.............	7,3	9,1
100º.............	12,6	9,6
120º (très-colorée).	16,0	12,0

Le meilleur procédé pour obtenir la lévuline B consiste à précipiter le jus trouble de tubercules de topinambour par un excès de sous-acétate de plomb; il se forme un dépôt abondant d'oxide de plomb en combinaison avec l'albumine et les produits pectiques du jus. On filtre à travers une chausse de feutre, et on se débarrasse de l'excès de plomb resté dans le liquide par un courant d'hydrogène sulfuré. On filtre de nouveau pour séparer le sulfure de plomb qui s'est formé, et on neutralise l'acide acétique libre qu'il contient par suite de la réduction de l'acétate de plomb à l'aide d'une addition de carbonate de chaux. On évapore alors le liquide jusqu'à consistance de sirop épais, puis on le laisse refroidir, et on le lave à deux ou trois reprises avec son volume d'alcool à 90°. La matière qui reste est dissoute dans deux fois son volume d'eau distillée, et versée par petites portions dans un grand excès d'alcool absolu ; on agite la masse dans le liquide, et on l'y laisse séjourner pendant un jour ou deux; la lévuline est alors parfaitement blanche. On la recueille sur une toile ou sur un filtre de papier, et on la dessèche rapidement au bain-marie; elle retient de 10 à 12 pour 100 d'eau. Elle est inaltérable à l'air, mais elle attire l'humidité.

À cet état, la lévuline possède une saveur fade et peu sucrée, qui rappelle celle des tubercules de topinambour. Sans action à froid sur la liqueur de Bareswill, elle détermine, par une ébullition prolongée, la réduction d'une petite quantité d'oxide de cuivre.

L'alcool faible la dissout : l'alcool absolu ne la dissout pas. À froid, l'acide sulfurique concentré, sans action apparente d'abord, la noircit au bout de quelques minutes. Les acides minéraux étendus de beaucoup d'eau la convertissent, à l'ébullition, en glucose lévogyre; l'acide nitrique l'attaque avec une grande vivacité; il se dégage des vapeurs rutilantes, et il se forme de l'acide oxalique.

L'acétate neutre de plomb, le sous-acétate de plomb et le sulfate de cuivre ne la précipitent pas de sa dissolution dans l'eau. Elle réduit le nitrate mercureux à froid, le nitrate d'argent à chaud. Enfin la lévuline est susceptible d'éprouver la fermentation alcoolique, et comme le topinambour doit à cette propriété toute son importance industrielle, nous allons étudier en détail les conditions qui favorisent la fermentation de la lévuline et permettent d'éviter la formation des acides acétique et butyrique, toujours si préjudiciables au résultat financier de l'opération.

La lévuline se transforme-t-elle en alcool sans passer au préalable à l'état de glucose ? — Non, elle revêt d'abord ce dernier état, mais la quantité de glucose formée n'est jamais qu'une fraction assez faible du poids de la lévuline en dissolution; la conversion de la lévuline en glucose suit de très-près le dédoublement du glucose en alcool et acide carbonique.

Lorsque la fermentation approche de son terme, le liquide ne contient plus de glucose à l'état de liberté : il est détruit au fur et à mesure qu'il se produit.

Preuve : le 2 avril 1867, on a fait dissoudre dans 1 litre d'eau distillée 70 gr. de lévuline incomplètement purifiée; on décolore la dissolution par l'acétate de plomb, et on l'examine au saccharimètre de Soleil; on trouve après correction, pour l'addition du sel de plomb :

$$\left. \begin{array}{l} \text{Notation directe} + \ 7^\circ \ \ 7 \\ \text{Notation inverse} - 28^\circ \ \ 6 \end{array} \right\} \text{Température } 15^\circ$$

On délaye dans le liquide 10 gr. de levûre de bière; on le maintient entre 16° et 25°, et on l'examine chaque jour au polarimètre :

$$3 \text{ AVRIL.} \left. \begin{array}{l} \text{Notation directe} - \ \ 3^\circ \ \ 3 \\ \text{— \ \ Notation inverse} - 15^\circ 95 \end{array} \right\} \text{Température } 15^\circ$$

$$4 \text{ AVRIL.} \left. \begin{array}{l} \text{Notation directe} - \ \ 2^\circ \ \ 2 \\ \text{— \ \ Notation inverse} - 12^\circ \ \ 1 \end{array} \right\} \text{Température } 20^\circ$$

$$5 \text{ AVRIL.} \left. \begin{array}{l} \text{Notation directe} - \ \ 2^\circ \ \ 2 \\ \text{— \ \ Notation inverse} - 12^\circ \ \ 1 \end{array} \right\} \text{Température } 20^\circ$$

$$6 \text{ AVRIL.} \left. \begin{array}{l} \text{Notation directe} - \ \ 2^\circ \ \ 2 \\ \text{— \ \ Notation inverse} - \ \ 7^\circ \ \ 7 \end{array} \right\} \text{Température } 15^\circ$$

$$7 \text{ AVRIL.} \left. \begin{array}{l} \text{Notation directe} \ \ \ \ 0^\circ \ \ 0 \\ \text{— \ \ Notation inverse} \ \ \ \ 2^\circ \ \ 2 \end{array} \right\} \text{Température } 15^\circ$$

On le voit, lorsque la proportion de lévuline devient très-faible, la formation du glucose précède à peine le dédoublement produit sur lui par le ferment.

Notre attention s'est surtout portée sur les conditions qui assurent la régularité de la fermentation et sur la détermination exacte de la quantité d'alcool produite par la lévuline.

En vue de cette étude, on a préparé le plus rapidement possible du jus de topinambour ; essayé à la liqueur de Bareswill, il s'est montré neutre, preuve qu'il ne contenait pas de glucose.

Après son inversion, il a donné :

10^{cc} Liqueur Bareswill $= 4^{cc} 9$ liqueur sucrée à 1 p. 100.

10^{cc} —   — $= 3^{cc} 5$ de jus interverti étendu de 10 fois son volume d'eau.

$$\frac{4,9 \times 10}{3,5} = 14 \text{ p. } 100 \text{ de lévuline.}$$

A laquelle nous supposerons, par hypothèse, la composition du sucre de canne $C^{12} H^{11} O^{11}$.

Un autre jus préparé de la même manière, et qui a servi aux mêmes essais, a accusé 14.412 de lévuline.

Parlons d'abord de la quantité de levûre qu'il convient d'employer, et n'ayons égard pour commencer qu'à la durée de la fermentation, en fixant cependant par quelques chiffres la quantité de lévuline qui disparaît.

Influence de la dose de levûre sur la fermentation de la lévuline.

	VOLUME du jus.	LEVURE EMPLOYÉE		DURÉE de la fermentation.	Lévuline dans le jus.	Lévuline retrouvée.
		humide.	sèche.			
1.	500^{cc}	1^{gr} »	$0^{gr} 245$	7 jours.	70^{gr}	$11^{gr} 15$
2.	500	2 »	0 490	6 jours.	70	8 »
3.	500	2 »	0 490	12 jours.	72	6 62
4.	300	5 »	1 225	6 jours.	42	» »

La dose de levûre la plus convenable est donc de 1.6 à 2 p. 100 du poids du jus. Au-dessous de cette quantité, la fermentation se ralentit, et elle se complique de la formation de produits acides (acides acétique et butyrique). Dans ce cas spécial, il y a doublement perte de lévuline : une partie ne fermente pas, et une autre se change en acide acétique ou butyrique, ce qui réduit d'autant le rendement de l'alcool.

En voulez-vous la preuve? Comparez les mêmes fermentations sous le rapport de l'alcool produit ; les trois premières, où la dose de levûre était trop faible, accusent une perte considérable, tandis que la dernière accuse un excédant fort appréciable.

| | VOLUME du jus. | LEVURE EMPLOYÉE | | LÉVULINE ayant fermenté. | ALCOOL produit | ALCOOL manquant ou en excès. |
		humide.	desséchée.			
1.	500cc	1gr »	0gr 245	58gr 85	24gr 61	— 5g 45
2.	500	2 »	0 490	62 00	25 80	— 5 88
3.	500	2 »	0 490	65 44	25 »	— 8 43
4.	300	5 »	1 225	42 »	23 81	+ 1 35

Point non moins essentiel à observer que la dose de levûre : si on ajoute au jus 1 pour 100 d'acide sulfurique, et qu'on fasse bouillir quelques instants, la fermentation s'opère plus lentement ; cependant cette addition a un avantage : elle empêche la formation des acides acétique et butyrique.

Comparons d'abord les résultats, sous le rapport du ralentissement de la fermentation :

	VOLUME du jus.	LEVURE EMPLOYÉE		Lévuline dans le jus.	Lévuline retrouvée.	DURÉE de la fermentation.
		humide.	desséchée.			
Jus naturel, 1..	500cc	1gr »	0gr 245	70gr »	11gr 15	7 jours.
Jus acide, 1 *bis*.	500	2 »	0 490	70 »	42 »	9 jours
Jus naturel, 2..	500	2 »	0 490	72 06	6 62	12 jours.
Jus acide, 2 *bis*.	500	2 »	0 490	72 06	55 65	16 jours
Jus naturel, 4..	300	5 »	1 225	42 »	» »	6 jours.
Jus acide, 4 *bis*.	300	5 »	1 225	42 »	10 »	9 jours.

Il n'y a pas à le nier, la fermentation marche plus lentement. Montrons que cette addition empêche de plus la formation de l'acide acétique et de l'acide butyrique, et que sous son influence, la fermentation conserve dans toute son intégrité son caractère alcoolique.

	VOLUME du jus.	LEVURE EMPLOYÉE		LÉVULINE ayant fermenté.	ALCOOL produit.	ALCOOL	
		hu-mide.	sèche.			man-quant.	en excès.
Jus naturel, 1..	500cc	1g »	gr. 0 245	gr. 58 85	gr. 24 61	gr. 5 45	»g »
Jus acide, 1 *bis*.	500	2 »	0 490	27 75	14 29	» »	0 11
Jus naturel, 2..	500	2 »	0 490	65 44	25 »	8 43	» »
Jus acide, 2 *bis*.	500	2 »	0 490	14 35	7 93	0 44	» »
Jus naturel, 3..	300	5 »	1 225	42 »	23 82	» »	1 35
Jus acide, 3 *bis*.	300	5 »	1 225	31 70	16 86	» »	0 92

Dans tout ce qui précède, nous avons donné à la lévuline la formule $C^{12} H^{11} O^{11}$, mais si l'on considère la quantité d'alcool obtenue, cette quantité étant toujours supérieure à celle qu'aurait fournie le même poids de sucre, il semble préférable de lui attribuer la formule de la matière amylacée $C^{12} H^{10} O^{10}$, avec laquelle la lévuline a aussi de nombreuses analogies.

Insistons sur ce point. L'une des propriétés les plus remarquables des sucres, c'est celle de se dédoubler, au contact de la levûre de bière, en alcool et en acide carbonique.

100 de sucre de canne produisent, d'après M. Pasteur, 51.11 d'alcool absolu. D'où il résulte qu'on peut toujours remonter de la quantité d'alcool produite à celle du sucre, son générateur.

Mais pour que cette indication soit exacte, il faut qu'aucun trouble ne se produise pendant le cours de la fermentation, qu'aucun produit acide ne vienne compliquer l'équation qui exprime le dédoublement alcoolique du sucre. Une autre condition non moins importante, c'est d'éviter les pertes d'alcool qui naissent du dégagement de l'acide carbonique; on y parvient en forçant cet acide à passer dans un flacon laveur qui retient l'alcool. Quant à la régularité de la fermentation, on l'obtient en employant une dose suffisante de levûre, et en maintenant à 20 ou 25° la température du jus. Si toutes ces précautions sont observées, 100 parties en poids de sucre de canne, $C^{12} H^{11} O^{11}$, produisent 51.11 d'alcool absolu.

A ce compte, si la lévuline a la même formule que le sucre de canne $C^{12} H^{11} O^{11}$, elle doit produire la même quantité d'alcool. Mais si sa formule est celle de la matière amylacée $C^{12} H^{10} O^{10}$, 100 de lévuline doivent produire 53.80 d'alcool.

Appelons-en au témoignage de l'expérience, et pour le rendre plus certain, opérons une première fois avec le sucre de canne pour vérifier l'exactitude de la méthode.

Alcool produit par la fermentation du sucre.

VOLUME du liquide.	LEVURE EMPLOYÉE		SUCRE de canne employé.	ALCOOL		ALCOOL	
	humide.	desséchée.		correspondant au sucre.	obtenu.	en excès.	manquant.
300cc	10gr »	1gr 85	42gr »	21gr 47	21gr 83	0gr 36	»gr »

La fermentation s'est effectuée avec une grande régularité, entre 23° et 26°.

Passons à la fermentation de la lévuline. On a opéré dans deux conditions différentes : 1° sur des dissolutions de lévuline; 2° sur du jus de topinambour, neutre à la liqueur de Bareswill, dont on dosait la lévuline après l'avoir intervertie, en lui attribuant la formule du sucre de canne $C^{12} H^{11} O^{11}$. Or, dans ces deux conditions, la quantité d'alcool obtenue a toujours dépassé celle que le sucre aurait produite.

FERMENTATION DE LA LÉVULINE.

	LÉVULINE EMPLOYÉE.	LÉVULINE RETROUVÉE.	LÉVULINE AYANT FERMENTÉ.
	gr.	gr.	gr.
1......	42.00	5.60	36.40
2......	42.00	6.92	35.08

Suite de l'expérience :

	LÉVULINE EMPLOYÉE.	ALCOOL OBTENU.
	gr.	gr.
1..........	36.40	18.86
2..........	35.08	17.86

Dans les mêmes conditions, le sucre de canne aurait produit :

	SUCRE EMPLOYÉ.	ALCOOL OBTENU.
	gr.	gr.
1..........	36.40	18.60
2..........	35.08	17.92

C'est-à-dire sensiblement la même quantité que celle obtenue avec la lévuline.

Si l'on s'en tenait à ces indications, l'expérience conclurait contre nous en faveur de la formule $C^{12}\,H^{11}\,O^{11}$; mais il faut remarquer que la lévuline employée n'était pas complètement sèche. Retenu par la crainte de l'altérer, on s'était borné à la dessécher dans le vide sur l'acide sulfurique ; mais à cet état elle perdait encore 5 p. 100 d'eau à la température de 80°. Si on rectifie les chiffres précédents d'après ces données, alors le résultat de l'expérience change complètement.

	LÉVULINE EMPLOYÉE.	ALCOOL OBTENU.	ALCOOL CORRESPONDANT AU SUCRE.
	gr.	gr.	gr.
1......	34.30	18.86	17.63
2......	32.98	17.86	16.85

Nous avons tenu à rapporter en détail tous les éléments de cette expérience. Nous reconnaissons volontiers qu'on ne saurait accepter sans réserve les données numériques qui la résument, à cause de l'incertitude qui plane sur le véritable état de dessiccation de la matière. Aussi ne la présentons-nous qu'à titre de première indication que nous allons raffermir et compléter par d'autres expériences sur la fermentation du jus de topinambour. Ici tout est simple : le jus était neutre à la liqueur de Bareswill ; on dosait la lévuline après l'avoir intervertie et changée en glucose, ce qui permettait d'en fixer la quantité à un demi-centième près. Or, dans ces conditions nouvelles, le poids d'alcool obtenu a toujours dépassé celui qu'exige la formule $C^{12}\,H^{11}\,O^{11}$.

Alcool produit par la fermentation de la lévuline.

	VOLUME du jus.	LEVURE EMPLOYÉE		Lévuline employée.	ALCOOL correspondant à la formule		ALCOOL obtenu.
		humide.	desséchée.		$C^{12} H^{11} O^{11}$.	$C^{12} H^{10} O^{10}$.	
1.	300cc	5gr »	1gr 225	42gr »	21gr 47	22gr 59	23gr 81

On avait effectué cette fermentation à 25o. Deux autres opérées entre 15 et 18o, qui ont marché avec une grande régularité, ont donné :

	VOLUME du jus.	LEVURE humide.	desséchée.	Lévuline employée.	$C^{12} H^{11} O^{11}$.	$C^{12} H^{10} O^{10}$.	ALCOOL obtenu.
A	300cc	5gr	» 1gr 225	43gr 2	22gr 08	23gr 24	23gr 82
B	300 (1)	5	» 1 225	43 2	21 82	23 24	22 86

Vous le voyez, la quantité d'alcool produite par la fermentation de la lévuline est plus favorable à la formule $C^{12} H^{10} O^{10}$ qu'à la formule $C^{12} H^{11} O^{11}$.

Il n'est pas besoin d'ajouter que nous n'entendons pas fixer en ce moment la formule de la lévuline, mais indiquer avec le plus d'exactitude possible son rendement en alcool par la fermentation. La discussion des formules viendra lorsque nous aurons réussi à isoler deux autres variétés de lévuline dont nous suivons les traces, et qu'ayant complété la série des produits saccharigènes contenus dans les tubercules de topinambour, nous pourrons tenter la théorie de leur mode de génération.

A titre de renseignement pratique essentiel, nous rappelons que lorsqu'on emploie une quantité suffisante de levûre, on peut se

---

(1) La liqueur contenait des traces de sucre.

dispenser d'ajouter de l'acide sulfurique au jus de topinambour, mais que cette addition a de réels avantages dans la pratique, si la dose de levûre était trop faible, parce qu'elle prévient la formation des produits acides. N'oublions pas cependant que cet avantage est acquis au prix d'un ralentissement dans la durée de la fermentation. N'oublions pas non plus que tout ce qui précède se rapporte à la lévuline B. Nous n'avons pas étudié la fermentation de la variété C, qui se forme la première et qui se rapproche davantage de l'inuline par ses propriétés.

Nous l'avons dit dès 1866, la lévuline a sa place marquée à côté de la dextrine ; elle dérive de l'inuline comme cette dernière de la matière amylacée. Voyez plutôt :

SÉRIE DE LA MATIÈRE AMYLACÉE.

FÉCULE. Insoluble dans l'eau froide.

Neutre à la lumière polarisée.

SÉRIE DE L'INULINE.

INULINE. Insoluble dans l'eau froide.

Dévie à gauche la lumière polarisée de 25°.

PRODUITS DÉRIVÉS :

DEXTRINE. Soluble dans l'eau.

Dévie la lumière polarisée à droite de 138° 68.

LÉVULINE. Soluble dans l'eau.

Trois variétés : A, B, C. A, B, neutres à la lumière polarisée ; C, dévie la lumière polarisée à gauche de 26°.

GLUCOSE. Dévie la lumière polarisée à droite de 56°.

GLUCOSE. Deux variétés : g, p, lévogyres tous deux. g, pouvoir rotatoire — 99° ; p, pouvoir rotatoire — 56°.

Nous avons exposé, dans le premier Entretien de 1867, comment tous les hydrates de carbone, glucoses, sucre de canne, matières amylacées, naissent de la réduction de l'acide carbonique au sein des végétaux ; à ces notions nous pouvons ajouter aujourd'hui que les produits de cette réduction remarquable entre toutes forment deux séries parallèles dont les termes dévient la lumière polarisée, tantôt à droite et tantôt à gauche, et conservent cette propriété, comme une empreinte ineffaçable, de leur première origine.

Terminons par quelques indications sur les caractères du glucose dérivé de la lévuline B et dont le pouvoir rotatoire égale — 56°.

La dissolution évaporée sur l'acide sulfurique dans le vide laisse une matière gommeuse, de couleur jaunâtre et sans aucune apparence cristalline. Ce glucose est très-déliquescent, soluble dans l'eau en toute proportion, également soluble dans l'alcool faible, mais insoluble dans l'alcool absolu. Il exerce une action réductive très-énergique sur la liqueur de Bareswill ; sans action sur le sulfate de cuivre à la température ordinaire, il en opère la réduction à l'ébullition.

L'acide sulfurique concentré ne l'altère pas d'abord, mais au bout de quelque temps il le change en une matière noire. A chaud, cette réaction est immédiate ; à froid, une dissolution de potasse caustique le colore à peine ; à chaud, la coloration est immédiate aussi.

A froid, il détermine dans une dissolution de nitrate mercureux la formation d'un précipité blanc sans indice de réduction ; sur le nitrate d'argent, même réaction. A chaud, il se forme un dépôt d'argent métallique ; le bichlorure de mercure est changé en calomel. Avec l'acide nitrique il se transforme en acide oxalique.

Il ne contracte pas de combinaison avec le chlorure de sodium ; le sous-acétate de plomb additionné d'ammoniaque forme un précipité blanc ; ce précipité est volumineux, amorphe, à peu près insoluble dans l'eau, il se dissout dans un excès d'acétate de plomb ou de glucose.

Enfin l'eau de baryte le précipite, si on ajoute à la liqueur un excès d'alcool ; mais le précipité le redissout, si on étend la première liqueur de beaucoup d'eau.

DU DOSAGE DES SUCRES.

Je traiterai dans ce chapitre du dosage des sucres par la méthode chimique dont j'ai indiqué les principes fondamentaux dans le troisième Entretien. Je bornerai cette étude à ce seul procédé, parce qu'il est le plus expéditif, le plus facile, et lorsqu'il est bien appliqué, le plus exact.

On se souvient que cette méthode repose essentiellement sur ces trois faits :

Le sucre de canne est sans action sur la solution spéciale de cuivre, connue sous le nom de liqueur de Bareswill.

Tous les glucoses réduisent au contraire cette dissolution et en précipitent le cuivre à l'état d'oxydule ($Cu^2 O$).

Le sucre de canne, qui est sans action sur la solution de cuivre à la température de l'ébullition, fixe de l'eau sous l'action de la chaleur et des acides minéraux (chlorhydrique, sulfurique), et se transforme par part égale en deux sucres nouveaux : le *glucose* et la *lévulose*, mélange qui a reçu le nom de sucre *interverti*.

Si l'on adopte pour le sucre de canne la formule $C^{12} H^{11} O^{11}$, celle des glucoses sera $C^{12} H^{12} O^{12}$.

Si l'on prend les équivalents $H = 1$, $O = 8$, $C = 6$,

L'équivalent du sucre de canne $C^{12} H^{11} O^{11} = 171$,

Et celui des glucoses $C^{12} H^{12} O^{12} = 180$.

Par conséquent 171 grammes de sucre de canne produisent 180 grammes de glucose, ou 19 grammes de sucre de canne, 20 de glucose.

Il résulte de la fixité de ces rapports qu'au moyen de la li-

queur cuivrique, on peut doser avec une facilité égale les glu
coses et le sucre de canne : les glucoses immédiatement, et le
sucre de canne après l'avoir au préalable interverti.

Comment procède-t-on à ces deux dosages ? Ce chapitre a
pour destination de vous l'apprendre, et comme il n'est pas destiné aux savants, je ne craindrai pas de multiplier les explications, et d'entrer dans les détails les plus circonstanciés, toutes
les fois que je le croirai utile. Je me suis donné à tâche de répandre dans le monde agricole l'usage des méthodes exactes de
la science, et aucune peine ne me coûtera pour atteindre ce but.

Commençons par indiquer le petit matériel et les divers réac-
tifs que le dosage du sucre exige.

MATÉRIEL.

1º Une petite lampe à esprit de vin (nº 1).

2º Une pipette de Mohr (nº 2) : c'est un tube vertical, divisé
en centimètres cubes et en dixièmes de centimètre cube, dont
une extrémité est ouverte et l'autre terminée en pointe effilée.

Entre la pointe terminale et le corps du tube divisé, on adapte
un tube de caoutchouc munie d'une pince à ressort.

Cette pince fait l'office de robinet. Exerce-t-on une pression graduée sur les branches de la pince ? le liquide s'écoule
par jet ou par simples gouttes, au gré de l'opérateur. On peut
donc à son aide graduer avec la plus exquise délicatesse l'écoul-
lement du liquide intérieur.

3º Support muni d'un bras articulé pour tenir la pipette suivant
la verticale (nº 3).

4º Trois ou quatre petits ballons de 100 centimètres cubes
de capacité, pour l'essai des sucres (nº 4).

5º Ballons jaugés, deux de 100 centimètres cubes de capacité
et deux de 200 centimètres cubes pour l'exacte mesure des liquides (nº 5).

6º Un ballon de cristal jaugé de 1 litre de capacité (nº 6).

7º Deux carafes de cristal de 1/2 litre, bouchées avec un bouchon de liége qui est traversé par une pipette jaugée de 10 centimètres cubes destinée à mesurer la liqueur de cuivre (nº 7).

8º Deux petites pinces de bois, pour tenir les ballons d'essai lorsqu'on les chauffe à la lampe (nº 8).

Un flacon de un demi-litre dont le bouchon est traversé par

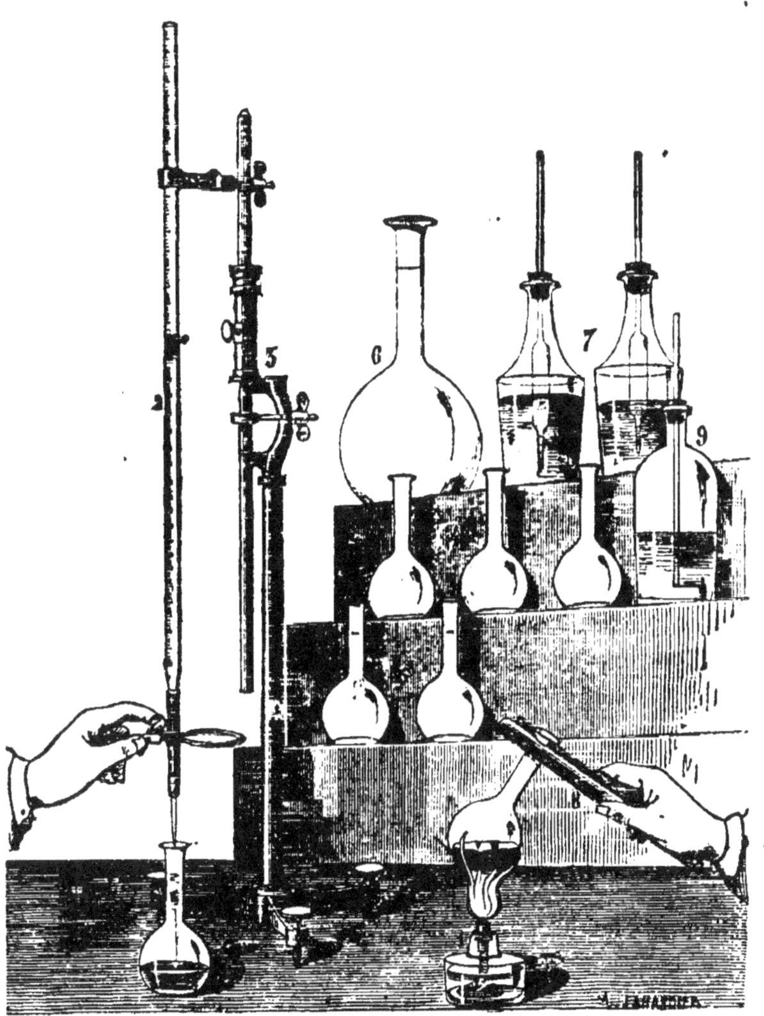

un tube effilé pour l'acide destiné à faire l'inversion du sucre de canne (nº 9).

Le dessin d'ensemble ci-dessus représente tous les organes de ce petit matériel.

RÉACTIFS.

1º *Acide sulfurique pour l'inversion.* — Pour le préparer, ou fait tomber par petit filet 100 grammes d'acide sulfurique dans un verre à précipité contenant 200 grammes d'eau distillée. Le mélange s'échauffe beaucoup. Lorsqu'il est froid, on le verse dans un flacon dont le bouchon est traversé par un tube de verre effilé, comme nous l'avons indiqué pour le flacon nº 9.

2º *Liqueur normale de sucre à 1/2 pour 100.* — On fait dissoudre 1 gramme de sucre candi pur et sec dans 50 cent. cubes d'eau distillée à laquelle on ajoute 2 cent. cubes environ de l'acide sulfurique précédent pour opérer l'inversion, on fait bouillir pendant un quart-d'heure. Cette opération doit être faite dans un petit ballon jaugé de 200^{cc} de capacité. Lorsque le liquide est refroidi, on ajoute de l'eau distillée pour compléter les 200 ^{cc}, on bouche avec le pouce et on retourne plusieurs fois le ballon, pour que la dissolution soit bien uniforme dans toutes ses parties.

Cette liqueur contient donc 1/2 pour 100 de sucre de canne à l'état de sucre interverti.

3º *Liqueur cuivrique pour le dosage proprement dit.*

Il faut donner à la préparation de cette liqueur une attention particulière. Pour l'obtenir, on prépare une première solution avec :

> 36 gr. 46 de sulfate de cuivre dans
> 140^{cc} d'eau distillée.

D'autre part :

> 200 gr. de tartrate neutre de potasse et de soude dans
> 600^{cc} de lessive de soude caustique à 22º (B).

On verse la deuxième solution dans une carafe graduée de 1 litre de capacité; on ajoute ensuite par petites parties la première solution ; enfin on complète le volume de 1 litre par une dernière addition d'eau distillée dont on s'est servi au préalable pour rincer les vases qui avaient contenu les deux dissolutions de sulfate de cuivre et de tartrate double de potasse et de soude.

Si le sulfate de cuivre était bien pur, 10cé de cette liqueur exigeraient pour être réduits 0,050 de sucre de canne qui correspondent, on le sait, à 0 gr. 0526 de glucose. Mais avant d'admettre ce titre comme exact, il faut le vérifier.

Comment procéder à cet essai ? Le voici :

On verse, à l'aide de la pipette graduée qui traverse le bouchon de la carafe no 7, 10cc de dissolution cuivrique dans un petit ballon de verre de Bohême de 100cc de capacité.

D'autre part on remplit la pipette de Mohr jusqu'à la division supérieure avec la solution normale de sucre à 1/2 p. 100.

Tout étant ainsi préparé, on porte rapidement à l'ébullition la liqueur cuivrique, et on y fait tomber goutte à goutte la solution normale de sucre. Après chaque effusion de liquide sucré, on fait bouillir en agitant le petit ballon ; la liqueur perd d'abord sa transparence, elle devient jaune, puis rouge, et enfin se décolore complètement. Lorsque ce moment approche après chaque addition nouvelle de liquide sucré, on place un instant le ballon sur une feuille de papier blanc, afin de saisir le moment précis où la liqueur est devenue absolument incolore. On ajoute alors une dernière goutte de liqueur sucrée pour s'assurer qu'il ne se forme pas de précipité. Ce résultat obtenu, l'essai est achevé. On lit alors sur l'échelle de la burette la quantité de liqueur employée. Supposons le nombre de divisions égal à 10cc, on dira :

$$10^{cc} : 0^{gr} 050 :: 100 : x = 0^{gr} 050.$$

Le titre de la liqueur, que nous appellerons désormais *liqueur normale cupro-potassique*, est donc exact. La formule que j'ai adoptée a été proposée par M. Violette, professeur de chimie à la Faculté de Lille (1). Je lui ai donné la préférence sur la liqueur de Fehling et de Mohr, parce qu'elle se conserve mieux.

---

(1) VIOLETTE, *Traité du dosage des sucres*, in-8°, p. 12.

Les dosages proprement dits n'étant que la répétition du premier essai, appliquons la méthode aux trois cas qui se présentent le plus ordinairement : analyse des sucres, dosage des sucres dans les tissus et les jus végétaux.

ESSAI DES SUCRES.

Pour être complète, l'analyse d'un sucre doit fournir trois indications :

La proportion des glucoses ;

La proportion du sucre de canne ;

Celle de l'eau et des matières étrangères.

On obtient ces trois indications à l'aide de deux essais consécutifs.

Par le premier on détermine la totalité des sucres, et par le second la proportion des glucoses ; la différence donne le sucre de canne.

DOSAGE DE LA TOTALITÉ DES SUCRES.

On pèse 2 grammes de sucre ; on les fait dissoudre dans 50^{cc} d'eau distillée environ, auxquels on ajoute 2 à 3 centimètres cubes d'acide pour l'inversion. On fait bouillir pendant un quart-d'heure sur une petite lampe à esprit de vin. On retire du feu. On laisse refroidir le liquide, et on le filtre au-dessus d'un deuxième ballon jaugé de 200^{cc} de capacité. On lave avec soin le premier ballon où s'est faite la dissolution, et on verse l'eau du lavage sur le filtre pour lui enlever les dernières traces de sucre. On ajoute enfin de l'eau distillée dans le deuxième ballon, jusqu'à ce que le sommet du ménisque formé par le liquide affleure la ligne de graduation.

On bouche alors l'ouverture du ballon avec le pouce de la main droite, et on le retourne plusieurs fois sur lui-même, afin de rendre la masse du liquide bien homogène.

La burette de Mohr étant soigneusement lavée avec de l'eau

distillée et séchée à l'aide d'un tube enveloppé de papier à filtrer qu'on fait glisser le long de ses parois intérieures, on la remplit de liquide sucré, et on procède à un nouvel essai de tout point conforme au premier.

Supposons que pour réduire 10cc de liqueur cupro-potassique, il ait fallu employer 12cc 8 de la dissolution sucrée, on dira :

$$10^{cc}\ 8 : 0^{gr}\ 050 :: 200^{cc} : x = 0^{gr}\ 9259.$$

Dans 1 gramme de l'échantillon, il y avait donc 0 gr. 9259 de sucre, soit 92,59 p. 100.

Reste à savoir s'il y avait du glucose et combien il y en avait. Le deuxième essai va nous l'apprendre.

DOSAGE DES GLUCOSES.

On prend un nouvel échantillon de sucre du poids de 10 grammes. On le fait dissoudre dans 50cc d'eau distillée environ. On filtre comme la première fois dans un ballon jaugé, et on porte par l'addition des eaux de lavage le volume du liquide à 100cc seulement. On retourne à plusieurs reprises le ballon pour mêler toutes les couches du liquide. La burette de Mohr ayant été lavée et séchée, on la remplit de dissolution sucrée, et on procède à un nouveau titrage avec la liqueur cupro-potassique.

Supposons que pour réduire 10cc de cette liqueur, il ait fallu 16cc 1 de la liqueur sucrée, on dira :

$$16^{cc}\ 1 : 0^{gr}\ 050 :: 100 : x = 0^{gr}\ 310.$$

Or, 0 gr. 310 pour 10 gr. de sucre = 3.10 p. 100 de glucose *exprimé en sucre de canne.*

RÉSULTATS.

	p. 100.
1° Totalité des sucres............	92.59
2° Glucose....................	3.10
Différence...........	89.49

La différence exprime la proportion du sucre de canne.

Pour fixer définitivement la composition du sucre essayé, il ne reste plus qu'à convertir en glucose réel, $C^{12} H^{12} O^{12}$, le titre du deuxième essai, où le glucose est exprimé en sucre de canne, $C^{12} H^{11} O^{11}$. On obtient cette transformation en multipliant le résultat du deuxième essai par 1.052.

$$3.10 \times 1.052 = 3.26.$$

COMPOSITION DU SUCRE ANALYSÉ.

Échantillon...................... 100.00
Sucre de canne......... 92.59 ⎫
Glucose.................. 3.26 ⎭ 95.85

DIFFÉRENCE.......... 4.15 p. 100.

La différence exprime la proportion de l'eau et des matières étrangères.

DOSAGE DU SUCRE DANS LES TISSUS VÉGÉTAUX.

Le dosage du sucre, dans ces nouvelles conditions, ne présente pas plus de difficulté que dans le cas précédent. Prenons la betterave pour exemple.

Vous le savez par les renseignements que je vous ai présentés dans le troisième Entretien (page 98), le sucre est très-inégalement réparti dans la betterave. Sa proportion varie aux divers étages de sa hauteur; d'après M. Violette, la tranche qui correspond au tiers de la racine à partir du sommet représente la richesse moyenne de toute la racine.

Pour prendre le titre d'une betterave, il suffit donc d'opérer sur un morceau appartenant à la· zone de richesse moyenne. Pour cela, on enlève avec une petite sonde de métal un morceau de racine de 10 gr. ; on le coupe par petits fragments, que l'on introduit dans un ballon de verre contenant 50^{cc} d'eau additionnée de 5^{cc} d'acide sulfurique à inversion, et on fait bouillir pendant dix minutes.

L'opération demande à être surveillée dès le début, car il se produit une mousse très-abondante aux premières bulles de vapeur, et le liquide peut être entraîné au dehors. Mais cet inconvénient n'est point à craindre, si on a soin de diminuer la flamme dès que l'ébullition commence. Peu après, l'opération marche régulièrement; les bulles se forment de préférence sur les morceaux de betterave, qui ne tardent pas à cuire et à tomber au fond du vase en perdant leur couleur blanche, pour prendre une certaine transparence qui indique que l'opération est terminée. Cet effet se produit après quinze ou vingt minutes d'ébullition, qui suffisent dans la plupart des cas.

On retire alors du feu; on complète les 100cc par une addition d'eau distillée; on filtre et on opère sur le liquide comme sur une dissolution de sucre.

Supposons que pour réduire 10cc de la liqueur normale, équivalente à 0 gr. 050 de sucre de canne, il ait fallu employer 6cc de liquide sucré, on dira :

$$6^{cc} : 0^{gr} 050 :: 100 : x = 0^{gr} 833.$$

0 gr. 833 pour 10 de betteraves égalent 8.33 p. 100. Ce mode d'opérer suffit à tous les besoins industriels. On ne tient pas compte du glucose, dont la proportion varie entre 0.2 et 0.5 p. 100.

Pour des analyses délicates où il faut avoir égard au rapport des deux sucres, il est préférable d'opérer sur le jus des végétaux. Ceci m'amène à traiter le troisième cas.

DOSAGE DU SUCRE DANS UN JUS VÉGÉTAL.

Sous le rapport théorique, l'analyse d'un jus rentre complètement dans le cas de l'analyse des sucres. Il faut ajouter cependant quelques renseignements pratiques à ceux qui précèdent.

La préparation des jus est une opération des plus simples. Si on doit l'extraire d'une racine ou d'un fruit charnu, on les râpe, et on soumet la pulpe à l'action de la presse, après l'avoir enfermée dans une forte toile repliée plusieurs fois sur elle-même. Lorsqu'il s'agit d'extraire le jus d'un système d'organe dont les tissus sont plus résistants, comme c'est le cas pour la canne à sucre et le sorgho, au lieu de râper, on coupe la tige de ces végétaux en petits morceaux de la grosseur d'une noisette, que l'on soumet à l'action de la presse, après les avoir placés dans un petit cylindre de fer étamé dont les parois sont percées d'un grand nombre de trous de 2 millimètres de diamètre; la pression produite par une simple vis en bois, de 5 à 6 centimètres de diamètre, suffit amplement pour l'extraction des jus sucrés, en tant qu'il s'agit de simples essais de laboratoire.

Tous les jus végétaux contiennent de l'albumine et des produits pectiques dont il faut absolument les débarrasser avant de procéder au dosage des sucres, parce que ces substances exercent aussi une action réductive sur la liqueur cupro-potassique. On y parvient en mêlant les jus au sortir de la presse avec leur volume d'alcool à 36°; on filtre et on conserve dans un flacon soigneusement bouché.

L'addition de l'alcool a pour effet de précipiter ces matières et permet en outre de conserver longtemps les jus sans altération, ce qui a de grands avantages lorsqu'on se livre à des recherches de longue haleine.

DÉTERMINATION DE LA TOTALITÉ DES SUCRES.

Règle générale, il faut autant que possible ramener les jus à un degré de dilution voisin de celui de la liqueur sucrée normale. Dans ce qui va suivre, je prendrai pour exemple l'analyse de la canne à sucre.

Pour doser la totalité des sucres, on prend 20^{cc} du jus étendu de son volume d'alcool et filtré; on les verse dans un petit ballon d'une capacité de 100^{cc}; on y ajoute 5^{cc} d'acide normal à inversion et 20^{cc} d'eau distillée; on fait bouillir pendant un quart-d'heure; on laisse refroidir, et on complète les 100^{cc} par une addition d'eau distillée. On retourne à plusieurs reprises le ballon, pour mêler toutes les couches du liquide, et on procède au dosage.

Supposons que 10cc de liqueur cuivrique, équivalant toujours à 0 gr. 050 de canne, aient exigé 2cc 36 de la dissolution sucrée, on aura :

$$2^{cc} 36 : 0^{gr} 050 :: 100 : x = 2.1$$

Le jus dont il s'agit ayant été étendu de 10 fois son volume d'eau, pour avoir son titre réel, il faut multiplier le résultat précédent par 10.

$$2.1 \times 10 = 21 \, 0/0$$

Totalité des sucres exprimée en sucre de canne.

DÉTERMINATION DU GLUCOSE.

La proportion du glucose étant très-faible, on peut opérer directement sur le jus étendu de son volume d'alcool. Supposons donc que 10cc de liqueur cuivrique aient exigé 32cc 5 de liqueur alcoolique, on dira :

$$32.5 : 0^{gr} 050 :: 100 : x = 0^{gr} 155$$

qu'il faut multiplier par 2 = 0 gr. 31 de glucose exprimés en sucre de canne, ou 0 gr. 32 de glucose réel, ce qui donne finalement :

$$\text{Sucre de canne} \dots \dots \dots \quad 20.68$$
$$\text{Glucose} \dots \dots \dots \dots \quad 0.32$$

pour 100 de jus en volume.

Lorsqu'un jus est aussi pauvre en glucose, il faut refaire un deuxième dosage en opérant avec 5cc de liqueur cuivrique seulement ; si le jus contenait au contraire 4 à 5 p. 100 de glucose, comme c'est le cas pour le sorgho, au lieu d'opérer sur le jus alcoolisé, il faudrait l'étendre encore de son volume d'eau, ce qui le réduirait au quart de sa concentration naturelle. Dans ce cas il faudrait multiplier par 4 le résultat obtenu.

Je le répète, si le jus est riche, il faut l'étendre d'eau pour qu'il ne contienne que 1 à 2 p. 100 de sucre ; s'il est pauvre, il faut n'employer que 5^{cc} de liqueur cupro-potassique.

J'ai dit en commençant que le dosage des sucres au moyen de la liqueur cupro-potassique était susceptible d'une très-grande précision ; cette précision est au moins égale à celle que donne le *saccharimètre optique*. En 1861, les deux méthodes ont été dans mon laboratoire l'objet d'une comparaison très-soignée sur un assez grand nombre de jus de betteraves. Voici les résultats que l'on a obtenus :

	PROCÉDÉ CHIMIQUE.	SACCHA-RIMÈTRE.
1. Sucre de canne	7.31	7.57
2. — — ...·.....	8.49	8.63
3. — —	7.37	7.74
4. — —	7.94	8.12
5. — —	8.67	8.70
6. — —	9.71	9.71

Pour simplifier ou vérifier les calculs, voici une petite table qui permet de remonter tout de suite, du volume de la liqueur sucrée employée pour réduire 10^{cc} de liqueur cupro-potassique, à la quantité de sucre de canne cherchée, exprimée en centièmes.

Pour mieux en faire comprendre l'emploi, je vais reprendre l'un après l'autre les trois exemples dont il vient d'être question.

USAGE DE LA TABLE.

PREMIER CAS. *Essai des sucres.* — 1º *Dosage de la totalité des sucres.* — On fait dissoudre 1 gramme de sucre dans 200cc d'eau distillée ; on intervertit et on essaie avec la liqueur cupro-potassique. On trouve que pour réduire 10cc de cette liqueur il a fallu 10cc 8 de liqueur sucrée. Reportez-vous à la première colonne de la table, en regard du nombre 10.8 : on lit 92.59. C'est le titre cherché.

2º *Dosage du glucose.* — On fait dissoudre 10 grammes de sucre dans 100cc d'eau. Pour réduire 10cc de liqueur cupro-potassique, il a fallu 16cc 1 de liqueur sucrée. Cherchez dans la troisième colonne de la table le nombre 16 ; vous trouverez en regard 3.12 pour 16cc ; pour 16cc 1 on aurait 3.10. C'est le titre cherché p. 100.

DEUXIÈME CAS. *Dosage du sucre dans les tissus végétaux.* — 10 grammes de betterave ont été traités à l'ébullition par l'eau acidulée ; le volume de la liqueur a été porté à 100cc. Pour réduire 10cc de liqueur normale cuivrique, il a fallu employer 6cc de liqueur sucrée. Reportez-vous dans la troisième colonne de la table au chiffre 6, et en regard vous trouverez 8.33. C'est le titre cherché p. 100.

TROISIÈME CAS. *Dosage du sucre dans les jus végétaux.* 1º *Totalité des sucres.* — Pour réduire 10cc de liqueur cuivrique normale, il a fallu employer 2cc 36 de jus interverti étendu au 10e. Reportez-vous à la troisième colonne de la table : en regard de 2 vous trouverez 25 ; en regard de 2 1/2 20 ; pour 2.36 le titre cherché est donc 21.

Dosage du glucose. — Pour réduire 10cc de *liqueur cuivrée,* il a fallu employer 32cc 5 de *liqueur sucrée ;* reportez-vous à la 3e colonne, et en regard vous trouverez 1,54.

Mais le volume du liquide ayant été doublé, multipliez par 2, et vous obtiendrez 3,08.

Enfin, comme la table a été construite en supposant la liqueur étendue au dixième, prenez le dixième du résultat, c'est-à-dire reculez la virgule d'un chiffre vers la gauche. Le résultat sera alors 0,31 p. 100 de glucose exprimé en sucre de canne ou 0,32 p. 100 de glucose.

Si le volume du jus, au lieu d'être doublé, avait été triplé, quadruplé, quintuplé, etc., on multiplierait toujours le résultat donné par la table, par 3, 4, 5, etc., c'est-à-dire par le coefficient variable qui exprime le degré de dilution du jus, puis on reculerait la virgule d'un chiffre vers la gauche.

Ainsi, par exemple, si l'on avait employé $32^{cc}5$ de liqueur sucrée sur un volume étendu à son quintuple, on aurait $5 \times 1,54$, soit 7,70, et en reculant la virgule 0,77 p. 100.

Proportion de sucre de canne pur contenu dans les sucres impurs ou dans les jus sucrés.

I. $\dfrac{1000}{V}$ p. 100.   II. $\dfrac{50}{V}$ p. 100.

I. SUCRES RICHES		II. JUS SUCRÉS.		RÉCAPITULATION des PRINCIPES APPLIQUÉS.
Volume du liquide sucré employé.	Proportion de sucre de canne.	Volume du liquide sucré employé.	Proportions de sucre de canne.	
Cent. cub.	P. cent.	Cent. cub.	P. cent.	
10	100	1	50	**1**
10,1	99,01	1 1/2	33,33	
10,2	98,04	2	25	19 parties de *sucre de canne* produisent 20 parties de *glucose.*
10,3	97,09	2 1/2	20	
10,4	96,15	3	16,67	**2**
10,5	95,24	3 1/2	14,29	Une partie de sucre de canne correspond à 1,052 parties de glucose.
10,6	94,34	4	12,50	
10,7	93,46	4 1/2	11,11	**3**
10,8	92,59	5	10	Le *sucre de canne* est sans action sur
10,9	91,74	5 1/2	9,09	la liqueur cuivrée.
11	90,91	6	8,33	**4**
11,1	90,09	6 1/2	7,69	Les *glucoses* précipitent la liqueur cui-
11,2	89,29	7	7,14	vrée à l'état d'oxydule de cuivre Cu^2O.
11 3	88,50	7 1/2	6,67	
11,4	87,72	8	6,25	**5**
11,5	86,96	8 1/2	5,88	Un équivalent de glucose, $C^{12} H^{12} O^{12}$, précipite 10 équivalents de sulfate de cui-
11,6	86,21	9	5,56	vre $(CuO. SO^3 + 5\ HO)$.
11,7	85,47	9 1/3	5,26	180 gramm. de glucose correspondent à
11,8	84,75	10	5	1246,8 gr. de sulfate, et 5 gr. de glucose
11,9	84,03	10 1/2	4,76	correspondent à 34,633 gr. de sulfate.
12	83,33	11	4,55	**6**
12,1	82,64	12	4,17	10^{cc} de la liqueur cuivrique correspon-
12,2	81,97	13	3,85	dent à 0,05 gramm. de sucre de canne.
12,3	81,30	14	3,57	**7**
12,4	80,64	15	3,33	Les acides minéraux convertissent à
12,5	80	16	3,12	l'aide de la chaleur le *sucre de canne* en
12,6	79,36	17	2,94	*glucose,*
12,7	78,74	18	2,78	
12,8	78,12	19	2,63	$C^{12} H^{11} O^{11} + HO = C^{12} H^{12} O^{12}.$
12,9	77,52	20	2,50	**8**
13	76,92	22 1/2	2,22	Le sucre interverti se compose de deux
13,1	76,34	25	2	sucres isomères, mais ayant des proprié-
13,2	75,76	27 1/2	1,82	tés optiques différentes :
13,3	75,19	30	1,67	Le *glucose* (proprement dit) qui dévie
13,4	74,64	32 1/2	1,54	la lumière polarisée à *droite* de 56°;
13,5	74,07	35	1,43	La *lévulose* qui dévie la lumière pola-
13,6	73,53	37 1/2	1,33	risée à *gauche* de 106°.
13,7	72,99	40	1,25	**9**
13,8	72,46	42 1/2	1,18	La table I. se rapporte à la solution de
13,9	71,94	45	1,11	1 gramme de sucre de canne dans 200 cen-
		47 1/2	1,05	timètres cubes d'eau distillée.
14	71,43	50	1 0/0	

RÉSULTATS

OBTENUS EN 1868

AU MOYEN

DES ENGRAIS CHIMIQUES.

I.

LES FAITS.

Je voudrais présenter les résultats obtenus en 1868, au moyen des engrais chimiques, sous une forme simple et pratique, qui permît d'éviter la confusion que l'on fait trop souvent entre le témoignage de l'expérience et son interprétation économique. Aucune industrie n'est soumise à autant de causes aléatoires que la culture : nature du sol, climat, débouchés, importance du fonds de roulement, division de la propriété, pour ne citer que les plus importantes, réagissent sur le profit qui est le résultat final.

Au-dessus du résultat financier, il y a cependant un fait antérieur qui le prime : c'est le produit brut, le poids de la récolte, qui sert de mesure pour apprécier la valeur du procédé de culture auquel il est dû.

Pour comprendre dans toute sa complexité le mécanisme de la production agricole, et fixer avec précision l'importance des intérêts économiques qui s'y rattachent, il faut distinguer, séparer, isoler ces deux ordres de questions, et épuiser l'analyse de leur termes respectifs.

Persuadé qu'il est impossible de parvenir à des conclusions utiles et pratiques en dehors de cette division, je ferai volontairement abstraction, dans ce qui va suivre, de la partie économique, pour ne m'attacher qu'à la question de culture et de rendement.

Jusqu'à ces trente dernières années, le fumier de ferme a été à peu près le seul agent de fertilité employé par l'agriculture. Pour beaucoup de bons esprits, c'est encore le plus économique et le plus efficace des engrais.

D'autres, au contraire, pensent que le prix du fumier est plus élevé qu'on ne le croit généralement, et ils ajoutent que lorsqu'il atteint 15 fr. la tonne, il y a certainement avantage à lui substituer les engrais chimiques. Ils vont encore plus loin : ils soutiennent qu'à égalité de richesse, les engrais chimiques l'emportent sur le fumier sous le rapport du rendement, et ils expliquent leur supériorité par la solubilité plus grande des substances qui les composent.

Où est la vérité entre ces deux opinions rivales dont l'une invoque, non sans ostentation, les traditions d'un passé plusieurs fois séculaire, tandis que l'autre, née d'hier, a pour garantie les découvertes les plus récentes de la science contemporaine? Nous le demanderons à l'expérience, parce que seule elle a qualité pour résoudre souverainement les questions de fait.

Son témoignage se traduira cette année par 503 résultats dus à l'initiative privée, et qui se décomposent ainsi :

Froment.................	138
Betteraves..............	190
Pommes de terre........	83
Avoine	28
Orge	26
Seigle..................	2
Maïs....................	10
Sarrasin	2
Colza...................	4
Lin.....................	1
Navets.................	3
Prairie.................	12
Vigne..................	4
TOTAL.........	503

FROMENT. — Le froment figure dans le contingent des expériences de 1868 pour 138 résultats ; deux propositions en résument la portée et la signification :

921 kil. d'engrais chimique ont produit en moyenne .... 29 hect. 73 de grains par hectare, alors que

40,203 kil. du fumier de ferme n'en ont donné que .... 21 hect. 06

Soit en nombre rond un excédant de 8 hectolitres 1/2 par hectare en faveur de l'engrais chimique.

Mais ce n'est pas tout. Si l'on décompose ces 138 résultats pour mettre en relief les variations de la récolte tant avec l'engrais chimique qu'avec le fumier, on obtient ces deux séries parallèles :

RÉCOLTE A L'HECTARE.

	ENGRAIS CHIMIQUE.	FUMIER DE FERME.
	hect.	hect.
10 fois.........	46.50	39.22
22 fois.........	35.90	26.84
20 fois.........	31.20	19.31
22 fois.........	27.42	14.50
26 fois.........	22.44	14.50
38 fois.........	14.96	12.03

Ce qui revient à dire que sur quatre cultures la récolte a été :

RÉCOLTE A L'HECTARE.

	ENGRAIS CHIMIQUE.	FUMIER DE FERME.
	hect.	hect.
2 fois de	35.25	25. »
1 fois de	22.44	14.50
1 fois de	14.96	12.03

Avec les engrais chimiques deux récoltes intensives, une bonne récolte moyenne et une récolte médiocre, et avec le fumier deux récoltes moyennes et deux médiocres.

BETTERAVES. — Les expériences sur la betterave, au nombre de 190, ont conduit à la même conclusion : les engrais chimiques l'ont emporté sur le fumier de ferme dans une proportion non moins importante :

1,326 kil. d'engrais chimique ont donné comme moyenne générale...   51,948 kil. de betteraves à l'hectare, alors qu'avec

50,650 kil. de fumier la récolte n'a été que de.........................   41,811 kil.

Excédant en faveur de l'engrais chimique...   10,137 kil.

La répartition des récoltes n'est pas moins significative que le contraste des moyennes.

RÉCOLTE A L'HECTARE.

	ENGRAIS CHIMIQUE.	FUMIER DF FERME.
8 fois.......	91,064 kil.	70,142 kil.
21 fois.......	63,507	49,900
35 fois.......	53,673	43,670
61 fois.......	43,640	34,784
40 fois.......	35,373	28,920
25 fois.......	24,433	23,453

POMMES DE TERRE. — Les expériences sur la pomme de terre ne sont pas moins décisives que celles sur la betterave et le froment.

Sur 83 expériences on a obtenu :

RÉCOLTE A L'HECTARE.

	ENGRAIS CHIMIQUE.	FUMIER DE FERME.
17 fois.......	38,271 kil.	30,812 kil.
16 fois.......	24,288	16,871
26 fois.......	17,266	14,921
24 fois.......	11,119	11,633

Ce qui donne comme moyenne pour l'ensemble des expériences :

1,000 kil. d'engrais chimique....	22,736 kil.	(349 hect.)
39,946 de fumier de ferme ...	18,559	(285)
Excédant en faveur de l'engrais chimique..................	4,177 kil.	(64 hect.)

AVOINE. — Sur l'avoine, même supériorité en faveur des engrais chimiques; 23 expériences comparatives ont donné :

932 kil. d'engrais chimique......	42^{hect} 60 à l'hectare.
50,555 de fumier.............	35 30 —

soit un excédant moyen de 7 hect. 30 litres par hectare. La décomposition des 28 résultats, source de la moyenne, se traduit ainsi :

RÉCOLTE A L'HECTARE.

	ENGRAIS CHIMIQUE.	FUMIER DE FERME.
	hect.	hect.
9 fois..........	58.95	47.66
9 fois.........	40.41	36.25
10 fois.........	28.45	22. »

ORGE. — Même conclusion pour l'orge.

1.204 kil. d'engrais chimique ont produit
en moyenne............... 32^{hect} 40
de grains à l'hectare, et
40,808   de fumier 25   40

Soit un excédant de 7 hectolitres en faveur des engrais chimiques.

Mais ce qui n'est pas moins significatif, c'est le décompte des résultats.

RÉCOLTE A L'HECTARE.

	ENGRAIS CHIMIQUE.	FUMIER DE FERME.
	hect.	hect.
6 fois.............	54.58	45.72
7 fois.............	34.07	24.60
9 fois.............	24.96	18. »
4 fois.............	15.88 .	13.35

Sur le maïs, mêmes effets :

936 kil. d'engrais chimique ont donné en
moyenne.................... 37^{hect} 87
de grains à l'hectare, et
43,000   de fumier 28   08

Résultats qui se décomposent ainsi :

RÉCOLTE A L'HECTARE.

	ENGRAIS CHIMIQUE.	FUMIER DE FERME.
	hect.	hect.
5 fois.............	52.72	». »
5 fois.............	23.02	25.65

La supériorité se maintient en faveur de l'engrais chimique, pour le seigle, le sarrasin, le lin, le chanvre, le navet et la prairie.

Je les ai résumés par la comparaison des moyennes, et sans entrer dans le détail : on les trouvera plus loin.

	RÉCOLTE A L'HECTARE.	
NOMBRE DES EXPÉRIENCES.	ENGRAIS CHIMIQUE.	FUMIER.
3. Seigle	34^{hect} »	»^{hect} »
2. Sarrasin.	30 50	19 »
4. Colza.............	27 65	20 »
1. Lin (tiges)	7,000 kil.	4,200 kil.

PRAIRIE. — J'aurais attaché une importance particulière à faire une étude approfondie de la prairie ; mais à Vincennes cette étude est impossible. La terre est trop exposée à la sécheresse. Dès le mois de juillet l'herbe se dessèche et meurt sur pied. Comment étendre aux régions humides des pays d'herbages les résultats d'expériences faites dans ces conditions?

Les seules données que je possède me viennent de l'extérieur et sont dues à l'initiative privée. A mon grand regret, un tiers au moins se rapportent à la région du Midi, où la sécheresse sévit au moins autant qu'à Vincennes.

Voici néanmoins, à titre de première indication, les résultats qui m'ont été communiqués. Quoiqu'ils ne présentent rien que de très-ordinaire, ils attestent, comme les précédents, la supériorité des engrais chimiques.

	RENDEMENT A L'HECTARE.	
	ENGRAIS CHIMIQUE.	FUMIER DE FERME.
5 fois.............	7,484 kil.	» » kil.
6 fois.............	4,990	4,856

Un point capital pour la prairie, c'est la durée de l'engrais. L'action ne se manifeste-t-elle que sur la première coupe? Se fait-elle sentir sur la suivante? A cet égard il y a unanimité dans les témoignages qui me sont parvenus. L'action survit à la première coupe et se fait encore sentir la seconde année.

M. Gallois, président du comice agricole de Thionville, qui se livre, depuis deux ans, à des expériences suivies sur la prairie, m'a écrit à ce sujet :

« Je suis heureux de pouvoir vous annoncer que les engrais chimiques ont réussi sur les prairies naturelles au-delà de toute espérance l'année dernière (1868), qui a été d'une sécheresse exceptionnelle, et qu'il en est de même cette année, qui est une année d'humidité.

« Les bons effets de l'année dernière ont persisté cette année, etc., etc. »

VIGNE. — On m'a communiqué beaucoup de renseignements sur la vigne, mais peu de chiffres. Cette lacune est d'autant plus regrettable, que c'est généralement sur les points où les effets ont été les meilleurs que les documents précis me font défaut.

M. Minot, à Saint-Génis Laval, m'écrivait en 1867 :

« Un massif de cinquante-deux ceps taillés à long bois et fumé avec l'engrais complet a rapporté 150 kilog. de raisin, soit 1 hectolitre de vin. Les ceps sont à 1 mètre de distance, ce qui en porte le nombre à 10,000 par hectare. A ce compte, 1 hectare de vigne pourrait rapporter 200 hectolitres, quatre fois ce que donnent les meilleures crus dans le Beaujolais.

« Ces expériences, jointes à plusieurs autres que je ne rapporte pas, ont été si concluantes *pour moi*, que je viens de faire l'acquisition d'une propriété près de Montélimart. Je vais bientôt me mettre à la besogne.....

« Je compte sur la taille à long bois, et surtout sur la fumure complète, pour faire de cette propriété, d'un revenu actuel de 1,000 fr., un grand et beau vignoble qu'on pourra citer, j'espère, sous le rapport de la culture comme aussi sous celui du rendement. »

Chez M. le comte de Laloyère, une expérience qui s'annonçait sous les plus favorables auspices a été grêlée, et la récolte entièrement perdue.

Voici les trois indications de rendements qui me sont parvenues :

RÉCOLTE A L'HECTARE.

	ENGRAIS CHIMIQUE.	FUMIER DE FERME.	TERRE SANS AUCUN ENGRAIS.
Trappistes de Notre-Dame des Dombes............	80 hect.	80 hect.	» hect.
M. de Narbonne.........	57	46	»
M. du Peyrat............	46	»	30

Vous voyez, si nous mettons à part les tentatives faites sur la vigne ou la prairie, en trop petit nombre pour être décisives, les engrais chimiques l'emportent décidément sur le fumier. Leur supériorité se fonde, non sur une, deux, trois ou dix expériences, mais sur cinq cents expériences dues à l'initiative de cultivateurs différents qui ont opéré à l'insu les uns des autres, et dans les conditions de sol et de climat les plus variées. Ce concours spontané venant aboutir à la même conclusion est à ma connaissance un fait unique dans l'histoire de l'agriculture. Il atteste dans les populations rurales une vitalité de bon augure; elles sentent instinctivement qu'il faut en finir à la fois avec les procédés artificiels de l'initiative administrative et l'absolu de tradition qui se rapportent à un état social qui n'est plus. Une impulsion irrésistible les pousse en .avant. Accueillons donc avec une entière confiance le réveil de l'initiative individuelle. Que sont devant ses libres arrêts les conjurations des intérêts privés et les animosités des coteries? — Sous le règne de l'initiative privée, les discussions doivent perdre forcément leur caractère d'oppression et d'intolérance, pour devenir les conditions, que dis-je? les instruments prépondérants de l'activité sociale.

Les noms de Jacquemont, de Laurent, de Gerhardt, de Gratiolet, sont-ils moins honorés des générations naissantes, parce que leurs carrières ont fait d'eux des naufragés? Leurs découvertes sont-elles moins réelles, parce qu'elles furent à l'origine niées, repoussées ou travesties? Les résultats qu'on leur doit sont-ils moins féconds, parce qu'ils furent d'abord incompris ou méconnus? — Où en serait aujourd'hui la question des engrais chimiques sans l'appui qu'elle a reçu du monde agricole?

Borné aux termes qui précèdent, le résumé que je viens de présenter des résultats obtenus en 1868 ne donne qu'une idée incomplète de leur importance. Pour les apprécier avec exactitude, il faut se reporter aux témoignages individuels, les comparer, suivre les rendements dans leur variations progressives, en bien et en mal (voy. page 307), pour en dégager, comme j'ai tenté de le faire, la moyenne générale. Si vous consentez à vous livrer à ce travail, vous trouverez pour le froment que les rendements de 50 à 60 hectolitres par hectare sont encore assez fréquents ; que pour l'orge et l'avoine ils peuvent atteindre 70 à 80 hectolitres, — 80 et 100,000 kil. pour la betterave, — 30 à 40 mille kilog. pour la pomme de terre.

Il ne serait certainement pas judicieux d'accorder trop d'importance à ces résultats qui sont des exceptions ; il faut cependant y avoir égard, puisque sur cinq à six récoltes on a chance de les obtenir une fois, et qu'elles font compensation aux années défavorables.

Lorsqu'il y a trois ans j'insistais auprès du monde agricole pour recommander les champs d'expériences, il n'est sorte d'objections que l'on ne m'ait opposées. On niait qu'il fût possible de conclure du petit au grand, et on taxait de puérile la prétention de régler le régime d'une grande exploitation sur le témoignage d'un simple champ d'expériences.

Qu'y avait-il de fondé dans ces critiques? Rien, que l'expression d'un parti pris obstiné.

Sur la foi de mes expériences au champ d'expériences de Vincennes où l'on opère sur des parcelles de 1 are, j'ai annoncé qu'avec :

1,300 kil. d'engrais complet n° 2, on obtient de .... 50 à 55,000 kil.
de betteraves par hectare.
La moyenne des 190 tentatives faites en 1868 accuse, pour
1,326 kil. d'engrais, un rendement moyen de   51,948 kil.

J'avais dit qu'en portant la dose de l'engrais de 1,300 kilogrammes à 1,600 kilogrammes, le rendement de la betterave s'élevait de 70 à 75,000 kilogrammes.

La moyenne des trois premières séries, comprenant 64 résultats, donne pour 1,379 kilogrammes d'engrais 69,414 kilogrammes de betteraves par hectare.

Pour la pomme de terre, le froment et l'avoine, l'accord n'est pas moins étroit, comme il résulte de ces deux séries parallèles :

	RÉSULTATS MOYENS.	
	ANNONCÉS.	OBTENUS.
Pommes de terre.....	25,000 kil.	22,736 kil.
Froment	31 hect.	29^{hect} 73
Avoine.............	45 —	42 60

Vit-on jamais un accord plus complet entre la théorie et l'expérience, la science et la pratique ?

Mais là ne se borne pas le résultat de la campagne de 1868 ; nous lui devons encore d'avoir éclairé d'une lumière décisive certains points de pratique sur lesquels on pouvait avoir encore de l'hésitation.

J'avais signalé depuis longtemps les bons effets qu'on pouvait tirer des engrais chimiques employés en couverture au printemps. Des recherches nouvelles entreprises dans ce but spécial ont confirmé les premiers résultats, et je me demande très-sérieusement si cette méthode n'est pas appelée à devenir le procédé usuel. Cette année, au champ d'expériences de Vincennes, deux carrés qui n'ont cessé de produire du froment depuis 1860 étaient, au sortir de l'hiver, dans le plus piteux état. Au mois d'avril, le blé était clair-semé, jaune, et ne promettait qu'une récolte insignifiante. Le 25 avril, une dose ordinaire d'engrais complet fut répandue en couverture sur l'un ; rien ne fut donné à l'autre. — En moins de quinze jours la végétation du premier avait éprouvé une véritable résurrection : favorisé par une pluie douce et fine qui avait suivi de quelques jours l'épandage de l'engrais, le blé changea de couleur et prit un essor dont l'activité contrastait avec ceux des carrés avoisinants qui avaient reçu la même dose d'engrais à l'automne.

Sur le carré qui n'avait pas reçu d'engrais supplémentaire, la récolte a été de 10 hectolitres 7 ; sur celui qui avait reçu l'engrais le 25 avril (ayez égard à la date), de 25 hectolitres 15 par hectare.

Chez les Trappistes de Notre-Dame des Dombes, le même fait a été observé. Un blé fumé à l'automne, qui était de toute beauté au mois d'avril, a moins rendu qu'un blé de très-pauvre apparence fumé en couverture au printemps.

Il est désirable que ces expériences soient reprises sur un assez grand nombre de points différents pour pouvoir prononcer avec une entière certitude sur le mérite respectif des deux méthodes.

Pour moi, éclairé par l'expérience de ces cinq dernières années, je n'hésite plus à conseiller d'employer le sulfate d'ammoniaque en deux fois, la moitié au printemps, et la moitié à l'automne ; la division de la matière azotée permet de relever à la dernière heure les parties des cultures que l'hiver a le plus éprouvées. Je crois, en outre, qu'il y a toute sorte d'avantage à modérer pendant l'automne la formation des organes de nature herbacée.

Sur les terres où la verse est fréquente, la division de l'engrais est surtout de rigueur. Pour ces terres, le nitrate de soude doit même être préféré au sulfate d'ammoniaque ; son action est moins brusque.

Les tremblements de terre qui se sont produits l'année dernière sur les côtes du Pérou ont jeté le désarroi dans le commerce de ce produit. Tout le stock, et il était considérable, a été détruit ; la fièvre jaune qui a sévi sur le littoral a empêché les arrivages de l'intérieur. Pendant ce temps, les approvisionnements qui existaient en Europe se sont épuisés, et les premiers arrivages ont été littéralement enlevés par les fabricants de produits chimiques ; mais c'est là une situation transitoire qui ne peut se prolonger. L'exploitation des gisements qui existent au Pérou a été reprise avec plus d'activité que par le passé, et tout me porte à penser qu'au printemps prochain le prix du nitrate de soude sera vraisemblablement revenu à son cours primitif. En lui donnant la préférence sur le sulfate d'ammoniaque, l'agriculture favorisera le mouvement de baisse qui a commencé à se manifester sur ce produit.

Dernière observation : lorsqu'une culture de céréales, froment, orge ou avoine, est en mauvais état au mois d'avril, la terre ayant reçu cependant une bonne fumure à l'automne, avec 50 ou 100 kilogrammes au plus de sulfate d'ammoniaque, on peut encore la relever. Il suffit d'une impulsion soudaine donnée à la plante, pour que l'engrais de l'automne, paralysé par une saison défavorable, produise son effet : mais plus la saison est avancée, plus il faut employer des doses modérées de matière azotée. A partir du 20 avril, il ne faut pas dépasser 100 kilogrammes de sulfate d'ammoniaque ou 120 kilogrammes de nitrate de soude; la moitié de ces doses est même le plus souvent suffisante.

Je dois ces indications, dont j'ai vérifié le bien fondé, au regrettable M. Schattenmann, qui avait une longue expérience de l'emploi de ces matières.

Lorsqu'on débute dans l'emploi des engrais chimiques, il est bien difficile de résister à la tentation d'outrepasser les doses que je prescris; leur effet est si rapide, les rendements si élevés, que malgré soi on est entraîné à ne recourir qu'aux formules intensives. Il n'y faut pourtant céder que dans une juste mesure.

Si on se reporte au répertoire général des résultats, on trouvera qu'à part quelques exceptions, les engrais modérés l'ont décidément emporté sur les formules intensives, pour la betterave, la pomme de terre, l'orge et la prairie. Pourquoi cette supériorité en faveur des engrais modérés? A cause de la sécheresse exceptionnelle qui a régné en 1868, pendant les mois de juillet et d'août.

Dans une année humide, les engrais intensifs produisent des rendements vraiment énormes : mais si la sécheresse sévit et se prolonge trop longtemps, ils perdent une partie de leurs avantages et peuvent avoir même une action décidément nuisible.

Pour qu'une plante prospère, il ne suffit pas qu'elle trouve dans le sol tous les éléments qui lui sont nécessaires ; il faut encore qu'elle puisse les absorber tous dans les proportions du mélange primitif. Or, la sécheresse rompt cet équilibre. Les diverses substances dont l'engrais se compose n'étant pas douées de la même solubilité, les sels ammoniacaux, notamment, l'étant plus que les phosphates, il se fait un véritable départ au sein de la terre, et les matières azotées sont absorbées de préférence aux autres termes de l'engrais. Or si, à la suite d'une sécheresse trop longtemps prolongée, l'exclusion des phosphates va au-delà d'une certaine limite, les plantes peuvent en recevoir une atteinte mortelle. Pendant les années humides, les engrais intensifs reprennent l'avantage. Les rendements de 80,000 kilogrammes de betteraves par hectare, et de 25 à 30,000 pour la pomme de terre, n'ont rien que de très-ordinaire. Pour équilibrer les chances, le mieux est d'employer pour une part égale les engrais intensifs et les engrais modérés ; on prévient ainsi tout événement, et la moyenne générale atteint le niveau le plus élevé.

J'ai dit au début de cet article que je me bornerais à comparer l'action du fumier et des engrais chimiques, voulant laisser la parole aux faits et ne pas anticiper sur leur conclusion légitime. Le résultat de cette comparaison est tout en faveur des derniers : leur action accuse une supériorité, une constance qu'il est impossible de méconnaître sans nier l'évidence ou manquer de bonne foi.

La question du rendement se trouvant donc résolue, faisons un nouveau pas en avant : comparons cette fois le fumier et les engrais chimiques sous le rapport de la dépense.

II.

LE PRIX DU FUMIER.

J'ai cherché, dans mes Entretiens de 1867, à fixer avec exactitude le prix du fumier de ferme, et ce qui était plus difficile, à poser les principes d'après lesquels il doit être établi.

Trompé par l'antique croyance que la culture est tenue d'avoir pour point de départ l'élève du bétail et la production du fumier de ferme, afin de masquer le côté onéreux du système, on a introduit dans la comptabilité agricole deux éléments contradictoires. Une denrée est-elle consommée dans la ferme, on l'estime au prix de revient; est-elle portée au marché, on l'évalue au prix de vente. Quelle incroyable contradiction! Fixer la valeur des produits, non d'après leur nature ou leur qualité, mais d'après la destination qu'ils reçoivent! Dans le même bilan, la paille, la luzerne, l'avoine, sont cotées à un taux différent suivant la spécialité des comptes. N'y eût-il, entre l'étable et le marché, que la largeur de la route, la luzerne vaudra 60 fr. les mille kilogrammes ou seulement 30! Cette manière de compter est-elle admissible? Non, car elle a pour résultat de fausser le prix réel du fumier et de tous les produits animaux. Les denrées doivent donc être comptées à leur valeur réelle, et leur prix cesser d'avoir pour régulateur la fantaisie, l'ignorance ou l'arbitraire d'un comptable. Pour ramener l'ordre et la lumière dans les comptes agricoles, il faut procéder comme on le fait avec tant d'intelligence et de sagacité dans l'industrie : il faut isoler chaque opération, lui ouvrir un compte séparé, débiter l'opération de tout ce qu'elle emploie ou consomme au prix de vente, déduction faite d'une bonification de 10 à 15 p. 100 pour compenser les frais de transport que leur vente au marché aurait entraînés et que l'on n'a point supportés. A cette condition, tout s'harmonise, et la vérité se dégage avec facilité jusque dans les moindres détails.

Trois comptes établis d'après ces données, dans nos Entretiens de 1867, ont fait ressortir le prix du fumier à

26 fr. » la tonne, chez M. Schattenmann.

11 » — chez M. Cavallier, en donnant aux animaux des joncs et de la paille de colza pour litière.

15 85 — chez M. Cavallier, les joncs étant remplacés par de la paille de froment.

14 87 — chez M. Boussingault.

Depuis cette époque, j'ai cherché à contrôler ces prix par tous les moyens possibles, et je suis arrivé à la conviction que la moyenne de 15 fr. la tonne que j'ai admise était dans la grande généralité des cas de 4 à 5 fr. au-dessous de la vérité.

Il est manifeste qu'on ne saurait poser à cet égard de règle absolue; le prix du fumier doit varier à l'infini, car il est affecté par tous les éléments qui entrent dans l'économie d'une exploitation. Pour obtenir une moyenne tant soit peu générale, il faut se fonder sur un grand nombre de comptes différents. Malheureusement ces documents sont rares et difficiles à se procurer. Je vais cependant en présenter cinq nouveaux qui se rapportent à deux exploitations différentes et ont été établis par spécialité d'animaux.

La question du fumier, à quelque point de vue qu'on l'envisage, est de celles qu'il faut traiter sans parti pris et sans idée préconçue. Je sens mieux que je ne saurais le dire combien ma position m'impose de réserve et de circonspection. Mon nom est trop étroitement lié au sort des engrais chimiques pour qu'on ne se tienne pas en défiance contre mes conclusions. Loin de m'en affliger, je m'en réjouis presque, parce que j'ai le ferme espoir qu'après m'avoir lu on sera forcé de revenir de cette prévention.

J'ai dans l'avenir du système agricole que je préconise une foi trop entière pour ne pas éviter tout ce qui pourrait ressembler à une exagération. A quoi sert-il de sortir des limites du vrai? N'est-ce pas aller au-devant d'une condamnation certaine? Je l'ai dit déjà et je tiens à le répéter, je n'estime les systèmes agricoles que par le profit qu'ils procurent (à la condition, bien entendu, qu'il n'est pas porté atteinte à la fertilité initiale du sol), et si j'attache tant d'importance à fixer avec exactitude le prix du fumier, c'est parce qu'il est le régulateur par excellence de tous les profits.

Qu'on me pardonne cette digression; elle m'était presque imposée par ma situation particulière. A défaut d'autre mérite, elle aura montré combien je suis pénétré du désir de contribuer à la solution de cette question primordiale qui réagit, en agriculture, sur toutes les autres.

Il y a dans la question du fumier deux choses qu'on ne saurait trop s'appliquer à ne pas confondre : sa valeur *intrinsèque* et son prix de revient.

Qu'appelons-nous la valeur intrinsèque du fumier? Son estimation déduite de sa richesse en acide phosphorique, potasse, chaux et matière azotée, estimés aux taux des produits chimiques correspondants. Si le prix de revient du fumier est inférieur, à sa valeur effective, on doit s'efforcer d'en accroître la production; si, au contraire, il la dépasse, il faut réduire le nombre des animaux, et remplacer dans une certaine mesure le fumier par les engrais chimiques. A cette condition on est sûr de produire avec profit. Insistons sur ce point dont l'importance est capitale.

Quelle est, au prix du jour, la valeur du fumier déduite de sa richesse? 14 fr. la tonne. Mais ce taux doit subir une réduction d'au moins 2 fr. par tonne, ce qui donne 12 fr. comme expression de la valeur *intrinsèque* d'une tonne de fumier.

Pourquoi cette réduction de 2 fr. sur le prix déduit de la richesse? Parce que l'azote n'est pas dans le fumier sous une forme entièrement assimilable comme dans les engrais chimiques, qu'il s'en perd un grand tiers à l'état de gaz azote, par suite de la décomposition du fumier dans le sol; il y a donc là une perte dont il faut tenir compte.

La valeur utile du fumier se trouvant fixée à 12 fr. la tonne, quel est, au vrai, son prix de revient?

Le premier compte qui va nous occuper m'a été communiqué par M. Caillet, ingénieur civil, et provient d'une très-belle exploitation, *la Normanderie,* située dans les environs d'Alençon, où l'on engraisse chaque année un grand nombre de bœufs avec la pulpe d'une distillerie annexée à la ferme.

Extrait du compte des Bœufs à la Normanderie (Orne).

	Le mètre cube.	Les 1,000 kil.
Le mètre cube (750 kil.) à 5 fr. à la sortie de la fosse	5 f. »	6 f.66
Curage de la bouverie, arrosage des fumiers..........................	» 40	» 54
Chargement et transport par un homme		
A reporter...........	5 f.40	7 f.20

II.   15.

Report............	5 f. 40	7 f. 20
et les chevaux de la ferme (les chevaux à 3 fr. du collier).............	» 88	1 17
Épandage.........................	» 08	» 11
Perte sur le compte de la bouverie 6,815 fr. 03 :	6 f. 36	8 f. 48
Fumier produit : 1488ᵐ = 6,815 fr. 05 : 1418 = 4 fr. 8060 :.............	4 80	6 40
Totaux..............	11 f. 18	14 f. 89

Ainsi, dans une exploitation à laquelle est annexée une distillerie, le fumier revient à 14 fr. 89 les 1,000 kilog.

Mais ce que je n'ai pas dit et ce qu'il faut ajouter, c'est que les animaux recevaient pour litière de la *bruyère,* valant 20 fr. les 1,000 kil., tandis que la paille en vaut 43, et que s'ils avaient reçu de la paille, le prix du fumier aurait dépassé VINGT FRANCS LES 1,000 KILOGRAMMES.

Dans l'économie de ce compte, les fourrages, la paille et la pulpe sont comptés au prix de vente, avec déduction de 15 p. 100 pour compenser les frais de transport que la vente au marché aurait entraînés. Dernière remarque bien digne de n'être pas omise : les frais accessoires pour le curage des étables, le chargement, le transport et l'épandage du fumier à la surface des champs s'élèvent à 1 fr. 82 par 1,000 kilog., soit 109 fr. 20 pour une fumure de 60,000 kil.!

Je passe à l'examen de quatre comptes nouveaux divisés par catégories d'animaux, et se rapportant à une très-belle exploitation située dans le département des Ardennes, qui appartient à l'honorable M. Autier. Là, pour une production de 1,464,000 kilogr., la dépense s'est élevée, dit-on, à 21,537 fr. 54, ce qui porte le prix du fumier à 14 fr. 70 les 1,000 kil. L'examen détaillé de ces comptes va nous conduire à une conclusion bien différente. Nous allons trouver, en effet, qu'au lieu de 14 fr. 70, que suppose M. Autier, le fumier lui revient à plus de 23 fr. la tonne.

Comment est-il possible, en partant des mêmes éléments, d'arriver à des conclusions si différentes? Parce que M. Autier, dont les comptes dénotent une rare intelligence commerciale, impute au travail des animaux une partie de la dépense qui devrait peser sur le fumier. Il surélève arbitrairement le prix de la journée de travail, ce qui a pour conséquence de réduire d'autant le prix du fumier. Pour justifier mes critiques, je vais faire passer sous vos yeux chaque compte séparément, en commençant par les comptes les plus simples, de façon à poser chemin faisant les principes d'après lesquels les prix respectifs du travail des animaux et du fumier doivent être fixés dans les comptes plus complexes où ils figurent tous deux.

Je commence par les comptes des bêtes de rente, comprenant les porcs, les moutons, les vaches. Ici tout est simple. La dépense étant balancée par le produit des ventes, il n'y a pas de dissentiment possible. Tout est connu et défini avec la dernière' rigueur :

Compte des Porcs (23 têtes).

DOIT :

DÉPENSES *du 1ᵉʳ mars 1868 au 28 février 1869.*

Il existait, au 1ᵉʳ mars 1868, 31 têtes estimées.........	1,585 fr.	»
— — valeur du mobilier et outillᵃᵍᵉ.	1,578	65
Consommation. Farines diverses, 5,535 kil. à 30 fr. les 100 kil	1,660	50
— Son et gruᵃ, 1,257 kil. à 15 fr. les 100 kil.	188	55
— Criblures, 2,647 kil. à 10 fr. les 100 kil.	264	70
— Seigle, 420 litres à 20 fr. les 100 litres..	82	25
— Orge, 45 litres à 10 fr. les 100 litres ...	4	50
— Lait, 2,373 litres à 0 fr. 08 le litre......	189	84
— Lait écrémé, 3,995 litres, à 0 fr. 04 le lit.	172	30
— Eaux grasses et petit lait, 29,527 litres à 0 fr. 01 le litre......................	295	27
— Topinambours, 3,350 kil. à 20 fr. les 1,000 kil..........................	67	»
— Carottes, 250 kil. à 35 fr. les 1,000 kil..	8	10
— Pommes de terre, 7,280 lit. à 4 fr. l'hect.	291	20
— Glands, 968 litres à 2 fr. 25 l'hect......	21	78

A reporter................. 6,409 fr. 64

Report....................	6,409 fr.	64
Consommation. Pulpes de distillerie, 11,575 kil. à 8 fr. les 1,000 kil........................	92	60
— Pulpes de sucrerie, 4,925 kil. à 16 fr. les 1,000 kil...........................	78	80
— Pailles diverses, 26,756 kil. à 35 fr. les 1,000 kil...........................	936	46
— Trèfle vert, 13,260 kil. à 15 fr. les 1,000 kil...........................	198	88
— Dravière d'été, 1,405 kil. à 15 fr. les 1,000 kil...........................	21	07
— Pâturage....................	40	27
Achat de 3 porcs craonnais....................	465	»
Transport (moitié)	49	35
Castration de porcs....................	24	50
Tuage	4	»
Gages et nourriture du porcher....................	559	15
Intérêts à 5 p. 100 portant sur 3,163 fr. 65, capital vivant et mobilier....................	158	18
Total	9,037 fr.	90

AVOIR :

Produits *du 1er mars 1868 au 28 février 1869.*

Fumier, 92,000 kil. à 6 fr. 50 les 1,000 kil.............	598 fr.	»
Porcs tués pour la consommation du ménage, 880 kil..	1,178	50
Porcs vendus, 101....................	2,631	60
Saillies....................	35	»
Travaux divers faits par le porcher....................	220	»
Au 1er mars 1869, valeur des 23 têtes existant.............	2,567	«
— valeur du mobilier et de l'outillage...	1,586	15
Total.............	8,816 fr.	25

Dépenses....................	9,037 fr.	90
Produits	8,816	25
Perte..............	221 fr.	65

La perte de 221 fr. 65, répartie sur 92,000 kil. de fumier produit par la porcherie dans un an, donne par 1,000 kil. une augmentation de...................................... 2 fr. 40

Prix du fumier arbitré dans le compte 6 50

Prix réel du 1,000 kil. de fumier de porc.............. 8 fr. 90

Ici, pas d'hésitation : le fumier revient à un prix plus avantageux que les engrais chimiques.

Compte des Moutons (819 têtes).

DOIT :

DÉPENSES *du 1ᵉʳ mars 1868 au 28 février 1869.*

Au 1ᵉʳ mars 1868, il existait 661 têtes estimées.......	23,016 fr.	40
— Mobilier et outils des bergeries....	2,145	80
Consommation. Pulpes de distillerie, 127,890 kil. à 8 fr. les 1,000 kil...................	1,023	12
— Pulpes de sucrerie, 56,930 kil. à 16 fr. les 1,000 kil......................	964	88
— Menues pailles, 22,966 kil. à 35 fr. les 1,000 kil........................	847	57
— Dravière d'hiver, 3,607 gerbes à 0 fr. 32.	1,264	67
— Dravière d'été, 21,250 gerbes à 0 fr. 015.	318	75
— Avoine en grains, 7,179 kil. 500 à 20 fr. les 100 kil........................	1,427	90
— Avoine en gerbes, 550 gerbes........ .	207	40
— Trèfle blanc, 5,280 kil. à 40 fr. les 1,000 kil.........................	208	15
— Trèfle blanc, 46,110 kil. à 15 fr. les 1,000 kil.........................	691	65
— Trèfle sec, 51,650 kil. à 40 fr. les 1,000 kil.	2,066	»
— Foin de pré, 13,173 kil. à 50 fr. les 1,000 kil.........................	658	70
— Regain, 4,179 kil. à 40 fr. les 1,000 kil.	167	16
— Tremois en grains, 3,668 litres.......	391	25
— Tourteaux, 12,491 kil. à 15 fr. les 100 kil	1,873	80
— Son et gruau, 895 kil. à 15 fr. les 100 kil.	134	25
A reporter...................	37,408 fr.	45

Report................	37,408 fr.	45
Consommation. Farine de tremois, 250 kil. à 30 fr. les 100 kil............................	75	»
— Blé de mars, 630 kil. à 40 fr. les 1,000 kil...........................	25	20
— Luzerne sèche, 12,977 kil. à 50 fr. les 1,000 kil............................	648	87
— Ratellures diverses, 3,300 kil. à 35 fr. les 1,000 kil........................	115	50
— Pailles diverses, 88,825 kil. à 35 fr. les 1,000 kil...........................	3,108	87
— Pailles de colza, 9,925 kil. à 30 fr. les 1,000 kil...........................	297	50
— Pâturage à prairies.................	1,703	95
— Nourriture des chiens...............	252	»
Lavage des moutons et tonte........................	234	87
Travaux divers (sortir et rentrer terres et marne, sortir fumier des bergeries)............................	512	85
Gages et nourriture des bergers......................	1,439	43
Achat de tabac.........................	3	75
Achat de brebis (frais de courses et transport)	3,977	40
Achat d'un bélier southdown.........................	340	30
Intérêts à 5 p. 0/0 portant sur 25,162 fr. 20, capital vivant et mobilier.................................	1,258	11
TOTAL...............	51,401 fr.	05

AVOIR :

PRODUITS *du 1er mars 1868 au 28 février 1869.*

Fumier, 440,000 kil. à 6 fr. 50........................	2,860 fr.	»
Moutons tués pour le ménage, 214 kil. à 1 fr. le kil...	214	»
Moutons vendus..................................	6,912	»
Laine vendue.................................	5,391	82
Peaux de moutons vendues..........................	109	50
Valeur du troupeau au 1er mars 1869	24,932	30
Valeur du mobilier et de l'outillage..................	2,203	97
TOTAL...............	42,623	59

Dépenses................ 51,401 fr. 05
Produits ....∴ 42,623 59
          PERTE.......... 8,777 fr. 46

La perte de 8,777 fr. 46, répartie sur 440,000 kil. de fumier produit par les moutons dans un an, donne par 1,000 kil. une augmentation de .... 21 fr. 86
Prix du fumier arbitré dans le compte................ 6 50

Prix réel de 1,000 kil. de fumier de mouton............ 28 fr. 36

Cette fois la différence est tout en faveur des engrais chimiques. Ce résultat s'explique par la baisse du prix des laines, produite par les importations de jour en jour plus considérables des laines d'Australie.

Compte des Vaches (48 têtes).

DOIT :

DÉPENSES *du 1ᵉʳ mars 1868 au 28 février 1869.*

Au 1ᵉʳ mars 1868, il existait 40 têtes, pesant 16,220 kil., estimées	11,401 fr. 60	
— Mobilier et outils des écuries estimés.	772	45
Consommation. Pulpes de distillerie, 188,487 kil. à 8 fr. les 1,000 kil	1,507	89
— Menue paille, 21,254 kil. à 35 fr. les 1,000 kil......................	743	87
— Foin de prés, 18,749 kil. à 50 fr. les 1,000 kil......................	937	40
— Regain, 9,523 kil. à 40 fr. les 1,000 kil.	380	92
— Trèfle sec, 100 kil. à 40 fr. les 1,000 kil.	4	»
— Trèfle vert, 42,100 kil. à 15 fr. les 1,000 kil......................	631	50
— Luzerne verte, 1,855 kil. à 15 fr. les 1,000 kil......................	27	82
— Herbes diverses, 14,335 kil. à 15 fr. les 1,000 kil......................	215	02
A reporter................	16,622 fr. 47	

Report	16,622 fr.	47
Consommation. Dravière d'été, 39,345 kil. à 15 fr. les 1,000 kil.	590	17
— Millet, 9,725 kil. à 15 fr. les 1,000 kil.	145	87
— Moutarde, 12,810 kil. à 15 fr. les 1,000 kil.	192	15
— Feuilles de navet, 6,300 kil. à 15 fr. les 1,000 kil.	94	50
— Pailles diverses, 83,975 kil. à 35 fr. les 1,000 kil	3,114	17
— Pailles de colza, 7,000 kil. à 30 fr. les 1,000 kil	210	»
— Topinambours, 10,490 kil. à 20 fr. les 1,000 kil.	209	80
— Carottes, 448 kil. à 30 fr. les 1,000 kil.	13	44
— Avoine en grains, 927 kil. 500 à 20 fr. les 100 kil.	185	50
— Orge, 122 kil. à 20 fr. les 100 kil.	24	40
— Farines diverses, 1,600 kil. à 30 fr. les 100 kil.	480	»
— Son et gruau, 649 kil. à 15 fr. les 100 kil.	97	35
— Tourteaux, 6,503 kil. à 15 fr. les 100 kil.	975	45
— Lait donné aux veaux, 9,301 litres à 0 fr. 08 le litre.	744	08
— Lait écrémé, 8,606 lit., à 0 fr. 04 le lit.	344	24
— Œufs, 19 à 0 fr. 05		95
— Pâturages à prairies	437	50
Achat de 6 vaches femelines et 1 taureau (transport compris)	2,847	75
Achat de 1 taureau femelin à Apremont	250	»
Frais de transport du taureau	24	80
Achat de 2 petits bœufs	101	»
Gages et nourriture des vachers	1,160	08
Intérêts à 5 p. 100 sur 12,174 fr. 05, capital vivant et mobilier	608	70
TOTAL	29,474 fr.	37

PRODUITS *du 1er mars 1868 au 28 février 1869.*

Lait, 37,806 litres à 0 fr. 08 le litre......................	3,024 fr.	48
Fumier, 474,050 kil. à 6 fr. 50 les 1,000 kil.............	3,081	32
Saillies..	8	»
Vente des vaches nᵒˢ 18 et 19........................	583	»
— de 2 veaux......................................	88	»
— de 2 bœufs nᵒˢ 68 et 69........................	1,141	»
— à l'écurie des bœufs de trait, 5 bœufs pesant 1,830 kil. à 70 fr. les 100 kil...............	1,281	»
— 1 veau...	36	»
— 1 vache nᵒ 11....................................	403	20
— 2 bœufs nᵒˢ 40 et 43...........................	1,170	»
— à l'écurie des bœufs de trait, 3 bœufs pesant 940 kil. à 70 fr. les 100 kil.................	658	»
— 3 vaches nᵒˢ 10, 20 et 16......................	870	»
Il existe au 1er mars 1869 48 têtes, pesant 18,980 kil., estimées..............	12,932	50
— — Mobilier et outils des écuries.	806	30
Bénéfice produit par la laiterie......................	317	93
TOTAL	26,400 fr.	73

Dépenses.................	29,474 fr.	37
Produits.................	26,400	73
PERTE...........	3,073 fr.	64

La perte de 3,073 fr. 64, répartie sur 474,000 kil. de fumier produit par la vacherie dans un an, donne par 1,000 kil. une augmentation de.......	6 fr.	48
Prix du fumier arbitré dans le compte.........	6	50
Prix réel de 1,000 kil. de fumier de vache	12 fr.	98

Cette fois, il y a équilibre : le fumier est à son prix. Pour être tout à fait rigoureux, il eût fallu déterminer par des analyses séparées la composition de chaque nature de fumier. Mais ces appréciations, parfaitement judicieuses et fondées en principe, nous feraient tomber dans des minuties auxquelles la pratique ne peut pas descendre.

J'arrive aux comptes des bêtes de trait.

Ici le problème se complique. A quel taux faut-il compter le travail des animaux ? Il est manifeste que, si on distrait du compte le travail et le fumier, il se solde en perte, et que, suivant le prix attribué au travail, le fumier ressortira ou très-cher ou très-bon marché. En réalité, ce compte est l'équivalent d'une équation à deux inconnues. La valeur de l'un de ces termes, travail et fumier, dépend de la valeur que l'on assigne à l'autre.

D'après quelles données fixera-t-on le prix du travail? Il y a deux solutions.

On peut prendre pour prix de la journée des chevaux celui qu'on paye dans la localité aux tâcherons qui vont à la journée avec leur attelage. — Dans ce cas les attelages sont assimilés à un atelier indépendant devant produire son profit.

Deuxième solution. Les denrées de consommation étant livrées aux écuries au prix du marché, ce qui assure à la culture le bénéfice qui lui est dû, on peut donner pour prix du travail les frais de nourriture et d'entretien, comprenant les gages des domestiques, l'usure du matériel et l'intérêt du capital employé. Dans ce cas le travail ne donne pas par lui-même de bénéfice : on l'assimile à un débouché sur place.

Laquelle de ces deux solutions doit-on préférer? Au lieu de choisir, en me fondant sur des considérations théoriques, je trouve préférable de procéder par analogie, et d'amener le lecteur à décider lui-même sous la pression des exemples que j'aurai rapportés.

Supposons donc une affaire par action, très-complexe, comprenant un charbonnage, une ferme et une sucrerie.

La ferme livre des betteraves à la sucrerie. — A quel prix doit-elle les lui compter? A celui que la sucrerie paye à ses autres fournisseurs. Ceci est élémentaire. Pour savoir d'où viennent les dividendes distribués chaque année aux actionnaires, il faut que chacune des trois opérations agisse et se meuve d'une vie propre.

Si donc le charbonnage livre de la houille à la ferme et à la sucrerie, il doit la leur vendre au cours.

Ceci continue à rallier tous les suffrages par son évidence.

La sucrerie absorbe, pour le râpage des betteraves, le travail des presses et celui des turbines, une force de 80 chevaux vapeur. Comment établit-on le compte de la force motrice ?

En débitant le compte de la consommation de la houille des frais de manœuvres, entretiens, réparations, de l'intérêt du capital représenté par les machines et les constructions, plus d'un amortissement destiné à reconstituer ce capital dans une période de dix ou quinze années. — Le crédit de compte se balance par le travail défini numériquement en chevaux vapeur. Personne n'a jamais eu l'idée de vouloir fixer le prix du travail par celui d'un entrepreneur à forfait. Quel avantage y aurait-il à faire une opération à part du travail des machines et à l'affecter d'un bénéfice qui viendrait en déduction de celui produit par la sucrerie dont la machine est un simple rouage ? Ici encore l'évidence des faits emporte la conclusion.

Nous admettrons donc que le travail des attelages ne doit figurer dans les comptes que pour mesure d'ordre, et qu'en fait il n'est et ne peut être qu'une simple transformation de valeur.

Le prix du travail aura donc pour expression les frais d'entretien, dans lesquels les fourrages et la paille ayant été cotés au prix du marché, ont sauvegardé le profit qui appartenait à la culture.

Le compte des bêtes de trait se trouvant fixé par ces explications, efforçons-nous d'en dégager la véritable signification.

Voici d'abord le compte des chevaux, tel que M. Autier l'établit.

Compte des Chevaux (16 têtes).

DOIT :

Dépenses *du 1er mars 1868 au 28 février 1869.*

Il existait au 1er mars 1868 19 têtes estimées	8,100 fr.	»
— — Mobilier et outils des écuries.	2,180	»
Consommation. Avoine en grains, 23,122 kil. 500 à 20 fr. les 100 kil....................	4,624	50
— Seigle, 80 litres à 20 fr. les 100 litres.	16	»
— Blé, 120 litres à 25 fr. les 100 litres...	30	»
— Farines diverses, 2,088 kil. à 30 fr. les 100 kil............................	626	40
— Son et gruau, 801 kil. à 15 fr. les 100 kil.	120	15
— Carottes, 5,325 kil. à 30 fr. les 1,000 kil.	159	75
— Paille hachée, 2,605 kil. à 35 fr. les 1,000 kil	91	17
— Foin de prés, 43,393 kil. à 50 fr. les 1,000 kil.........................	2,169	65
— Luzerne, 1re coupe, 9,359 kil. à 50 fr. les 1,000 kil......................	467	95
— Trèfle vert, 6,985 kil. à 15 fr. les 1,000 kil............................	104	77
— Pailles diverses, 46,260 kil. à 35 fr. les 1,000 kil	1,619	10
— Pailles de colza, 2,000 kil. à 30 fr. les 1,000 kil........................	60	»
— Pâturage à prairies.................	122	50
— Tabac.......................	3	75
Frais d'annonce pour l'étalon Houp-là................	4	80
Gages et nourriture des charretiers.................	2,815	06
Charretiers supplémentaires.....................	274	35
Frais d'entretien des équipages, ferrage, vétérinaire, éclairage, etc......................	1,925	»
Intérêts à 5 p. 100 sur 10,280 fr., chevaux et matériel.	514	»
Total...........	**26,028 fr.**	**90**

PRODUITS *du 1er mars 1868 au 28 février 1869.*

Fumier, 186,000 kil. à 6 fr. 50......................... 1,209 »
JOURNÉES DE TRAVAIL, 3,676 1/2 à 4 fr .... 14,706 »
Vente de la jument Duchesse......................... 425 »
Chevaux morts ou abattus, 3 à 15 fr................... 45 »
Saillies, 10, dont 9 à 15 fr. et 1 à 10 fr............... 145 »
Travaux supplémentaires des charretiers............. 96 12
Valeur des chevaux existant au 1er mars 1869......... 6,800 »
Valeur du mobilier et de l'outillage des écuries 2,162 75

       TOTAL............. 25,588 fr. 87

Dépenses................. 26,028 fr. 90
Recettes................. 25,588   87

    PERTE............ 440 fr. 03

La perte de 440 fr. 03, répartie sur 186,000 kil. de
fumier produit dans un an, donne par 1,000 kil. une
augmentation de............................. 2 fr. 41 p. 1,000k
Prix du fumier arbitré dans ce compte......... 6   50 —

Prix réel de 1,000 kil. de fumier de cheval..... 8 fr. 91

8 fr. 91! On va voir que ce prix est inférieur de 23 fr. 98 au prix réel, qui est de 32 fr. 59 la tonne.

Comment un pareil écart est-il possible en se fondant sur les mêmes données? Je vous l'ai dit : parce que M. Autier impute aux journées de travail les frais de nourriture et d'entretien pendant toute la durée de l'exercice. Il fait supporter aux journées de travail la dépense effectuée pendant les journées de repos et de chômage. Moi, au contraire, je répartis la totalité de la dépense sur le nombre des journées compris dans l'exercice, sans distinction de leur affectation au travail et au repos. C'est ainsi qu'au lieu de 4 fr. admis par M. Autier, je suis amené à fixer le prix de la journée à 2 fr. 80 (1). Cette somme représente la dépense réelle d'une journée, tout compris, nourriture, entretien, gages de domestiques, intérêts des capitaux, etc.

Les chevaux sont-ils occupés? Les frais sont balancés par le travail, et le fumier ressort en bénéfice.

Au contraire, sont-ils au repos? On les assimile aux bêtes de rente. Cette fois les frais de nourriture et d'entretien n'ayant plus pour contre-valeur que le fumier, le fumier ressort à un prix très-élevé.

Dans le premier cas il y a gain, et perte dans le second ; le prix réel du fumier résultant de la fusion de ces deux éléments a pour expression le montant des frais pendant la période de repos, et n'étant qu'une contre-valeur, le compte précédent doit revêtir cette nouvelle forme.

DOIT :

Valeur des animaux........................	8,100 fr.	»
Mobilier des écuries........................	2,180	»
Frais de nourriture........................	10,220	59
Frais d'entretien........................	1,925	»
Gages des charretiers........................	3,089	31
Intérêts des capitaux à 5 p. 100, pour 11,489ᶠ 40.	514	»

26,028 fr. 90

AVOIR :

Valeur des animaux........................	6,800 fr.	»
Mobilier	2,162	75
3,676 journées de travail, à 2 fr. 80........	10,292	80
Vente de la jument Duchesse........	425	»
10 saillies de l'étalon........................	145	»
Travaux divers par les charretiers........	96	12
3 chevaux abattus à 15 fr. l'un........	45	»
186 tonnes de fumier, pour balance........	6,062	23

26,028 fr. 90

$$\frac{6,062 \text{ fr. } 23}{186 \text{ t.}} = 32 \text{ fr. } 59,\text{ prix de la tonne de fumier.}$$

---

(1) Elle est de 3 fr. dans le compte de M. Caillet.

Préférez-vous conserver au compte la forme que M. Autier lui a donnée? Vous n'y gagnerez rien, car si le fumier y figure à un prix réduit, les frais de labours y atteignent des proportions inadmissibles.

S'il vous restait un doute sur la légitimité des rectifications que j'indique, pour les justifier, il me suffirait de vous présenter le compte des bœufs. Ici il n'est pas possible d'annuler la période de repos au profit de la période de travail; le débit de chaque période est balancé par un produit différent: la viande et le travail, qui font tour à tour des bœufs des bêtes de rente ou des bêtes de trait.

Mais ne nous lassons pas, et pour faire la lumière ne craignons pas de remonter aux éléments les plus reculés de l'opération.

Lorsqu'on annexe une distillerie à une ferme, comme c'est le cas chez M. Autier, que se propose-t-on? De suppléer à l'insuffisance de la prairie et d'accroître la production du fumier au moyen de la pulpe de betterave. On fait plus : on exagère le nombre des bœufs que réclame l'exploitation, et l'on spécule sur leur engraissement.

De là deux périodes dans l'opération : les bœufs travaillent, leur travail paye leur entretien, le fumier ressort à 0: c'est le bénéfice.

Les bœufs sont au repos : ils produisent de la viande et du fumier; le produit de la viande étant fixé par la vente des animaux, le solde débiteur qui balance le compte a pour contre-valeur le fumier dont il fixe le prix.

Cette fois encore, la somme du fumier produit dans les deux périodes de travail et de repos a pour expression les frais d'entretien et de nourriture pendant la *seule période de repos et d'engraissement*.

Si on impute aux journées de travail la totalité de la dépense, on réduit à la fois le prix de revient de la viande et du fumier de tout ce qui charge arbitrairement celui du travail.

Pour mieux préciser ces remarques, voici d'abord le compte des bœufs dans la forme que M. Autier lui a donnée :

Compte des Bœufs (31 têtes).

DOIT :

DÉPENSES *du 1er mars 1868 au 28 février 1869.*

	fr.	c.
Il existait au 1er mars 1868 26 têtes, pesant 15,170 kil., estimées	10,619 fr.	»
Mobilier et outils des écuries.	870	40
Consommation. Menue paille et silique, 12,356 kil. à 35 fr les 1,000 kil................	432,	46
— Pulpes de distillerie, 123,010 kil. à 8 fr. les 1,000 kil......................	984	08
— Foin de prés, 49,370 kil. à 50 fr. les 1,000 kil.....................	2,468	50
— Trèfle sec, 40,517 kil. à 40 fr. les 1,000 kil.....................	1,620	68
— Trèfle vert, 48,615 kil. à 15 fr. les 1,000 kil.....................	729	22
— Luzerne sèche, 850 kil. à 50 fr. les 1,000 kil.....................	42	50
— Luzerne verte, 8,530 kil. à 15 fr. les 1,000 kil.....................	127	95
— Pailles diverses; 71,120 kil. à 35 fr. les 1,000 kil.....................	2,488	89
— Pailles de colza, 2,500 kil. à 35 fr. les 1,000 kil.....................	87	50
— Pâturages	172	»
— Avoine en grains, 1,939 kil. à 20 fr. les 100 kil.....................	387	80
— Tourteaux, 1,350 kil. à 15 fr. les 1,000 kil.	202	50
— Farines diverses, 538 kil. à 30 fr. les 100 kil.....................	161	40
Gages et nourriture des bouviers.....................	3,203	32
Bouviers supplémentaires.....................	108	45
Achat à la vacherie de 8 bœufs pesant 2,770 kil. à 70 fr. les 100 kil.....................	1,939	»
Achat d'un jeune bœuf de 18 mois.....................	235	»
Achat de 12 paniers à nez	7	»
Ferrage et entretien des équipages, éclairage, vétérinre.	1,959	50
Intérêts à 5 p. 100 sur 11,489 fr. 40, capital vivant et mobilier.....................	572	47
TOTAL...............	29,419 fr. 74	

PRODUITS *du 1er mars 1868 au 28 février 1869.*

Fumier, 284,435 kil. à 6 fr. 50 les 1,000 kil...........	1,848	82
JOURNÉES DE TRAVAIL, 4,987 à 3 fr.................	14,961	»
Travaux divers faits par les bouviers................	85	26
Il existe au 1er mars 1869 31 têtes, pesant 15,930 kil., estimées..	11,165	»
Valeur du mobilier et des outils des écuries..........	1,002	15
TOTAL..............	29,062 fr. 23	

Dépenses.................	29,419 fr. 74
Produits	29,062 23
PERTE.............	357 fr. 51

La perte de 357 fr. 51 étant répartie sur 284,435 kil. de fumier produit par les bœufs dans un an, donne par 1,000 kil. de fumier une augmentation de..... 1 fr. 25 p. 1,000^k

Prix fixé par arbitrage dans le compte 6   50   —

Prix réel de 1,000 kil. de fumier de bœuf....... 7 fr. 75

Que dit ce compte ? Que pendant les 4,987 journées de travail qui y figurent, on a dépensé 14,961 fr., ce que l'on balance en fixant la journée de travail à 3 fr. ; le fait est inexact ; la vérité, c'est que pour 11,315 journées que comprend l'exercice, on a dépensé 17,167 fr. 33, ce qui fixe les frais de toute nature pour une journée, et partant le prix du travail pour le même temps, à 1 fr. 517. Avec cette rectification, le fumier ressort à 33 fr. 80 la tonne, et le compte devient :

DOIT :

Valeur des animaux........................	10,092 fr.	»
Mobilier...................................	870	40
Frais de nourriture........................	12,612	60
A reporter............	23,575 fr.	»

Report............	23,575 fr.	»
Frais d'entretien.........................	1,959	50
Gages des bouviers......................	3,311	97
Intérêts des capitaux à 5 p. 100, pour 10,280ᶠ.	572	47
	29,418 fr.	94

AVOIR :

Valeur des animaux........................	11,165 fr.	»
Mobilier.........................	1,002	15
Travaux divers par les bouviers..............	85	26
4,987 journées de travail, à 1 fr. 517 l'une....	7,565	28
284 tonnes de fumier, pour balance.........	9,602	05
	29,419 fr.	74

$$\frac{9{,}602 \text{ fr. } 05}{284 \text{ t.}} = 33 \text{ fr. } 80, \text{ prix de la tonne de fumier.}$$

D'où il suit qu'à la ferme de Saint-Denis, qui possède comme annexe une distillerie, un moulin à huile et un moulin à farine, de façon à n'exporter que de l'alcool, de l'huile, de la laine, de la viande et de la farine, tous les déchets de récolte faisant retour à la terre, le prix du fumier est de :

LES 1,000 KIL.

8 fr.	90	pour	les porcs.
12	98	—	les vaches.
28	36	—	les moutons.
32	59	—	les chevaux.
33	80	—	les bœufs.

Soit en moyenne .. 23 fr. 32

Quelle conclusion devons-nous tirer de ces résultats ? M. Autier s'est chargé de la formuler dans la lettre qui accompagnait ses comptes. Il me disait :

« Quoique je compte à bas prix tous les objets consommés, et bien que la main-d'œuvre ne soit pas chère ici, mon fumier me coûte un prix très-élevé, je dirai même ruineux, si je devais entretenir des bestiaux en assez grand nombre pour produire l'équivalent de tous les engrais que j'emploie. »

Voilà donc où mène la formule tant vantée : prairie, fumier, céréales. Demandez-vous ce que coûte le froment à celui qui emploie du fumier à 25 fr. les 1,000 kilogrammes, et alors la cause principale des insuccès agricoles vous apparaîtra avec la dernière évidence, quoique toujours niée ou méconnue.

Mais il faut épuiser la question.

Supposons donc que mes critiques n'aient aucun fondement, et que l'économie des comptes de M. Autier soit irréprochable. En serez-vous plus avancé ? Non, car je vous l'ai annoncé : si on conserve les affectations attribuées aux journées de travail, on trouve :

Pour les bœufs......................	14,961 fr.
Pour les chevaux...................	14,706
TOTAL..............	29,667 fr.

pour cultiver 196 hectares, ce qui porte à 151 fr. 31 par hectare les frais de labour et de récolte. Mathieu de Dombasles les fixait à 43 fr. ! N'est-ce pas la condamnation du travail par les animaux, et sous une forme indirecte la condamnation du fumier lui-même, *dans les conditions où M. Autier le produit* (1)?

La conclusion est forcée : c'est la substitution du travail par la vapeur au travail des animaux ou celle des engrais chimiques au fumier.

Il n'y a pas moyen de sortir de ce dilemme.

Lorsque j'ai dit, il y a deux ans, que le prix de 27 fr. 17, auquel le fumier revenait à la ferme du Thier-Garten, était plus fréquent qu'on ne pensait, si le nom du vénéré M. Schattenmann n'avait couvert mon assertion, nul doute qu'on ne l'eût taxée d'exagération, si tant est qu'on eût consenti à y avoir égard. Voici pourtant d'autres comptes qui accusent un prix plus élevé encore.

---

(1) Je souligne pour éviter les équivoques.

Je me bornerai à tirer de ces nouveaux documents une seule conclusion : c'est que rien n'est dangereux comme de vouloir improviser des cultures fourragères. La ferme de Saint-Denis est une création récente, provenant d'un défrichement de bois. Dans de semblables conditions, un trop nombreux bétail est une cause incalculable de dépense. Pour peu que les fourrages viennent à manquer, on est pris au dépourvu ; privé de réserve, il faut vendre les animaux à vil prix, ou payer le fourrage et la paille des taux excessifs. Le fumier et le travail des attelages ressortent alors à des prix que la culture ne peut couvrir, et la viande coûte plus qu'on ne la vend.

Que l'on renverse l'ordre de succession préconisé jusqu'ici ; qu'on prenne pour point de départ une importation d'engrais, bornant au début les animaux au strict nécessaire pour le travail de la ferme ; qu'on attende de s'être créé des réserves de paille et de foin. Oh ! alors, le bétail peut intervenir avec avantage. Mais encore ne faut-il l'accroître qu'avec circonspection, et se tenir au-dessous des ressources en fourrage dont on dispose, sans jamais les dépasser.

Si l'on était tenté de croire que l'exemple de M. Autier est une exception, j'inviterais mes contradicteurs à revoir leurs propres comptes et à en bannir rigoureusement toutes les affectations arbitraires ou dissimulées.

Je connais en Normandie trois exploitations modèles, représentant chacune de 1 à 2 millions au moins ; les bâtiments y sont splendides, admirablement disposés ; chaque ferme possède une distillerie sortie des ateliers de la maison Cail. Quel est le résultat financier ? J'espère pouvoir un jour vous le dire.

Les trois propriétaires, qui occupent un rang élevé dans l'industrie et dont la fortune est assez bien assise pour qu'on puisse faire l'histoire et le compte des vicissitudes que leur création ont traversées, n'ont commis qu'une seule faute. Ils se sont dit qu'en cultivant de grandes étendues en betteraves, ils auraient beaucoup de pulpes, et partant beaucoup de fumier à bas prix, ce qui permettrait d'atteindre de grands rendements. En fait, qu'est-il advenu ? Les premiers rendements de betteraves ont été faibles ; les animaux, assez médiocrement nourris, ont donné de la perte. La paille faisant défaut, il a fallu employer la bruyère comme litière. Le fumier étant de mauvaise qualité a produit peu d'effet et coûte fort cher. — Voilà où mène la production du bétail, lorsqu'on veut en faire le levier exclusif et primordial de la mise en valeur du sol.

Concluons. — S'agit-il de fixer le prix du fumier ? Je ne puis que répéter ce que j'ai dit en 1867 :

« Il faut ouvrir aux écuries un compte à part, le créditer de tout ce qui est une source de valeur réelle, lait, beurre, animaux vendus, accroissement de poids acquis par les animaux conservés ; travail estimé par la ration d'entretien ; — débiter ce compte de l'intérêt du capital représenté par les animaux, les bâtiments, les réserves de nourriture, les frais d'entretien, d'attelage et de personnel, et la nourriture, cotée au prix du cours, déduction d'une bonification de 10 à 15 p. 100 pour frais de transport dont elle a été exonérée. Un compte établi d'après ces données se balance toujours en perte, mais la perte a pour contrevaleur le fumier. »

A quoi j'ajoute, éclairé par un plus grand nombre de faits, que le prix de 15 fr. la tonne que j'ai admis comme moyenne est certainement au-dessous de la vérité.

Je puis en fournir une nouvelle preuve.

Que de fois ne m'a-t-on pas répondu, lorsque je parlais du haut prix de fumier : Le fumier? mais on s'en procure tant qu'on veut à 4 fr. la tonne, et d'énumérer avec complaisance les ressources que les grandes villes nous offrent sous ce rapport. M. Dailly va se charger de réduire cet argument à sa juste valeur (1).

D'après lui, le fumier payé à Paris 7 fr. 31 les 1,000 kil., revient en gare à Chartres à 12 fr. 88, dont voici le décompte :

---

(1) Rapport sur l'*Engrais chimique*, par M. A. Dailly, à la Société d'agriculture de Seine-et-Oise, pages 7 et 9.

II.   16.

1° Les 1,000 kil. de fumier dans la cour du
dépôt des Ternes .... 7 fr. 31
2° Transport des Ternes à la gare des Batig^lles. 2   21
3° Transport des Batignolles à Chartres...... 2   38

TOTAL .... 12 fr. 90

Et à Trappes, près de Versailles, à 13 fr. 18 :

Les 1,000 kil. de fumier de Paris........... 7 fr. 83
Chargement...................... 0 fr. 40 ⎫
Transport à Batignolles.......... 2   »   ⎬ 2   80
Chargement du wagon.......... 0   40 ⎭
Transport des Batignolles à Trappes 2   25
Chargement sur voiture.................... »   30

TOTAL.................. 13   18

13 fr. à la gare d'arrivée. Pour avoir le prix réel, il faut ajouter encore la dépense pour le transport à destination, ce qui ne
doit pas être inférieur à 2 fr. par tonne, puisque c'est là le taux
fixé pour aller seulement du dépôt de Paris à la gare de Batignolles.

Vous voyez ce que deviennent devant la froide réalité les appréciations en l'air qu'on nous oppose. A ceux qui douteraient encore, je n'opposerai plus qu'un argument. Je les convierai à
refaire leur compte, m'en remettant à leur conclusion, bien
convaincu qu'elle fortifiera celle que je viens moi-même de formuler.

III.

LE SYSTÈME AGRICOLE QUI DOIT PRÉVALOIR.

Le système agricole qui doit prévaloir par la force des choses
est donc celui que la doctrine des engrais chimiques préconise.

Un mot le résume : tendre à la culture intensive par une importation permanente d'engrais ; régler la part faite au bétail sur le bénéfice qu'il procure, et rompre avec la prétendue nécessité de produire du fumier *quand même et à n'importe quel prix.*

A la formule : *prairie, bétail, céréales,* la doctrine des engrais chimiques oppose la formule nouvelle : *importation d'engrais, céréales, bétail.*

Là, le bétail est le point de départ obligé, et la clé de voûte de tout le système. Ici il en est le couronnement ; il n'a ni plus ni moins d'importance que les autres produits de la ferme : on en règle la production sur les bénéfices qu'il procure, et si au lieu de profit il donne de la perte, on le réduit au strict nécessaire pour assurer les labours et la consommation de la partie des récoltes qui ne peut être vendue.

Pour assurer la fumure des terres, on a recours à une importation d'engrais, et d'engrais chimiques de préférence à tous les autres, parce qu'ils sont les plus économiques d'abord, et qu'avec eux on sait ce que l'on emploie, et qu'on donne à chaque nature de plante, à la dose voulue, les éléments dont elle a besoin.

Est-ce assez clair ?

Dans le passé la prairie avait pour destination de compenser les pertes que l'exportation des denrées destinées au marché, et notamment les céréales, faisaient éprouver à la terre ; nous, au contraire, nous demandons une partie des éléments de cette restitution à une importation d'engrais étrangers au domaine.

Le contraste est donc complet.

Remarquez, je vous prie, qu'il ne s'agit pas de science ici, mais de pratique au premier chef. Dans l'ancien système, la moyenne et la petite culture étaient de véritables fléaux, parce qu'elles produisent sans fumer la terre.

Dans le système des engrais chimiques, la moyenne et la petite culture peuvent fumer à l'égal de la grande, sur laquelle elles l'emportent par la préparation plus soignée du sol.

Or, pour la France, où la petite propriété possède 21 millions d'hectares, c'est là un fait considérable.

Avec l'emploi exclusif du fumier, le moindre progrès exige

une avance de 300 à 400 fr. par hectare, sur lesquels 150 à 200 fr. au moins sont immobilisés en constructions.

Avec les engrais chimiques, une avance de 150 fr. par hectare permet d'atteindre sans délais les rendements de la culture intensive, et, dès la première année, l'opération se solde en bénéfice.

Dans la culture par le fumier, on est enchaîné par la dépendance réciproque du bétail et de la culture. Avec les engrais chimiques, à part les exigences qui naissent de la préparation du sol, on peut spéculer indifféremment sur la vente des fourrages, l'engraissement ou l'élève du bétail. A la condition de rendre à la terre plus d'acide phosphorique, de potasse, de chaux et d'azote qu'on ne lui en a pris, on jouit d'une liberté entière. Qu'importe aux végétaux que l'acide phosphorique réclamé par leur organisation ait pour origine les déjections des animaux, l'ossature d'un durham de race pure, l'apatite de l'Estramadure, la phosphorite de Nassau, ou les nodules de la Moselle? Rendu soluble, assimilable par les plantes, son action n'est-elle pas toujours la même, indépendante de la question d'origine?

Que la potasse vienne de l'urine humaine, des salines de Stassfurt, des granits de la Bretagne ou des eaux de la mer, si on l'offre aux plantes à l'état de nitrate, de carbonate ou de silicate, ses effets n'auront-ils pas pour régulateur unique la forme et le degré de richesse des produits?

Admettez-vous une seule minute que l'azote à l'état de nitrate de potasse ou de soude agisse différemment, parce qu'on l'aura tiré du Pérou, de l'empire des Birmans, d'une fabrique de salpêtre ou des trappes à miracles de l'agence de M. Rohart?

Non. Vous direz que l'origine n'y fait rien; que c'est le degré de richesse, la forme, la solubilité de ces quatre agents, source et condition de la vie végétale, qui en règle les effets.

Eh bien! qu'importe alors que la restitution ait lieu à l'état de fumier ou d'engrais chimique, si une expérience suffisamment étendue vous a appris qu'à richesse égale les engrais chimiques l'emportent sur le fumier, et si, observateur scrupuleux de la loi de restitution totale, vous rendez à la terre plus qu'elle n'a perdu?

Me direz-vous enfin que depuis une vingtaine d'années, le prix de la viande tend à monter, et que les meilleurs esprits inclinent à penser que si, avec une demi-tête de gros bétail par hectare, on pouvait, sans surcroît de cheptel, porter les rendements à 30 ou 35 hectolitres pour le froment, à 50 ou 60,000 kil. pour les betteraves, à des conditions rémunératrices, l'industrie agricole serait bien près de son apogée.

Sans rien préjuger de cette opinion, je vous ferai observer que qui peut le plus peut le moins, et que rien ne s'oppose à ce que la solution que vous réclamez soit promptement atteinte.

Associez les engrais chimiques au fumier, en suivant les règles que j'ai tracées dans le cinquième et le sixième Entretien de 1867, et l'idéal de vos rêves sera devenu un fait accompli.

Donnez à tour de rôle pour auxiliaire au fumier, à l'état d'engrais chimique, la *dominante* de chaque plante, et vous obtiendrez deux effets immédiats :

Toutes les récoltes atteindront leur limite la plus élevée.

On pourra réduire la prairie de moitié ou au moins d'un tiers au profit des cultures d'exportation.

Dans ces conditions nouvelles, deux règles résument tout l'art agricole :

1º Observer avec rigueur la loi de restitution totale, et fumer la prairie.

2º Régler la composition des engrais complémentaires sur le principe des *dominantes*.

Je n'insiste pas. Ces expressions ont maintenant pour vous un sens net et bien défini.

S'il est vrai que l'efficacité des engrais chimiques égale celle du fumier — vous savez qu'elle est supérieure, — si leur prix est égal — vous savez qu'il est moindre, — l'emploi de ces agents nouveaux, conçu et pratiqué comme je viens de l'indiquer, doit entraîner la transformation de notre régime agricole.

Depuis trois ans, cette transformation s'affirme avec un élan irrésistible. M. Lecouteux ne s'y était pas trompé. Le jour où il s'est mis face à face avec la doctrine des engrais chimiques, il l'avait pressentie et annoncée.

« Lorsqu'on n'a recours qu'au fumier de ferme, disait-il, le progrès est lent sur les terres qui produisent de 8 à 15 hectolitres de blé par hectare. Il y a des années que les cultivateurs y suent sang et eau, et ces cultivateurs ont appris à leurs dépens que l'agriculture par le fumier est et ne peut être qu'une entreprise de longue haleine.

« Si donc la doctrine des engrais chimiques doit entraîner les conséquences annoncées par M. Ville; si cette doctrine permet l'improvisation de récoltes maxima sur les terres jusque-là les plus déshéritées; si elle se prête à une agriculture qui arrive aux fourrages par les céréales et les plantes industrielles au lieu d'arriver aux céréales et aux plantes industrielles par les fourrages, comme l'ont toujours conseillé les maîtres le plus en estime, il faut en convenir, UNE IMMENSE RÉVOLUTION AGRICOLE, LA PLUS GRANDE QUI AIT JAMAIS ÉTÉ PRÊCHÉE, EST A LA VEILLE DE SE PRODUIRE, ET IL FAUT L'APPELER DE TOUS NOS VŒUX (1). »

A quelle époque M. Lecouteux a-t-il tenu ce langage? Le 30 janvier 1868. Un an et demi s'est à peine écoulé, et voyez comme la question a marché! Qui oserait affirmer aujourd'hui l'impossibilité de remplacer le fumier par des engrais d'une origine étrangère à la ferme? Qui oserait soutenir l'impossibilité d'obtenir des récoltes rémunératrices sur des terres de qualité inférieure, à l'aide d'une fumure purement chimique? Qui oserait soutenir qu'il est plus avantageux de recourir à un accroissement de bétail qu'à une importation d'engrais, lorsqu'il s'agit de faire passer à bref délai le régime d'une exploitation, d'un rendement de 20 hectolitres de froment à celui de 30 hectolitres par hectare?

Pour mettre dans tout son jour la supériorité de la nouvelle méthode, j'ai cité deux exploitations célèbres où l'emploi exclusif du fumier n'a donné que des résultats médiocres ou contestés : la ferme de Bechelbronn et l'institut de Grignon.

A ma grande surprise, ce choix n'a pas eu l'heureuse fortune de rallier, dans le monde agricole, l'unanimité des suffrages : on m'a objecté que la période de l'histoire de Bechelbronn, dont

----

(1) *Journal d'Agriculture pratique*, 1868, t. I, p. 131.

j'invoquais le témoignage, était maintenant bien éloignée, et que si l'honorable M. Boussingault était un savant d'un mérite incontesté, son autorité comme agriculteur ne pouvait être acceptée sans réserve.

L'exemple de Grignon n'a pas été trouvé plus heureux : pour justifier son insuccès, on s'est prévalu des charges que l'enseignement de l'école imposait à l'exploitation.

Grâce à ces deux réserves, on a continué à défendre la suprématie de la culture par le bétail et le fumier. On soutient, mais sans compte à l'appui il est vrai, la possibilité d'obtenir à son aide des résultats financiers éclatants et des rendements intensifs. Qu'y a-t-il de vrai dans des prétentions si hautaines? Un parti pris né d'une longue habitude ou un invincible aveuglement.

La chambre consultative d'agriculture de Cambrai a eu l'heureuse pensée de dresser, pour la grande enquête, le bilan d'une exploitation de 100 hectares, persuadée avec juste raison que c'était le seul moyen de donner une idée exacte de l'agriculture du pays.

Or, elle est arrivée à ce résultat que, dans une telle exploitation, les avances s'élèvent, année moyenne, à 74,580 fr., et les recettes à 76,820 fr., soit un bénéfice net de 2,240 fr.!

La question qui nous occupe en ce moment est trop grave pour nous borner à ces indications ; il faut en citer le détail.

Voici donc les éléments de cette déclaration capitale :

DÉPENSES ANNUELLES D'UNE FERME DE CENT HECTARES.

Ferme, 600 fr. par hectare : 60,000 fr. à 5 p. 100.....	3,000 fr.
Réparations et entretien de la ferme...............	1,000
Mobilier, 400 fr. par hectare : 40,000 fr. à 5 p. 100 ..	2,000
Fonds de roulement : 40,000 fr. à 5 p. 100..........	2,000
Loyer des terres, 2ᵉ classe : 125 fr. par hectare......	12,500
Pot de vin : 1/9 du loyer.........................	1,378
Contributions de la ferme et des terres............	1,500
Valets de ferme : 5 à 700 fr. par an................	3,500
Garçon de cour.................................	700
À reporter...............	27578 fr.

Report..................	27,578 fr.
Berger..	1,000
Servante de ferme et une aide.................	800
Chevaux : 20 à 1 fr. 75 par jour..............	12,775
Vaches : 30 à 1 fr. 25 par jour..............	13,687
Moutons : 150 à 0 fr. 08 par jour.............	4,380
Semences : 25 fr. par hectare en moyenne........	2,500
Sarclages : 20 fr. — —	2,000
Frais de récoltes : 30 fr. — —	3,000
Frais de battage : 15 fr. — —	1,500
Engrais artificiels. — —	1,000
Fumier de ferme, 9,000 fr. : valeur des pailles.....	» »
Assurance des bâtiments et de la récolte...........	250
Entretien du mobilier, 10 p. 100..................	4,000
Frais du bail, 1/9..............................	100
	74,580 fr.

RECETTES ANNUELLES D'UNE FERME DE CENT HECTARES.

NOMBRE
D'HECTARES.

34	Blé. 21 hect. 50 par hectare, à 20 fr. 35 l'hectol.	14,870 fr.
	4,000 kil. de paille par hectare, à 4 fr. les 100 kil.................................	5,440
3	Seigle. 20 hect. par hectare, à 12 fr. l'hectol....	720
	3,500 kil. de paille par hectare, à 5 fr. les 100 kil.......	525
8	Orge. 45 hectol. par hectare, à 12 fr. l'hectol...	4,320
	3,200 kil. de paille par hectare, à 2 fr. 50 les 100 kil............................	632
11	Avoine. 55 hectol. par hectare, à 7 fr. 86 l'hectol.	4,755
	3,200 kil. de paille par hectare, à 3 fr. les 100 kil............................	1,056
9	Betteraves. 40,000 hectol. par hectare, à 19 fr. les 1,000 kil..............................	6,840
9	Colza. 18 hectol. par hectare, à 28 fr. l'hectol...,	3,636
	Paille. 45 fr. à l'hectare.................	405
2	Lin vendu sur pied. 1,000 fr. l'hect............	2,000
18	Prairies artificielles. 5,200 kil. à l'hectare, à 6 fr. les 100 kil............................	5,616
94	*A reporter*.................	50,815 fr.

94	*Report*....................	50,815 fr.
4	Hivernages fixes. 6,500 kil. à l'hectare, à 6 fr. les 100 kil...............................	1,460
2	Pommes de terre. 120 kil. à l'hect., à 6 fr. l'hectol.	1,440
	Vaches, veaux, lait, beurre, fromage...........	16,425
	Moutons.................................	5,380
	Porcs nourris avec grains perdus, volailles.....	1,200
	Fumier de ferme, pour mémoire..............	»
100	Total des recettes..............	76,820 fr.
	Dépenses......................	74,580
	PROFIT............	2,240 fr.

Vous le voyez, dans un des départements les mieux cultivés de France, où la terre se loue à raison de 100 à 150 fr. par hectare, avec le fumier de ferme tout seul, le rendement du froment ne dépasse pas 21 hectolitres, et celui de la betterave 40,000 kilogrammes par hectare, ce qui explique la pauvreté du résultat financier.

Pour changer cette situation et porter le rendement du froment à 30 hectolitres et celui de la betterave à 60,000 kilogrammes, quel parti prendre? Accroître le bétail? Etendre la part des cultures fourragères? Mais pour cela il faut une nouvelle avance d'au moins 400 fr. par hectare, soit 40,000 fr. Or, avec ce surcroît de capital, s'il est possible (et j'en doute) qu'on atteigne les rendements prescrits, j'affirme que le bénéfice net ne sera pas accru. Essayez d'établir ce qu'il en coûte de porter l'élève du bétail au-delà d'une certaine limite, et vous reconnaîtrez que le fumier revient à un prix ruineux.

Changez la solution: ayez recours à une importation d'engrais. L'avance qu'il faut faire à la terre n'est plus de 400 fr., mais de 120 à 150 fr. par hectare, soit 12 à 15,000 fr. pour la totalité du domaine. Les rendements atteignent dès la première année la limite voulue, et cette fois le surcroît de récolte se traduit par un surcroît de bénéfice au moins égal à l'importance de l'avance faite à la terre en engrais supplémentaire. Vous voudriez en vain le nier, la conclusion est forcée: les nouveaux procédés sont plus sûrs, plus rapides, plus économiques et plus rémunérateurs que les anciens.

Si les 400 à 500 résultats dont je puis invoquer le témoignage n'avaient pas le don de vous convaincre, parce que ce sont pour la plupart des tentatives isolées, pesez l'importance de ces déclarations fondées sur les résultats obtenus depuis plusieurs années dans des exploitations de plus de 100 hectares.

M. Autier, qui dirige avec une rare distinction la ferme de Saint-Denis, près de Lechesne, dans les Ardennes (196 hectares), m'écrivait à la date du 13 février dernier :

« Ma ferme est soumise à l'assolement suivant :

Betterave. — Avec 50,000 kilogrammes de fumier.

Blé.

Trèfle.

Avoine.

Foins annuels.

Colza. — Avec 30,000 kilogrammes de fumier.

Blé.

Avec ces 80,000 kilogrammes de fumier répartis sur une période de sept années, j'ai obtenu jusqu'ici :

17 à 20 hectolitres de blé par hectare ;

30 à 35 hectolitres d'avoine ;

16 à 17 hectolitres de colza.

Avec une dépense supplémentaire de 100 fr. d'engrais chimique par hectare, ma récolte s'est élevée cette année :

	hect.
Sur 60 hectares de blé, à............	30.72
Sur 23 hectares d'avoine, à..........	44.88
Sur 11 hectares de colza, à	24.67

..... Les terres qui avoisinent ma ferme sont riches et d'une valeur au moins double des miennes, mais on n'y emploie nulle part d'engrais chimiques. Les résultats que j'obtiens à leur aide dépassent les leurs de plus de 30 p. 100. »

Vous le voyez, ici tout est net et précis, la surface, le produit et le bénéfice, et la déclaration a d'autant plus de portée qu'elle a pour auteur M. Autier, dont les comptes attribuaient au fumier une valeur inférieure à son prix de revient.

Sous la pression de résultats analogues, M. Debaind, ingénieur civil, devenu cultivateur à Saint-Remi, dans le département de Seine-et-Oise, n'est pas moins explicite :

Aux fermiers de la Beauce qui cultivent de vastes espaces fumés avec parcimonie, il dit : « Concentrez votre fumier sur la moitié de vos terres ; » — pour les autres : « Ayez recours aux engrais chimiques, et vous doublerez vos produits. »

Aux fermiers du Nord, dont le bétail est souvent hors de proportion avec leur moyen de production : « Réduisez votre bétail ; associez les engrais chimiques au fumier. Vous n'augmenterez peut-être pas vos récoltes, votre agriculture étant florissante ; mais vous diminuerez votre fonds de roulement et les chances de perte auxquelles vous expose la mortalité de vos animaux. »

M. Belin, l'un des représentants les plus autorisés et les plus considérables du département de Seine-et-Marne, conclut dans le même sens.

Enfin, le doyen de l'agriculture française, par l'âge, le savoir et la notoriété, le vénéré M. Schattenmann, dont une mort récente vient, hélas ! de nous séparer, éclairé par trois années consécutives d'expériences, s'est cru obligé de faire aux agriculteurs de son temps cette grave et solennelle déclaration :

« LA FRANCE, disait-il, DOIT AVOIR HATE DE S'APPROPRIER DANS LES LIMITES DU POSSIBLE L'USAGE DES ENGRAIS CHIMIQUES, AFIN D'ÊTRE EN SITUATION DE POURVOIR A SES PROPRES BESOINS ET DE NE PAS ÊTRE DEVANCÉE PAR LES AUTRES NATIONS ! »

Après un tels concours de témoignages, ne sommes-nous pas autorisé à dire : Trève de discussion ; la cause est entendue !

IV.

LA DOCTRINE DES ENGRAIS CHIMIQUES.

Si nous passons des intérêts de la pratique à la doctrine des engrais chimiques considérée sous le rapport scientifique, nous trouvons que la question a marché d'un pas plus rapide encore. Sur les questions pratiques, il y a des doutes ; ici, ils ont complètement cessé. Pour le prouver, il me suffira de rappeler une à une les quatre à cinq propositions dans lesquelles la doctrine des engrais chimiques se résout :

1º *L'engrais chimique complet participe des propriétés fertilisantes du fumier, dont il contient toute la partie active.*

Après les résultats aujourd'hui connus, cette proposition est-elle contestable ?

2º *Principe des forces collectives : l'action de chacune des quatre substances dont l'engrais complet se compose (phosphate de chaux, potasse, chaux, matière azotée) exige, pour se manifester, le concours des trois autres.*

Qui serait tenté d'élever la voix pour mettre en doute la vérité de cette deuxième proposition ?

3º *Principe des dominantes : chacun des quatre termes de l'engrais complet remplit une fonction subordonnée ou prépondérante à l'égard des trois autres, suivant la nature des plantes.*

Une objection est-elle possible sur ce point ?

4º *Analyse du sol par la culture.*

Sont-ils assez nombreux les exemples qui ont démontré la sûreté de la nouvelle méthode ?

Si, contre toute attente, de nouveaux doutes devaient se produire, je trouverais sans peine, dans les faits mis dans la circulation par l'initiative privée, de quoi les réduire à néant. Que pourrait-on raisonnablement objecter à ces observations ?

Sur une lande inculte, choisie dans l'une des parties les plus pauvres de la Bretagne, et défrichée tout exprès, on a institué deux cultures parallèles de sarrasin et de froment. On a obtenu :

RENDEMENT A L'HECTARE.

	ENGRAIS CHIMIQUE.	FUMIER DE FERME.
Sarrasin......................	33 hect.	19 hect.
Froment.....................	20	16

L'engrais chimique l'emporte sur le fumier.

Sur la terre sans aucun engrais, quel a été le résultat? Absolument nul, pas de récolte. Qui oserait dire alors que la récolte obtenue avec l'engrais chimique vient des éléments naturels du sol?

Mais ce n'est pas tout.

On sait que la suppression d'un seul des quatre termes de l'engrais chimique réduit souvent l'effet de tous les autres au point de l'annuler complètement. On a répété l'expérience dans ces nouvelles conditions :

On a supprimé le phosphate de chaux : pas de récolte ;

On a employé la matière azotée seule : pas de récolte;

Sur la terre sans engrais : pas de récolte.

AVEC TOUS LES ÉLÉMENTS RÉUNIS : RÉCOLTE ABONDANTE !

A qui sommes-nous redevables de cette série si complète et si concluante d'expériences? A l'un des représentants les plus considérables et les plus respectés de l'agriculture française, qui fut l'élève avant de devenir l'émule et le continuateur de Mathieu de Dombasles, à l'honorable M. Rieffel, directeur de la ferme régionale de Grand-Jouan !

Aussi l'opinion ne s'y est pas trompée. Elle a vu nettement les intérêts assez pauvres qui se cachent derrière les clameurs dont on nous assourdit, et dans son impartialité elle a su en faire promptement justice. Écoutez plutôt :

« La grande question de la nutrition agricole, qui jusqu'ici n'avait pu se dégager des controverses vagues et pédantesques des praticiens, se trouve désormais portée à la hauteur d'une loi scientifique.

« Il n'y a donc que des paroles vides de sens et qui ne peuvent être adressées qu'à des personnes qui n'ont pas étudié et compris l'œuvre de M. Georges Ville, dans les affirmations marquées au coin de l'ignorance et de la mauvaise foi qu'on lui oppose sur les conséquences de la nouvelle doctrine agricole. A quelles assertions les plus risquées n'est pas tous les jours en butte cet infatigable travailleur! Pour les uns, c'est à Liebig, pour les autres à M. Boussingault que M. Georges Ville a tout pris.

« Certains prétendent qu'il faut 400 fr. par hectare pour suivre le système des engrais chimiques. Ici, on vous dit que le fumier doit être supprimé; là, que notre climat du sud-ouest est un obstacle radical à l'emploi des engrais; un marchand d'engrais vous assure que le système de M. Ville *éreinte* les terres, MAIS IL VOUS PROPOSE L'OBJET DE SA FABRICATION!

« Quant aux preuves, on n'en donne aucune : il faudrait discuter *scientifiquement;* la plupart s'en gardent, et pour cause. Mais n'est-il pas triste que ceux qui n'ont pas l'ignorance pour excuse se fassent si légèrement les instruments d'une critique si peu sérieuse, et que ce soit de leur côté que cette parole de Voltaire trouve son application : « Notre misérable espèce est telle-
« ment faite, que ceux qui marchent dans le chemin battu jettent
« toujours des pierres à ceux qui enseignent un chemin nouveau. »
(Théophile PETIT, *Revue agricole du Midi,* n° 106.)

V.

FIXATION DU PRIX DES ENGRAIS.

Sur ce point, la doctrine des engrais chimiques a fait aussi son œuvre de lumière et de progrès : prix usuraires, dissimulation de titre, promesses fallacieuses, doivent cesser. Nous possédons maintenant un étalon pour fixer avec certitude le prix des engrais. La pratique le sait et le dit :

« Une des grandes conséquences de la théorie nouvelle, c'est la facilité qu'elle nous donne pour apprécier la valeur d'un engrais quelconque, *animal, végétal, minéral, mixte,* et même celle du fumier.

« Toute la question se réduit à fixer, d'après le cours des engrais chimiques, le prix du phosphate de chaux, de la potasse et de la matière azotée qu'un engrais contient. » (*Revue agricole du Midi,* 16 mai 1869.)

Il est impossible de mieux dire ; cette règle suffit, en effet, à tous les besoins et répond à toutes les éventualités.

Avant d'acheter un engrais, il faut poser au marchand ces deux questions :

1o Combien y a-t-il d'acide phosphorique, de potasse et d'azote ?

2o Sous quelle forme chacun de ces produits y est-il contenu ?

La seconde question est le complément obligé de la première. La première n'a de valeur que par la seconde. Insistons sur ce point capital pour la pratique.

On trouve aujourd'hui dans le commerce le phosphate de chaux à cinq ou six états différents : Apatite de l'Estramadure, Phosphorite de Nassau, Poudre d'os, Phosphate précipité des fabriques de gélatine, Nodules des Ardennes, etc. J'omets à dessein le phosphate acide ou superphosphate de chaux. J'y reviendrai dans un moment.

Supposons que l'on déclare dans un engrais 6 p. 100 d'acide phosphorique, sans autre explication : dans ces termes, cette déclaration n'a pas de valeur.

L'apatite est une roche d'origine ignée, dont la texture est si compacte, qu'introduite dans le sol, elle n'y éprouve aucun changement. Insoluble dans l'eau, les végétaux ne peuvent l'absorber. Elle contient beaucoup d'acide phosphorique, mais à l'état inactif et latent ; sa présence dans les engrais est une lettre morte, une non-valeur.

La phosphorite de Nassau ne vaut guère mieux.

Les nodules de la Moselle contiennent de 50 à 60 p. 100 de matières inertes, parmi lesquelles figure l'alumine, qui forme avec l'acide phosphorique des composés insolubles, sans valeur pour la végétation. A l'état de poudre fine, les nodules ont cependant une action certaine ; une partie de l'acide phosphorique est absorbée par les plantes; mais une autre partie qu'il est impossible d'indiquer *a priori*, parce qu'elle dépend de la fraction variable et non définie d'acide phosphorique combiné avec l'alumine, est encore une non-valeur.

Dans la poudre d'os et dans le phosphate de chaux précipité, au contraire, la totalité de l'acide phosphorique est assimilable.

Il résulte de là que la déclaration du titre, si on n'a pas égard à l'origine et à la nature du phosphate, est une garantie illusoire. Pour la rendre réelle, il faut la compléter par l'indication de la matière première employée.

Suivons les conséquences de ces premiers faits; le phosphate acide va nous en donner les moyens.

Ce produit est obtenu en traitant les autres phosphates par 50 p. 100 environ d'acide sulfurique à 50 ou 55°. L'acide sulfurique a pour premier effet de désagréger les phosphates et de faire passer les deux tiers de l'acide phosphorique à l'état de phosphate acide ou superphosphate de chaux.

$$PhO^5, \begin{cases} CaO \\ 2\,HO \end{cases}$$

lequel est entièrement soluble dans l'eau, et peut manifester sans délai son action sur les plantes. Un tiers du phosphate soumis à ce traitement reste à son état primitif (1).

Le phosphate acide a donc sur tous les autres l'avantage de présenter aux plantes l'acide phosphorique à son maximum de solubilité, sous une forme constante, invariable et toujours comparable à elle-même.

Supposons cependant un marchand d'engrais qui fixerait ainsi la richesse de ses produits en acide phosphorique :

---

(1) Si on traitait le phosphate de chaux par une quantité plus forte d'acide sulfurique, il se formerait plus de phosphate acide, mais le produit deviendrait pâteux et serait d'un emploi très-difficile.

Acide phosphorique. Total.............. 6 p. 100
Dont, soluble....................... 4 p. 100
Insoluble .... 2 p. 100

Cette déclaration, tout en étant un progrès sur la première, est encore insuffisante.

L'Apatite, et en général tous les phosphates naturels, contiennent l'acide phosphorique à l'état de phosphate tribasique.

$$PhO^5 , 3\ CaO.$$

Or, supposons deux phosphates acides de même titre, l'un fabriqué avec de l'apatite, et l'autre avec de la poudre d'os. Leur valeur sera-t-elle la même? Pour la partie soluble, oui ; pour la partie insoluble, non. Ne savons-nous pas que le phosphate dans les os est assimilable, et que dans l'apatite il ne l'est point?

Vous le voyez : sans la déclaration de la matière première employée, la garantie fondée sur le titre est décidément insuffisante.

Les mêmes observations sont applicables aux sels de potasse Parmi les sels de potasse, le plus avantageux sous tous les rapports est le nitrate. Il contient à la fois de l'azote et de la potasse, tous deux sous la forme la plus active et la plus facilement assimilable par les végétaux ; la potasse épurée, le silicate de potasse ont aussi une grande valeur, quoique inférieure à celle du nitrate. Enfin, au bas de l'échelle, viennent le chlorure de potassium et le sulfate de potasse que l'on trouve dans le commerce à tous les états possibles d'hydratation et d'impureté, associés à du sulfate de magnésie et à du sel marin. Or, du moment que ces divers sels n'ont ni la même valeur vénale, ni la même action fertilisante, dire qu'un engrais contient 5 ou 6 de potasse, sans autre explication, c'est en réalité une déclaration illusoire. Pour rendre la garantie réelle, il faut indiquer de plus la nature du sel employé.

Ces réserves s'appliquent avec plus de force encore aux matières azotées.

L'azote n'est efficace dans les engrais qu'à l'état de nitrate, de sel à base d'ammoniaque, ou de matière organique capable de se putréfier dans le sol, acte pendant lequel l'azote de ces matières passe, partie à l'état de nitrate et partie à l'état d'ammoniaque.

Il suit de là cette première conséquence, dont l'évidence est manifeste, qu'à richesse égale un engrais dont l'azote est à l'état de nitrate ou de sel à base d'ammoniaque doit produire plus d'effet, et partant a une valeur plus grande qu'un deuxième engrais dont l'azote est à l'état de matière organique.

Dans le premier cas, le composé est soluble, immédiatement assimilable ; dans le second, au contraire, il doit subir, pour être absorbé par les plantes, une transformation qui en change complètement la nature, et que mille circonstances, sans influence sur les bons effets des nitrates ou des sels ammoniacaux, peuvent entraver.

Mais ce n'est pas tout. Lorsqu'une matière organique azotée se décompose, l'azote se partage en trois parties :

30 p. 100 passent à l'état d'ammoniaque ou de nitrate.

40   restent dans le sol à l'état de produit fixe, dont les propriétés nous sont mal connues.

30 (1)   se dégagent dans l'air à l'état de gaz azote.

Ce qui charge de 30 p. 100 le prix de l'azote utile. Ainsi, par exemple, la corne en poudre fine vaut 26 fr. les 100 kil. Elle contient 16 p. 100 d'azote, mais elle perd 5 p. 100 dans l'acte de sa décomposition : ce n'est donc en réalité que 11,70 p. 100 au lieu de 16, ce qui porte le prix de l'azote utile à 2 fr. 20 le kil. au lieu de 1 fr. 62 que lui assigne son titre. Nouvelle aggravation. Suivant la nature de la matière organique, et pour la même matière selon son état de division, les quantités d'azote utili-

---

(1) M. VILLE, *Entretiens agricoles de 1867,* 3ᵉ édition, p. 301.

sées ou perdues varient dans une proportion considérable. Autant de conditions qui affectent l'effet utile, et dont il faut tenir compte, puisqu'elles réagissent sur le prix de l'azote utilisé.

La corne à l'état de poudre fine est une matière azotée efficace ; à l'état de fragments un peu volumineux, son action est lente et à peine sensible. Le sang et la viande cuite desséchés, qui se décomposent très-rapidement dans le sol, ne peuvent être mis en parallèle avec les débris de cuir dont la décomposition, par suite de l'opération du tannage que la peau a subie, est incomparablement ralentie. Quant aux matières décidément pauvres, comme la tannée putréfiée par une longue exposition à l'air, et introduite dans la composition de certains engrais à l'état de poudre sèche, pour donner de l'*humus* à la terre, dit-on, je n'en parle pas plus que des additions de tourbe : leur emploi est un acte insigne de sophistication.

Vous le voyez, la déclaration du titre, si elle n'a pour complément l'indication de la matière première employée, n'a qu'une utilité médiocre. Pour pouvoir fixer avec certitude la valeur réelle d'un engrais, il faut de toute nécessité savoir ce qu'il contient d'acide phosphorique, de potasse et d'azote ; sous quelle forme, et à quel état ?

Avec ces deux renseignements, tout devient simple, car alors on peut faire le décompte de l'engrais et comparer sa valeur à celle d'un engrais chimique de richesse égale.

Avec les engrais chimiques, tout est connu : le titre, la nature, le prix de chaque élément, les frais de mélange, etc. ; or, l'équité veut que tous les engrais soient soumis à l'avenir à ce mode de contrôle et d'estimation.

Pour hâter autant qu'il peut dépendre de moi cette réforme inévitable et nécessaire, voici quelques renseignements sur le prix et la richesse des matières les plus usitées dans la fabrication des engrais industriels.

PHOSPHATES DE CHAUX.

	ACIDE PHOSPHORIQUE. p. 100	PRIX DES 100 KIL.
Apatite.................	30	10 fr.
Os en poudre............	25	20
Phosphate précipité......	25	20
Nodules des Ardennes....	19	6

SELS DE POTASSE.

	POTASSE. p. 100	
Sulfate de potasse à 80°...	43	24 fr.
Chlorure de potasse à 80°.	50	23
Sulfate double de potasse, de soude et de magnésie.	17	15

MATIÈRES AZOTÉES.

	AZOTE. p. 100	
Sulfate d'ammoniaque....	20	45 fr.
Corne en poudre.........	16	26
Chair cuite et desséchée .	9 à 10	20
Sang desséché en poudre.	11 à 12	25

DÉCHETS DE LAINE.

	AZOTE. p. 100	
Graton..................	?	5 fr. 50
Débourrages.............	5	5 50
Poussière de batteries....	?	6 00

A l'aide de ces indications, chacun peut fixer avec exactitude le prix réel des engrais qu'il achète, ce qui donnera à l'avenir, aux transactions sur les matières fertilisantes, un caractère d'équité qui lui a manqué jusqu'ici.

L'enquête de 1864 sur les fraudes qu'on fait subir aux engrais industriels a dévoilé des manœuvres véritablement honteuses, dont les cultivateurs sont tous les jours victimes. Dans le rapport qui lui sert de préface, le Ministre de l'agriculture estime à *cinq cent millions* la valeur des engrais industriels consommés en France chaque année.

Or, si l'on fixe à 20 p. 100 du prix d'achat le produit des fraudes commises, — et c'est là certainement un minimum, — il en résulte pour l'agriculture une perte annuelle de 125 millions, qui s'accroît au moins du double de cette somme par le défaut de récolte, car à la perte de la valeur de l'engrais, il faut ajouter celle des frais de semence, le montant de la main-d'œuvre pour les façons données à la terre, et enfin le loyer du sol où l'engrais a été répandu.

Il y a donc là un état de choses grave, digne d'éveiller à la fois la sollicitude du gouvernement et des hommes que l'avenir agricole de notre pays intéresse. Mais, à mon sens, cette situation ne peut être ni combattue, ni améliorée par l'ingérance de l'administration dans les agissements du commerce, ni par une juridiction spéciale, — et la loi de 1867 l'a bien prouvé, — mais par les seuls remèdes auxquels une société virile doive recourir, la diffusion de plus en plus étendue dans les campagnes de notions saines sur le fond du sujet, et par la création d'institutions de crédit nouvelles, appropriées aux besoins agricoles et chargées, pour sauvegarder leurs propres intérêts, d'assurer par une voie indirecte la bonne qualité des engrais livrés aux cultivateurs. En d'autres termes, la solution doit sortir d'une grande extension donnée à l'instruction primaire et du libre jeu de l'offre à la demande, c'est-à-dire de la liberté.

Disons comment :

Il faut pourtant être juste. Depuis deux ou trois ans, le commerce des engrais a certainement progressé. Éclairé par la doctrine des engrais chimiques sur les règles qui doivent présider à l'emploi des agents de fertilité, il a compris qu'il avait tout avantage à s'inspirer de ces notions nouvelles, et à modeler autant que possible la composition de ses produits sur celle des engrais chimiques, dont les formules sont en quelque sorte l'expression la plus haute des lois régulatrices de la production végétale.

Au lieu de sulfate d'ammoniaque et de nitrate de soude comme source d'azote, les marchands d'engrais emploient les matières animales, mais ils commencent à en régler différemment les doses, suivant la nature des plantes auxquelles les engrais sont destinés.

Au nitrate de potasse, ils ont coutume de substituer un mélange de matière animale et de sulfate de potasse ou de chlorure de potassium ; ils ont une prédilection excessive pour le phosphate des nodules qui est le moins cher ; mais enfin la justice veut qu'on le reconnaisse : ils associent ces produits plus judicieusement que par le passé. D'autres fabricants donnent résolument la préférence aux engrais chimiques, mais ils y introduisent des matières animales, des nodules et du sulfate de potasse pour en abaisser le prix de revient, sans réduire le prix de vente, et retrouver, par cette substitution, les 30, 40 et 50 p. 100 de bénéfice, dont leurs anciens produits étaient grevés.

Ce n'est donc point là encore le bien ; mais ce n'est plus le hasard et l'empirisme, et si l'on a égard aux résultats déjà obtenus, nul doute que cette situation ne s'améliore encore, et, sous ce rapport, le grand levier viendra de l'intervention du crédit.

Quelle est aujourd'hui la position de l'agriculteur à l'égard des marchands d'engrais? Il n'a pas les fonds nécessaires pour acheter au comptant; il a besoin de crédit; il ne peut acheter qu'à un an ou quinze mois de terme.

Cette infériorité est la cause principale du mal : supprimez la cause, et le mal cessera.

Le marchand qui se découvre pendant quinze mois ne peut se contenter d'un profit ordinaire. Pour racheter ce désavantage, il exagère son profit; ne pouvant élever son prix qui repousserait l'acheteur, il a recours à la fraude qui le dissimule. Dans ces conditions, la fraude est inévitable.

Comment changer cet état de choses et apporter aux transactions sur les matières fertilisantes la moralité dont aucune autre branche d'industrie n'a autant besoin ? En rendant les procédés honnêtes plus lucratifs que la fraude. Supposons pour un moment qu'une institution de crédit escompte à quinze mois le papier des marchands d'engrais, à condition que la traite portera l'indication de la nature et de la richesse du produit vendu. Ajoutez même, par surcroît de précaution, le dépôt préalable d'un type auquel on pourra en référer en cas de contestation. L'effet est immédiat: plus de fraude. Pourquoi y en aurait-il? N'est-il pas manifestement plus avantageux de renouveler son capital trois ou quatre fois dans l'année et d'opérer sur des valeurs sûres, que de courir les chances de procès dont l'issue est toujours incertaine?

En échange d'un si grand avantage, que demande-t-on au commerce ? — La certitude qu'il vend des produits de bonne qualité. Qui pourrait s'en plaindre ?

A propos de ces dispositions conservatrices, on a prononcé les mots d'oppression, d'inquisition? — Mais le commerce et les affaires ne sont-elles pas une inquisition en permanence, ayant des agences spéciales pour se renseigner et se protéger contre cette classe de malfaiteurs qu'on appelle les fripons ? D'ailleurs, où y a-t-il en tout ceci l'ombre d'une contrainte? Force-t-on le commerce à escompter ses valeurs? Non, il est libre. Veut-il persévérer dans ses vieux errements? A part ses dupes, personne ne s'en enquiert. Trouve-t-il plus d'avantage à sortir des ténèbres pour agir en plein soleil, activer sa circulation? La condition est absolue : déclarer la nature, l'origine, la richesse exacte du produit vendu, et mettre la justice en mesure de sévir s'il y a dissentiment ou conflit ; en un mot, le droit commun et l'équité.

Mais la double déclaration que je réclame est-elle aussi nécessaire que je persiste à le penser? Oui, c'est la pierre angulaire de tout le système. Supprimez-la, l'escompte à quinze mois est inapplicable.

A quelle condition un escompte à si long terme peut-il offrir de la sécurité? A une seule, si le produit qui a été la source de la première transaction est, à l'époque de l'échéance, couvert par une plus-value certaine née de son emploi. L'utilité, la nécessité de cette condition sont évidentes. Pour obtenir ce résultat, que faut-il? Que l'engrais ait une richesse déterminée en acide phosphorique, potasse, chaux et azote, sous des formes déterminées, c'est-à-dire assimilables par les plantes dont elles assurent la récolte, source du profit. Si cette condition nécessaire a été remplie, pourquoi ne pas le dire ? Si elle ne l'a pas été, le risque à courir est trop grand ; l'escompte est impossible sans témérité. Vous le voyez, pour opérer sûrement, il faut être instruit, opérer, comme je le disais, en plein soleil, et laisser les marchands qui ont besoin de mystère à leurs ténébreuses et malsaines spécialités.

J'ignore quels sont sur ce sujet les desseins du nouveau *crédit rural*. Plus que personne, je me suis réjoui de sa fondation et du succès que sa souscription a obtenu. Ce succès honore l'homme distingué qui en a la direction, mais il témoigne aussi de la vivacité et de l'importance des intérêts auxquels la fondation nouvelle est appelée à répondre. L'ère de liberté et de contrôle qui s'ouvre devant nous me donne l'espérance que le voisinage du crédit rural ramènera le *crédit foncier* et surtout le *crédit agricole* à leur véritable destination.

Faisons des vœux pour que leur rivalité surexcite leur zèle, et que leur activité les préserve à la fois de l'atonie qui pèse sur la Banque de France, et des déviations statutaires que l'intervention du Corps législatif a dû réprimer.

Notre agriculture est en arrière sur celle de presque tous les autres pays de l'Europe. Elle ne peut rattraper l'avance perdue qu'en devenant de plus en plus industrielle, et elle ne peut acquérir ce caractère qu'en se séparant des traditions qu'elle a reçues du passé. Si l'agriculture n'était possible que par le fumier, quel serait donc l'avenir réservé à nos départements du Midi où le fourrage manque, et où la vigne empiète de jour en jour sur les terres en culture ? — Autre fait, non moins absolu dans ses conséquences, et qu'il nous faut rappeler à satiété : la France est essentiellement un pays de petite culture ; or, la petite culture ne peut se livrer à la production du bétail.

Ici c'est le climat, et là l'état de division de la propriété qui s'y opposent.

Comment sortir de cette situation, qui mène droit à l'épuisement de la terre ? En faisant un emploi de plus en plus étendu des engrais industriels composés avec les matières premières du fumier, et dont il existe des gisements inépuisables dans la nature ; en venant en aide au cultivateur par le crédit ; en le mettant en garde contre les appâts tendus par la fraude à sa bonne foi ou à sa détresse ; en lui apprenant enfin à tirer parti de notre merveilleux climat, qui se prête aux productions les plus variées (1).

Un autre motif doit nous convier à cette croisade en faveur des campagnes. Le suffrage universel est devenu notre maître à tous. Or, pour qu'il soit à la hauteur du mandat qui lui est échu, il faut que la condition des classes ouvrières soit en rapport avec l'importance du rôle politique qu'elles sont appelées à remplir, par le savoir, par la connaissance exacte de leurs droits et de leurs devoirs, et par une aisance proportionnée à la dure tâche de leur labeur quotidien !

VI.

LES ASSURANCES EN FAVEUR DU CRÉDIT.

Avant de déposer la plume, je voudrais émettre un vœu.

En agriculture les chances aléatoires sont plus nombreuses que dans l'industrie. Les saisons ont une influence contre laquelle il est souvent impossible de lutter. Que de fois une récolte qui s'annonçait sous les plus brillants auspices et faisait la joie de son heureux propriétaire s'est trouvée compromise par un rien, une pluie ou une gelée venue mal à propos ! Que de désastres produit chaque année par la grêle ! D'autres fois, c'est la sécheresse, le vent ou la rosée. Tout bien compté, cependant, l'expérience universelle est unanime pour attester qu'une terre richement pourvue d'engrais donne plus de profit qu'une terre fumée avec parcimonie. Il y a donc un intérêt de premier ordre à bien fumer la terre ; mais ici se présente l'éternelle difficulté : le capital. J'ai montré dans le sixième Entretien l'importance des

---

(1) Voir la conférence faite à la Sorbonne le 17 mars 1866, *La crise agricole devant la science*, p. 27.

résultats qu'on peut obtenir avec un faible débours, si on agit avec dicernement et persévérance, et si l'on consacre à l'amélioration du sol le profit né des premières avances. (Voyez page 202).

Je viens d'expliquer comment le crédit peut intervenir pour accélérer la solution. J'ai dit d'où la première garantie doit naître, et comment, en sauvegardant ses propres intérêts, le crédit est appelé à devenir le protecteur des intérêts privés. A cette garantie, je voudrais en ajouter une autre mieux définie dans ses moyens et plus absolue dans ses résultats.

Si les expériences sur les engrais industriels se multipliaient au point de nous livrer 15 à 20,000 résultats par an ; si la nature des engrais employés était partout la même, ou au moins équivalente sous le rapport de la richesse en acide phosphorique, potasse, chaux et matière azotée, le nombre et la gravité des insuccès étant rigoureusement connus, l'importance des résultats rémunérateurs l'étant également, il deviendrait possible de fixer avec certitude la prime dont il suffirait de grever le prix de l'engrais, pour assurer le cultivateur contre les mauvaises récoltes. Je prévois l'objection : la fraude, la mauvaise foi. Vous oubliez ce qu'ont produit les mutualités contre la grêle, et l'impossibilité qu'il y a de tromper dès qu'il s'agit d'un intérêt où l'action personnelle agit sous le contrôle de l'intérêt collectif. Je crois au succès de ces sortes d'assurances, parce que tout le monde y gagnerait. L'agriculture d'abord, dont les opérations deviendraient plus sûres, et les institutions de crédit, dont les risques se trouvant restreints, seraient moins retenues par la crainte de s'engager dans des opérations de longue haleine ; la haute valeur du gage qui leur serait offert rendrait possible la mobilisation des titres, ou tout au moins la création d'un papier de circulation à courte échéance.

Ceci explique combien il est désirable que les résultats des expériences auxquelles on se livre de toutes parts reçoivent la publicité la plus étendue.

De cette œuvre collective, il doit naître dans un avenir prochain la possibilité d'étendre le domaine de l'assurance, seule capable de conjurer les incertitudes auxquelles les entreprises agricoles sont exposées.

Puisse mon exemple trouver des imitateurs !

Je rapporte dans les pages qui suivent les résultats de cinq cents expériences comparatives faites tant avec le fumier qu'avec les engrais chimiques. J'ai l'intention de continuer cette publication dans la limite de mes moyens. Notre temps est avant tout une époque de publicité. Personne ne peut avoir la prétention d'être cru sur parole. Je supplie donc les personnes qui auraient quelques rectifications à me signaler, ou quelques critiques à produire touchant les faits que je rapporte ou l'interprétation que j'en ai présentée, de le faire publiquement et sans hésitation. Ce qui a manqué à l'agriculture jusqu'ici, c'est avant tout un contrôle impartial des tentatives auxquelles elle s'est livrée pour améliorer ses méthodes. Unissons donc nos efforts pour combler cette lacune et entrer dans des voies meilleures.

Il faudrait fermer les yeux à l'évidence pour n'être pas frappé de la transformation qui est en voie de s'accomplir dans notre régime agricole. L'antique formule : prairie, bétail, céréales, a fait son temps ; insuffisante pour nos besoins, le progrès veut qu'on lui substitue la formule nouvelle : importation d'engrais, céréales, bétail. La première était fille de l'empirisme, la seconde l'est de la science. Entre les deux la lutte n'est plus possible. Si, après tout ce qui a été dit, il vous restait encore quelque doute, reportez-vous aux documents qui suivent, reprenez en sous-œuvre par la méditation les considérations que je vous ai présentées, et après avoir bien pesé le pour et le contre, concluez vous-même, comme je l'ai dit ailleurs, « dans la plénitude de votre justice et de votre liberté (1). »

----

(1) *Journal officiel* du 14 juin 1869. — Conférence faite au champ d'expériences de Vincennes, en présence de M. Duruy, alors ministre de l'*Instruction publique*.

RÉPERTOIRE

DES

RÉSULTATS OBTENUS EN 1868.

LE BLÉ.

PREMIÈRE SÉRIE.

Rendements compris entre 40 et 60 hectolitres par hectare.

M. DE SAIVE, à la Péaudière (Indre-et-Loire).

Kilogr.		Rendements par hectare.	Excédant sur la terre sans aucun engrais.
		Hectol.	Hectol.
1,200	Engrais complet................	61,30	15,00
1,000	Engrais complet................	50,30	4,00
50,000	Fumier de ferme................	48,00	1,70
	Terre sans aucun engrais.........	46,30	»

M. DUPUIS, à Saint-Pierre-du-Val (Eure).

Kilogr.		Rendements par hectare.	Excédant sur la terre sans aucun engrais.
1,200	Engrais complet................	52,00	17,30
30,100	Fumier de ferme................	45,90	11,20
	Terre sans aucun engrais.........	34,70	»

M. le baron d'Avène, au château de Briche (Seine-et-Marne).

Après 900 kil. engrais complet.

Kilogr.		Rendements par hectare. Hectol.	Excédant sur la terre sans aucun engrais. Hectol.
200	Sulfate d'ammoniaque..........	49,50	»
	Rendement moyen du pays avec fumier	32,00	»

M. Boisse, à Soisy-sur-École (Seine-et-Oise).

	Engrais complet n° 1............	50	»
	Rendement moyen du pays avec fumier.......................	22	»

M. Mouillefert, à la ferme-école de Saint-Michel (Nièvre).

1,600	Engrais complet intensif.........	47,50	21,10
1,200	Engrais complet.................	41,00	14,60
60,000	Fumier de ferme	38,00	11,60
30,000	Fumier de ferme................	30,40	4,00
	Terre sans aucun engrais........	26,40	»

M. Combet, à Lyon (Rhône).

	Engrais complet.................	47,20	»
	Fumier de ferme................	25,60	»

M. de Neyrieu, au château de la Grive (Isère).

1,200	Engrais complet.................	41,70	»

M. Bougon, à Noyon (Oise).

950	Engrais complet.................	41,65	»
27,000	Fumier de ferme	40,27	»

M. Héniau, à Bry (Nord).

200	Sulfate d'ammoniaque...........	40,00	»

M. Poncelet, à Douzy (Ardennes).

1,200	Engrais complet.................	40,00	4,00
100,000	Fumier de ferme	37,00	1,00
100,000	Fumier de mouton..............	35,00	En perte.
	Terre sans aucun engrais........	36,00	»

MOYENNE DES RENDEMENTS.

995 kil. *Engrais chimique*......................	46hect	50
56,728 *Fumier de ferme*.......................	· 39	22
Excédant en faveur de l'engrais chimique	7hect	28

DEUXIÈME SÉRIE.

Rendements compris entre 35 et 40 hectolitres par hectare.

M. CHAVÉE-LEROY, à Clermont-les-Fermes (Aisne).

		Rendements par hectare. Hectol.	Excédant sur la terre sans aucun engrais. Hectol.
Kilogr.			
200	Sulfate d'ammoniaque............	39,00	3,00
	Terre sans aucun engrais.........	36,00	»

M. CRÉPEL, à Wailly (Pas-de-Calais).

1,200	Engrais complet.................	38,00	8,00
1,600	Engrais complet intensif..........	33,00	3,00
60,000	Fumier de ferme................	22,00	En perte.
30,000	Fumier de ferme................	22,00	En perte.
	Terre sans aucun engrais.........	30,00	»

M. DELCASSE, au château de Lauraguet (Aude).

1,200	Engrais complet.................	38,00	»
40,000	Fumier de ferme...............	18,00	»

M. NELS, à Haute-Yutz (Moselle).

1,200	Engrais complet..	37,00	19,00
60,000	Fumier de ferme................	29,00	11,00
	Terre sans aucun engrais........	18,00	»

M. DEMORY, à Fresne (Pas-de-Calais).

1,600	Engrais complet intensif..........	37,00	19,00
1,200	Engrais complet.................	32,00	14,00

		Rendements par hectare.	Excédant sur la terre sans aucun engrais.
Kilogr.		Hectol.	Hectol.
60,000	Fumier de ferme	39,00	21,00
30,000	Fumier de ferme...............	38,00	20,00
	Terre sans aucun engrais........	18,00	»

M. BAROUX, à Digeon (Somme).

600	Engrais complet................	39,66	2,05
	Terre sans aucun engrais	37,61	»

M. CAVALLIER, au Mesnil-Saint-Nicaise (Somme).

Après betteraves sur 1,200 kil. d'engrais complet.

200	Sulfate d'ammoniaque...........		
200	Phosphate acide de chaux ....}	38,50	»

Après colza sur engrais incomplet.

200	Sulfate d'ammoniaque...........		
200	Phosphate acide de chaux........}	38,00	»

M. GROMIER, à Lyon (Rhône).

1,000	Engrais complet................	36,00	»
40,000	Fumier de ferme...	22,00	»

M. LOMBARD-MOREL, à Saint-Avit (Drôme).

1,200	Engrais complet................	36,00	»
	Fumier de ferme................	30,75	»

SOCIÉTÉ D'AGRICULTURE du Pas-de-Calais.

1,600	Engrais complet intensif.........	36,00	19,00
1,200	Engrais complet................	33,00	16,00
60,000	Fumier de ferme................	30,00	13,00
30,000	Fumier de ferme................	28,00	11,00
	Terre sans aucun engrais........	17,00	»

M. BAROUX, à Digeon (Somme).

600	Engrais complet................	35,67	11,31
	Terre sans aucun engrais........	24,36	»

M. LAVAUX, à Choisy-le-Temple (Seine-et-Marne).

Kilogr.		Rendements par hectare. Hectol.	Excédant sur la terre sans aucun engrais. Hectol.
1,200	Engrais complet n° 2, en 1867.....	35,00	»
	Rendement moyen du pays avec le fumier	27,60	»

M. BOUTRY, à Saint-Sauveur (Pas-de-Calais).

1,200	Engrais complet.................	35,00	14,00
1,600	Engrais complet intensif.........	33,00	12,00
60,000	Fumier de ferme	24,00	3,00
30,000	Fumier de ferme	24,00	3,00
	Terre sans aucun engrais	21,00	»

M. JEAN, à Omonville-la-Rogue (Manche).

1,200	Engrais complet.................	35,00	20,00
40,000	Fumier de ferme	25,00	10,00
	Terre sans aucun engrais.........	15,00	»

M. BOULLEVRAYE, à Saint-Denis-de-Gastines (Mayenne).

1,000	Engrais incomplet n° 1..........	35,00	»
40,000	Fumier de ferme...............	28,00	»

M. DE LA GRÈVERIE, à Caignac (Haute-Garonne).

1,200	Engrais complet.................	35,00	»
	Fumier de ferme	23,00	»

M. LAVAUX, à Choisy-le-Temple (Seine-et-Marne).

Après 900 kil. engrais incomplet n° 1.

200	Sulfate d'ammoniaque............	35,00	»
	Rendement moyen du pays avec fumier........................	32,00	»

MOYENNE DES RENDEMENTS.

1,036 kil.	*Engrais chimique*....................	35 hect 90
44,615	*Fumier de ferme*....................	26 84
	Excédant en faveur de l'engrais chimique	9 hect 06

II.   18

TROISIÈME SÉRIE.

Rendements compris entre 30 et 35 hectolitres par hectare.

M. BORDERIES, à Saïx (Tarn).

Kilogr.		Rendements par hectare. Hectol.	Excédant sur la terre sans aucun angrais. Hectol.
1,200	Engrais complet.....................	33,00	»
40,000	Fumier de ferme................	16,00	»

M. DE LA GRÈVERIE, à Caignac (Haute-Garonne).

1,200	Engrais complet..................	33,00	»
20,000	Fumier de ferme.................	24,50	»

M. AMALBERT, à Marseille (Bouches-du-Rhône).

1,200	Engrais complet...................	32,35	»
	Rendement moyen du pays avec fumier.......................	25,00	»

M. MAYRE, aux Boulayes (Seine-et-Marne).

1,200	Engrais complet.................	32,00	»

M. le baron DAEL DE KOTCH, à Soërgenloch (Prusse).

894	Engrais complet.................	32,00	7,40
500	Sulfate d'ammoniaque	30,60	6,00
	Terre sans aucun engrais.........	24,60	»

M. CAVALLIER, au Mesnil-Saint-Nicaise (Somme).

Après trèfle sur engrais incomplet.

200	Phosphate acide de chaux.......		
200	Sulfate d'ammoniaque..........	32,40	»
200	Sulfate de chaux...............		

Après colza sur engrais incomplet.

		Rendements par hectare.	Excédant sur la terre sans aucun engrais.
Kilogr.		Hectol.	Hectol.
133	Phosphate acide de chaux.......		
133	Sulfate d'ammoniaque..........	32,40	»
133	Sulfate de chaux..............		

Après betteraves sur engrais complet.

133	Phosphate acide de chaux.......		
133	Sulfate d'ammoniaque..........	32,00	»
133	Sulfate de chaux..............		

M. LAURENCE, à Niort (Deux-Sèvres).

1,200	Engrais complet................	32,00	19,25
30,000	Fumier de ferme..............	20,74	7,99
	Terre sans aucun engrais	12,75	»

M. HOURIER, à Kremrich (Moselle).

1,200	Engrais complet................	31,20	22,22
	Terre sans aucun engrais.........	8,98	»

M. SEIBEL, à Saint-Julien-du-Serre (Ardèche).

1,000	Engrais complet n° 1............	31,00	»
50,000	Fumier de ferme...............	16,00	»

M. WAGNER, à Châteaurenault (Indre-et-Loire).

300	Sulfate d'ammoniaque...........	30,00	»
	Rendement moyen avec fumier...	6,00	»

M. HUBERT, à Frethun (Pas-de-Calais).

1,600	Engrais complet intensif.........	30,00	3,40
	Terre sans aucun engrais	26,60	»

M. LAUDET, au château de Laballe (Landes).

	Engrais complet................	30,00	»
	Fumier de ferme...............	23,00	»

M. FOURNERET, à Fontainebleau (Seine-et-Marne).

1,000	Engrais complet................	30,00	»

M. Mayre, aux Boulayes (Seine-et-Marne).

Kilogr.		Rendements par hectare. Hectol.	Excédant sur la terre sans aucun engrais. Hectol.
1,000	Engrais complet................	30,00	»

M. Hubert, à Frethun (Pas-de-Calais).

533	Engrais complet................	30,00	5,00
	Terre sans aucun engrais........	25,00	»

M. Thomasson, à Varennes-sur-Allier (Allier).

	Engrais complet n° 2............	30,00	»

M. de Matharel, au Chéry (Puy-de-Dôme).

1,000	Engrais incomplet n° 1..........	30,00	16,00
	Terre sans aucun engrais........	14,00	»

M. Nels, à Haute-Yutz (Moselle).

1,200	Engrais complet................	30,00	13,00
	Terre sans aucun engrais........	17,00	»

M. Lombard-Morel, à Saint-Avit (Drôme).

1,200	Engrais complet................	30,00	»
	Fumier de ferme...............	19,60	»

MOYENNE DES RENDEMENTS.

941 kil.	*Engrais chimique*................	31 hect 20
35,000	*Fumier de ferme*................	19 31
	Excédant en faveur de l'engrais chimique......	11 hect 89

QUATRIÈME SÉRIE.

Rendements compris entre 25 et 30 hectolitres par hectare.

M. le chevalier MUSSA, à Mondonio (Italie).

Kilogr.		Rendements par hectare. Hectol.	Excédant sur la terre sans aucun engrais. Hectol.
1,200	Engrais complet....................	29,30	28,50
	Terre sans aucun engrais.........	0,80	»

M. DE GUAITA, à Nancy (Meurthe).

| 1,100 | Engrais complet.................... | 29,00 | 21,30 |
| | Terre sans aucun engrais......... | 7,70 | » |

M. DELESTRAC, à Cucuron (Vaucluse).

| 900 | Engrais complet.................. | 28,80 | » |

M. BAROUX, à Digeon (Somme).

| 650 | Engrais complet.................. | 28,30 | 4,00 |
| | Terre sans aucun engrais .... | 24,30 | » |

M. le baron DAEL DE KOETH, à Soërgenloch, près Mayence.

300	Sulfate d'ammoniaque............	29,30	4,70
400	Sulfate d'ammoniaque............	28,00	3,40
	Terre sans aucun engrais.........	24,60	»

M. CAVALLIER, au Mesnil-Saint-Nicaise (Somme).

| | Après betteraves sur engrais complet et sans nouvelle addition... | 27,00 | » |

M. CHARIÈRE, à Athun (Creuse).

| 725 | Engrais complet .... | 28,00 | » |
| 28,000 | Fumier de ferme................. | 20,00 | » |

M. LABADIE, à Poitiers (Vienne).

| 600 | Engrais complet.................. | 28,00 | » |

M. Vignier, à Villefranche (Haute-Garonne).

Kilogr.		Rendements par hectare. Hectol.	Excédant sur la terre sans aucun engrais. Hectol.
210	Engrais complet................	28,00	»
	Rendement moyen du pays avec fumier......................	15,00	»

M. le comte de Gestas, au château de Pancy (Aisne).

1,200	Engrais complet n° 1.............	28,00	»
	Rendement moyen du pays avec fumier......................	15,00	»

M. de Thou, à Thou (Loiret).

1,200	Engrais complet.................	28,00	6,00
	Terre sans aucun engrais	22,00	»

M. de Guaita, à Nancy (Meurthe).

1,600	Engrais complet.................	27,32	15,13
	Terre sans aucun engrais.........	12,19	»

M. Hubert, à Frethun (Pas-de-Calais).

400	Engrais complet.................	27,30	0,70
	Terre sans aucun engrais.........	26,60	»

M. Borel, à Château-Fraye (Seine-et-Oise).

200	Sulfate d'ammoniaque............	27,00	1,00
	Terre sans aucun engrais.........	26,00	»

M. Pille, à Bourdonnay (Aube).

1,200	Engrais complet.................	27,00	11,00
	Terre sans aucun engrais........	16,00	»

M. de Guaita, à Nancy (Meurthe).

1,000	Engrais complet.................	26,70	10,80
	Terre sans aucun engrais.........	15,90	»

M. Pille, à Bourdonnay (Aube).

1,200	Engrais complet.................	26,51	11,67
	Terre sans aucun engrais.........	14,84	»

M. le marquis DE VIRIEU, à Pupetière (Isère).

Kilogr.		Rendements par hectare. Hectol.	Excédant sur la terre sans aucun engrais. Hectol.
470	Engrais complet...................	26,00	6,00
	Terre sans aucun engrais.........	20,00	»

M. FAURE, à Lille (Nord).

1,000	Engrais complet....................	25,60	»
	Rendement moyen de la contrée avec fumier...................	10,00	»

M. le baron RICASOLI, à Florence (Italie).

1,500	Engrais complet intensif.........	25,20	16,30
	Terre sans aucun engrais........	8,90	»

M. ARCOZZI-MASINO, à Saint-Morizio-Canavese (Italie).

1,200	Engrais complet.................	25,00	»
20,000	Fumier de ferme................	9,00	»

MOYENNE DES RENDEMENTS.

875 kil.	*Engrais chimique*......................	27^{hect}42
24,000	*Fumier de ferme*	14 50
	Excédant en faveur de l'engrais chimique......	12^{hect}92

CINQUIÈME SÉRIE.

Rendements compris entre 20 et 25 hectolitres par hectare.

M. THOMASSON, à Varennes (Allier).

Après engrais complet n° 3.

380	Sulfate d'ammoniaque...........	24,60	»

M. Rauzières, au Pech de Belvezé (Tarn-et-Garonne).

	Rendements par hectare.	Excédant sur la terre sans aucun engrais.
Kilogr.	Hectol.	Hectol.
1,200 Engrais complet...................	24,47	10,00
Terre sans aucun engrais.........	14,47	»

M. le marquis de Virieu, à Pupetière (Isère).

Après engrais incomplet n° 1.

160 Sulfate d'ammoniaque............	24,00	»
500 Engrais incomplet n° 2..........	20,00	»
270 Engrais complet.................	22,25	»
36,000 Fumier de ferme	22,00	»

M. Bourcart, au château du Châtellier (Cher).

1,200 Engrais complet n° 2	24,00	«
700 Engrais complet n° 2............	20,00	»

M. Cavallier, au Mesnil-Saint-Nicaise (Somme).

Après blé sur fumier.

200 Phosphate acide de chaux....... 200 Sulfate d'ammoniaque........... 200 Sulfate de chaux................	24,00	»
Après betteraves sur engrais complet et sans nouvelle addition..	23,00	»

M. Hourier, au Kremrich (Moselle).

700 Engrais complet.................	24,00	15,02
Terre sans aucun engrais.........	8,98	»

M. Maravange, au Châtelet-en-Berry (Cher).

1,200 Engrais complet.................	24,00	»
63,000 Fumier de ferme...............	12,00	»

M. Mottard, à Saint-Fons (Rhône).

420 Sulfate d'ammoniaque...........	23,80	»
Hectol.		
230 Vidange	18,90	»

M. le comte DE LAVAULX, à Villers-Agron (Aisne).

		Rendements par hectare. Hectol.	Excédant sur la terre sans aucun engrais. Hectol.
Kilogr.			
1,600	Engrais complet intensif.........	23,60	10,60
	Terre sans aucun engrais........	13,00	»

M. ROGER, à Melun (Seine-et-Marne).

300	Sulfate d'ammoniaque et sulfate de chaux	23,36	»

M. ROZE, à Sens (Yonne).

750	Engrais complet nº 3.............	23,25	»
	Fumier de ferme...............	30,20	»

Frère OLYMPE, à Saint-Claude-les-Besançon (Doubs).

1,200	Engrais complet...............	23,00	10,00
	Fumier de ferme...............	22,00	9,00
	Terre sans aucun engrais	13,00	»

M. HUARD, à Foulletourte (Sarthe).

1,200	Engrais complet...............	22,70	22,70
40,000	Fumier de ferme...............	4,00	4,00
	Terre sans aucun engrais........	Nul.	»

M. LOMBARD-MOREL, à Saint-Avit (Drôme).

1,200	Engrais complet...............	22,50	2,00
	Terre sans aucun engrais........	20,50	»

M. DE GILLÈS, à Saulchoix-Clary (Somme).

1,200	Engrais complet...............	22,00	9,00
	Fumier de ferme	17,50	4,50
	Terre sans aucun engrais........	13,00	»

M. GODEFROY, à Châteauroux (Indre).

1,500	Engrais complet intensif........	21,50	11,80
	Terre sans aucun engrais........	9,70	»

M. DE GUAITA, à Nancy (Meurthe).

		Rendements par hectare.	Excédant sur la terre sans aucun engrais.
Kilogr.		Hectol.	Hectol.
1,000	Engrais complet..................	21,40	8,20
	Terre sans aucun engrais.........	13,20	»

M. DE RAUGLANDRE, à Écart-d'Ambières (Marne).

200	Sulfate d'ammoniaque........... .	20,40	7,26
	Terre sans aucun engrais.........	13,14	»

M. CAIL, à La Briche (Indre-et-Loire).

200	Sulfate d'ammoniaque...........	21,65	10,45
	Terre sans aucun engrais........	11,20	»

M. CERFBEER, à Oberviller (Meurthe).

1,000	Engrais complet.................	20,00	»
30,000	Fumier de ferme................	18,00	»

M. LHUILLIER, à Pouillenay (Côte-d'Or).

1,200	Engrais complet.................	20,00	»
40,000	Fumier de ferme................	15,00	»

M. RIEFFEL, à Grand-Jouan (Loire-Inférieure).

1,200	Engrais complet.................	20,00	»
40,000	Fumier de ferme................	16,00	»

MOYENNE DES RENDEMENTS.

849 kil.	*Engrais chimique*.....................	22hect 44
41,500	*Fumier de ferme*.....................	14 50
	Excédant en faveur de l'engrais chimique......	7hect 94

SIXIÈME SÉRIE.

Rendements compris jusqu'à 20 hectolitres par hectare.

M. VILLERAND, à Maison-Neuve (Dordogne).

		Rendements par hectare.	Excédant sur la terre sans aucun engrais.
Kilogr.		Hectol.	Hectol.
1,200	Engrais complet nº 1..............	19,40	16,84
1,200	Engrais complet nº 1..............	17,00	14,44
1,200	Engrais complet nº 1..............	12,94	10,38
38,000	Fumier de ferme..................	12,62	10,06
	Terre sans aucun engrais..........	2,56	»

M. PÉRIER, à Rochefolle (Indre-et-Loire).

1,125	Engrais complet................	19,00	»
	Rendement moyen du pays avec fumier......................	7,00	»

M. FOURNIER, à Bordeaux (Gironde).

454	Engrais complet................	18,70	»

M. CAIL, à La Briche (Indre-et-Loire).

300	Sulfate d'ammoniaque...........	18,30	7,10
	Terre sans aucun engrais	11,20	»

M. CAVALLIER, au Mesnil-Saint-Nicaise (Somme).

	Après betteraves sur engrais complet et sans nouvelle addition d'engrais.....................	19 00	»
	Après betteraves sur engrais complet et sans nouvelle addition d'engrais	18,00	»

M. FOURNERET, à Fontainebleau (Seine-et-Marne).

1,000	Engrais complet...............	15,70	»
1,000	Engrais complet...............	13,80	»

M. PIGAULT DE BEAUPRÉ, à Hubersent (Pas-de-Calais).

Kilogr.		Rendements par hectare. Hectol.	Excédant sur la terre sans aucun engrais. Hectol.
300	Sulfate d'ammoniaque..........	18,00	»
300	Sulfate d'ammoniaque...........	12,56	»

M. GODEFROY, à Châteauroux (Indre).

1,000	Engrais complet.................	11,00	1,30
	Terre sans aucun engrais........	9,70	»

M. COUREAU, à Bordeaux (Gironde).

1,200	Engrais complet.................	18,07	»

M. GRENOUILLET, à Pruniers (Indre).

1,000	Engrais complet.................	17,71	»
	Rendement moyen de la contrée avec fumier...................	18,80	»

M. CAIL, à La Briche (Indre-et-Loire).

600	Engrais complet n° 1..............	17,60	6,40
	Terre sans aucun engrais.........	11,20	»

M. le marquis DE MONTMORT, à Montmort (Marne).

1,200	Engrais complet.................	17,30	13,30
1,200	Engrais complet.................	13,50	9,50
32,000	Fumier de ferme................	16,00	12,00
	Terre sans aucun engrais.........	4,00	»

M. GRENOUILLET, à Pruniers (Indre).

1,200	Engrais complet.................	16,50	»

M. DE BLIC, à Echalot (Côte-d'Or).

1,200	Engrais complet.................	16,00	»
45,000	Fumier de ferme	10,00	»

M. PÉRIER, à Rochefolle (Indre-et-Loire).

1,200	Engrais complet.................	16,00	16,00
	Terre sans aucun engrais	Nul.	»

M. SERVIER, à Bourg-Saint-Andéol (Ardèche).

Kilogr.		Rendements par hectare. Hectol.	Excédant sur la terre sans aucun engrais. Hectol.
600	Engrais complet nº 1.............	16,00	»
600	Engrais complet.................	15,60	»
	Fumier de ferme	10,40	»

M. DU PEYRAT, à la ferme-école de Beyrie (Landes).

400	Sulfate d'ammoniaque...........	16,10	8,12
400	—	13,31	5,33
400	—	12,40	4,42
400	—	11,37	3,39
80,000	Fumier de ferme...............	11,88	3,90
40,000	Fumier de ferme	9,60	1,62
	Terre sans aucun engrais........	7,98	»

M. DE LA GRÈVERIE, à Caignac (Haute-Garonne).

1,200	Engrais complet nº 1.............	15,50	»
20,000	Fumier de ferme.................	8,00	»

M. WADDINGTON, à Saint-Remi-sur-Arc (Eure).

1,400	Engrais complet................	14,30	»

M. DE GUAITA, à Nancy (Meurthe).

600	Engrais incomplet..............	14,00	6,30
	Terre sans aucun engrais........	7,70	»

M. DURAND-MISSÈCLE, à Missècle (Tarn).

500	Engrais complet................	14,00	»
20,000	Fumier de ferme...............	14,00	»

M. DELESTRAC, à Cucuron (Vaucluse).

600	Engrais incomplet..............	13,94	»
600	—	10,00	»
600	—	9,22	»

M. LEPARGNEUX, à Bigeaunette (Eure-et-Loir).

380	Sulfate d'ammoniaque	13,00	»

M. COUREAU, à Bordeaux (Gironde).

		Rendements par hectare.	Excédant sur la terre sans aucun engrais.
Kilogr.		Hectol.	Hectol.
625	Engrais complet.................	12,50	»

M. DE BLIC, à Echalot (Côte-d'Or).

1,200	Engrais complet.................	11,30	4,70
	Terre sans aucun engrais.........	6,60	»

M. GRANIÉ, à Toulouse (Haute-Garonne).

1,200	Engrais complet.................	10,00	»
40,000	Fumier de ferme	14,17	»

MOYENNE DES RENDEMENTS.

831 kil.	*Engrais chimique*.....................	14 hect 96
39,375	*Fumier de ferme*.....................	12 03
	Excédant en faveur de l'engrais chimique......	2 hect 93

RÉCAPITULATION DES RÉSULTATS OBTENUS SUR LE FROMENT.

	ENGRAIS CHIMIQUE.		FUMIER DE FERME.	
	ENGRAIS. kilogr.	RÉCOLTE. hectol.	FUMIER. kilogr.	RÉCOLTE. hectol.
1re série......	995	46.50	56,728	39.22
2e série.......	1,036	35.90	44,615	26.84
3e série.......	941	31.20	35,009	19.31
4e série.......	875	27.42	24,000	14.50
5e série......	849	22.44	41,500	14.50
6e série......	831	14.96	39,375	12.03

MOYENNE GÉNÉRALE.

Kilogr.		hectol.
921	d'engrais chimique ont produit....	29.73
40,202	de fumier de ferme..............	21.06
	Excédant en faveur de l'engrais chimique.	8.67

LA BETTERAVE

PREMIÈRE SÉRIE.

Rendements compris entre 70,000 et 140,000 kilogr. de racines par hectare.

M. JUNGER, à Manom (Moselle).

Kilogr.		Rendements par hectare.	Excédant sur la terre sans aucun engrais.
1,200	Engrais complet nº 2.............	142,000	46,900
30,000	Fumier de ferme................	106,500	11,400
	Terre sans aucun engrais.........	95,100	»

M. TOURELLE, à Veymerange (Moselle).

1,200	Engrais complet nº 2.............	105,000	60,000
40,500	Fumier de ferme................	75,000	30,000
	Terre sans aucun engrais.........	45,000	«

M. FOREY, à Montluçon (Allier).

1,600	Engrais complet intensif nº 2......	100,000	»

M. HYM, à Florange (Moselle).

1,200	Engrais complet nº 2.............	87,000	15,000
150,000	Fumier de ferme	87,000	15,000
	Terre sans aucun engrais.........	72,000	»

M. DUFORT, à Monneren (Moselle).

Kilogr.		Rendements par hectare.	Excédant sur la terre sans aucun engrais.
1,200	Engrais complet n° 2.............	75,000	30,000
60,000	Fumier de ferme.................	60,000	15,000
	Terre sans aucun engrais........	45,000	»

M. LAVAUX, à Choisy-le-Temple (Seine-et-Marne).

2,330	Engrais complet n° 2.............	74,513	»
50,000	Fumier de ferme................	40,000	»

M. CAIL, à la Briche (Indre-et-Loire).

1,600	Engrais complet intensif n° 2.....	73,000	»
60,000	Fumier de ferme	67,500	»
30,000	Fumier de ferme	55,000	»

M. FANTBOA, à Fumal (Belgique).

1,200	Engrais complet n° 2.............	72,000	»
	Fumier de ferme................	57,000	»

MOYENNE DES RENDEMENTS.

1,441 kil.	*Engrais chimique*	91,064 kil.
60,071	*Fumier de ferme*...................	70,142
	Excédant en faveur des engrais chimiques......	20,922 kil.

DEUXIÈME SERIE.

Rendements compris entre 60,000 et 70,000 kilogr. de racines par hectare.

M. PRÉVOST, à Calais (Pas-de-Calais).

Betteraves (globes-jaunes).

1,600	Engrais complet intensif n° 2.....	69,400	12,100
1,200	Engrais complet n° 2.............	69,900	12,600
60,000	Fumier de ferme................	65,200	7,900

Kilogr.		Rendements par hectare.	Excédant sur la terre sans aucun engrais.
30,000	Fumier de ferme................	57,800	500
	Terre sans aucun engrais........	57,300	»

Betteraves à sucre.

1,600	Engrais complet intensif n° 2.....	68,100	14,600
1,200	Engrais complet n° 2............	67,900	14,400
60,000	Fumier de ferme................	64,700	11,200
30,000	Fumier de ferme................	37,700	En perte.
	Terre sans aucun engrais........	53,500	»

M. GRANDEAU, à Nancy (Meurthe).

1,800	Engrais complet intensif n° 2.....	69,700	19,420
1,650	Engrais complet n° 2............	58,950	8,670
	Terre sans aucun engrais........	50,280	»

M. BOLOGNE, à Schrémange (Moselle).

1,200	Engrais complet n° 2............	68,100	12,300
66,000	Fumier de ferme................	61,500	5,700
	Terre sans aucun engrais........	55,800	»

M. BAUER, à Cattenom (Moselle).

1,200	Engrais complet n° 2............	66,000	30,000
75,000	Fumier de ferme................	42,000	6,000
	Terre sans aucun engrais........	36,000	»

M. WARREN, colonie de Mettray (Indre-et-Loire).

500	Engrais complet n° 2............	65,000	20,750
	Terre sans aucun engrais........	44,250	»

SOCIÉTÉ·D'AGRICULTURE d'Arras (Pas-de-Calais).

1,600	Engrais complet intensif n° 2.....	63,600	22,200
60,000	Fumier de ferme................	60,500	19,100
30,000	Fumier de ferme................	58,200	16,800
	Terre sans aucun engrais........	41,400	»

M. VERLAT-CARLIER, Visé-les-Liége (Belgique).

1,600	Engrais complet intensif n° 2.....	61,500	31,500
	Terre sans aucun engrais........	30,000	»

M. Hourier, à Kremrich (Moselle).

Kilogr.		Rendements par hectare.	Excédant sur la terre sans aucun engrais.
1,600	Engrais complet intensif n° 2.....	60,000	40,000
50,000	Fumier de ferme................	39,600	19,600
	Terre sans aucun engrais	20,000	»

M. de Larevanchère, à Villegast (Charente).

1,200	Engrais complet n° 2...............	60,200	51,600
60,000	Fumier de ferme	36,200	27,600
30,000	Fumier de ferme	34,000	25,400
	Terre sans aucun engrais.........	8,600	»

M. Cavallier, au Mesnil-Saint-Nicaise (Somme).

1,700	Engrais complet intensif	60,000	»
60,000	Fumier de ferme................	28,000	»

M. Motel, à Compiègne (Oise).

1,200	Engrais complet n° 2.............	59,900	8,000
60,000	Fumier de ferme	37,900	En perte.
30,000	Fumier de ferme................	44,900	En perte.
	Terre sans aucun engrais	51,900	»

M. de Liedekerke, à Bruxelles (Belgique).

Betteraves jaunes.

1,200	Engrais complet n° 2.............	59,892	»
	Fumier de ferme................	53,647	»

M. Ch. de Hédouville, à Saint-Dizier (Haute-Marne).

1,200	Engrais complet n° 2............	59,600	8,800
	Terre sans aucun engrais	50,800	»

M. Godefroy, à Châteauroux (Indre).

1,200	Engrais complet n° 2.............	60,620	11,967
	Terre sans aucun engrais	48,293	»

M. Cail, à la Briche (Indre-et-Loire).

1,200	Engrais complet n° 2.............	65,000	»
60,000	Fumier de ferme	67,500	»
30,000	Fumier de ferme	55,000	»

Mme CHENU mère, au Coteau, par Metrai-sur-Yèvre (Cher).

Kilogr.		Rendements par hectare.	Excédant sur la terre sans aucun engrais.
1,200	Engrais complet n° 2............	60,000	»

MOYENNE DES RENDEMENTS.

1,335 kil.	*Engrais complet n° 2*...............	63,507 kil.	
50,058	*Fumier de ferme*	49,900	
Excédant en faveur de l'engrais chimique......		13,607	

TROISIÈME SÉRIE.

De 50,000 à 60,000 kil. de racines par hectare.

SOCIÉTÉ D'AGRICULTURE de Compiègne (Oise).

1,200	Engrais complet.................	59,900	8,200
1,600	Engrais complet intensif	51,700	»
60,000	Fumier de ferme...............	37,900	En perte.
30,000	Fumier de ferme...............	44,900	En perte.
	Terre sans aucun engrais.........	51,700	»

M. GEORGES, à Hargival (Aisne).

1,600	Engrais complet intensif n° 2.....	58,560	24,934
60,000	Fumier de ferme	49,690	16,060
30,000	Fumier de ferme...............	42,460	8,830
	Terre sans aucun engrais........	33,630	»

M. de GUAITA, à Nancy (Meurthe).

1,600	Engrais complet intensif n° 2.....	57,662	36,831
60,000	Fumier de ferme	24,046	3,215
	Terre sans aucun engrais	20,831	»

M. Crépin (1), à Noyelles (Nord).

Kilogr.		Rendements par hectare.	Excédant sur la terre sans aucun engrais.
1,750	Engrais complet intensif n° 2.....	55,100	12,600
1,200	Engrais complet.................	56,100	13,600
	Terre sans aucun engrais	42,500	»

M. Chavée-Leroy, à Clermont-les-Fermes (Aisne).

1,600	Engrais complet intensif n° 2.....	56,440	24,940
1,200	Engrais complet n° 2	50,080	18,580
40,000	Fumier et écumes de défécations..	47,300	15,800
	Terre sans aucun engrais	31,500	»

M. de Hédouville, à Saint-Dizier (Haute-Marne).

1,800	Engrais complet intensif n° 2.....	55,600	4,800
44,000	Fumier de ferme	52,400	1,600
	Terre sans aucun engrais.........	50,800	»

Société d'Agriculture de Melun, ferme de Villaroche (Seine-et-Marne).

1,129	Engrais complet intensif n° 2.....	55,010	10,266
50,000	Fumier de ferme	43,569	En perte.
	Terre sans aucun engrais	44,744	»

M. Retaillon, à la Colette (Maine-et-Loire).

1.300	Engrais complet intensif n° 2.....	55,000	»
	Fumier de ferme	32,000	»

M. Cavallier, au Mesnil-Saint-Nicaise (Somme).

1,700	Engrais complet..................	55,000	34,000
1,200	— —	52,500	31,500
1,200	— —	51,500	30,500
1,200	— —	50,700	29,700
60,000	Fumier de ferme	28,000	7,000
	Terre sans aucun engrais	21,000	»

(1) Ces trois parcelles avaient reçu du fumier de ferme.

M. WARREN, colonie de Mettray (Indre-et-Loire).

Kilogr.		Rendements par hectare.	Excédant sur la terre sans aucun engrais.
500	Engrais complet.................	55,050	10,800
	Terre sans aucun engrais	44,250	»

M. CAUCHOIS, à Creil (Oise).

1,600	Engrais complet intensif n° 2.....	55,700	24,200
1,200	Engrais complet.................	47,600	16,100
	Terre sans aucun engrais	31,500	»

M. GROMIER, à Lyon (Rhône).

1,200	Engrais complet.................	55,000	»
40,000	Fumier de ferme................	25,000	»

M. GODEFROY, à Châteauroux (Indre).

1.600	Engrais complet intensif n° 2.....	54,650	6,357
800	Autre engrais chimique..........	57,076	8,783
	Terre sans aucun engrais	48,293	»

M. PONCELET, à Douzy (Ardennes).

1,200	Engrais complet n° 1............	53,000	12,000
104,000	Fumier d'écurie.................	48,000	7,000
80,000	Fumier d'étable.................	54,000	13,000
100,000	Fumier de mouton..............	50,000	9,000
88,000	Fumier mélangé.................	42,500	1,500
	Terre sans aucun engrais	41,000	»

M. BOURSIER, à Chevrières (Oise).

1,600	Engrais complet intensif........	52,600	16,600
60,000	Fumier de ferme................	48,300	12,300
30,000	Fumier de ferme	43,000	7,000
	Terre sans aucun engrais........	36,000	»

M. PLUCHET, au Coudray (Seine-et-Oise).

1,200	Engrais complet.................	50,000	»
35,000	Fumier........................	40,000	»

II.   19.

M. Motel, à Compiègne (Oise).

Kilogr.		Rendements par hectare.	Excédant sur la terre sans aucun engrais.
1,600	Engrais complet intensif n° 2	51,700	»
60,000	Fumier de ferme	37,900	»

M. Goussard, château de Haut-Brizay (Indre-et-Loire).

1,400	Engrais complet intensif n° 2	51,500	»
	Fumier de mouton..............	55,600	»
	Fumier de vache	43,600	»
	Fumier de cheval..............	42,800	»
	Fumier de porc	46,000	»

M. Jacotin, à Rethel (Ardennes).

1,200	Engrais complet................	55,355	»
1,200	Engrais complet n° 2	50,655	»
	Fumier de ferme...............	45,140	»

M. Teyssier des Farges, à Beaulieu (Seine-et-Marne).

1,200	Engrais complet n° 2	54,360	19,750
60,000	Fumier de ferme	42,280	7,670
	Terre sans aucun engrais........	34,610	»

M. Belin, à Brie-Comte-Robert (Seine-et-Marne).

1,600	Engrais complet intensif n° 2	54,800	»
1,600	Engrais complet intensif n° 2	52,000	»

M. Robert, à Mont-Saint-Martin.

1,300	Engrais complet n° 2	52,300	»
30,000	Fumier de ferme suivi d'un parcage	60,600	»

M. Pilat, à Brebières (Pas-de-Calais).

1,600	Engrais complet intensif n° 2	52,000	6,200
1,200	Engrais complet n° 2	52,300	6,500
60,000	Fumier de ferme...............	49,700	3,900
30,000	Fumier de ferme	49,200	3,400
	Terre sans aucun engrais........	45,800	»

M. Triboulet, à Arsainvilliers (Oise).

Kilogr.		Rendements par hectare.	Excédant sur la terre sans aucun engrais.
1,600	Engrais complet intensif.........	50,000	24,700
	Terre sans aucun engrais.........	25,300	»

MOYENNE DES RENDEMENTS.

1,362 kil.	*Engrais chimique*.................	53,673 kil.
55,045	*Fumier de ferme*..................	43,670
	Excédant en faveur de l'engrais chimique......	10,003

QUATRIÈME SÉRIE.

Rendements compris entre 40,000 et 50,000 kilogr. de racines par hectare.

M. Floner, à Metzeresch (Moselle).

1,200	Engrais complet n° 2............	49,500	32,100
75,000	Fumier de ferme................	33,000	15,600
	Terre sans aucun engrais........	17,400	»

M. Lehoult, à Saint-Quentin (Aisne).

800	Engrais complet n° 1............	48,600	»
	Fumier et déchets gras..........	27,800	»

M. Fiévet, à Masny (Nord).

1,600	Engrais complet intensif n° 2.....	48,048	»
62,000	Fumier ou purin................	51,550	»

M. Hubert, à Fréthun (Pas-de-Calais).

1,200	Engrais complet n° 2...........	48,000	»
	Fumier de ferme...............	48,000	»

M. SCHLESSER, à Hettange-la-Grande (Moselle).

Kilogr.		Rendements par hectare.	Excédant sur la terre sans aucun engrais.
1,200	Engrais complet nº 2.............	48,000	21,000
120,000	Fumier de ferme.................	39,000	12,000
	Terre sans aucun engrais.........	27,000	»

M. BUTTEUX, à Saint-Quentin (Aisne).

1,600	Engrais complet intensif nº 2.....	48,000	»
1,200	Engrais complet nº 2.............	43,000	»
60,000	Fumier et guano	40,000	»

M. CAVALLIER, au Mesnil-Saint-Nicaise (Somme).

600	Engrais complet..................		48,000	27,000
1,200	—	—	47,500	26,500
600	—	—	45,000	24,000
1,700	—	—	45,000	24,000
1,700	—	—	44,000	23,000
1,200	—	—	44,000	23,000
600	—	—	42,000	21,000
1,200	—	—	40,500	19,500
1,700	—	—	40,000	19,000
60,000	Fumier de ferme.................		28,000	7,000
	Terre sans aucun engrais		21,000	»

M. DE HÉDOUVILLE, à Saint-Dizier (Haute-Marne).

1,800	Engrais complet intensif.........	48,000	14,000
1,200	Engrais complet..................	44,000	10,000
51,100	Fumier de ferme	40,000	6,000
38,500	—	38,000	4,000
11,620	—	34,000	»
	Terre sans aucun engrais	34,000	»

M. BOURSIER, à Chevrière (Oise).

1,200	Engrais complet..................	47,900	11,900
20,000	Fumier de ferme.................	43,000	7,000
	Terre sans aucun engrais	36,000	»

M. Huin, à Bachy (Nord).

Kilogr.		Rendements par hectare.	Excédant sur la terre sans aucun engrais.
1,380	Engrais complet intensif nº 4.....	47,200	»
	Fumier et 1,660 kil. de tourteau...	30,500	»

M. Huwaert, à Piéton (Belgique).

800	Engrais complet nº 2...........	47,000	17,000
	Terre sans aucun engrais........	30,000	»

M. Méro, à Cannes (Alpes-Maritimes).

1,600	Engrais complet intensif nº 2.....	46,700	22,400
1,200	Engrais complet nº 2............	42,500	18,200
30,000	Fumier de ferme	38,900	14,600
	Terre sans aucun engrais........	24,300	»

M. le marquis d'Havrincourt, à Havrincourt (Pas-de-Calais).

1,200	Engrais complet nº 2............	45,379	»
34,800	Fumier de ferme...............	35,867	»

M. Matte, à Œutrange (Moselle).

1,200	Engrais complet nº 2............	45,300	5,700
48,000	Fumier de ferme...............	42,900	3,300
	Terre sans aucun engrais	39,600	»

M. Mosneron-Dupin, à Nantes (Loire-Inférieure).

Betteraves champêtres.

1,240	Engrais complet intensif nº 2.....	44,600	»
60,000	Fumier de ferme.....	38,300	»

Betteraves à sucre.

1,600	Engrais complet intensif nº 2.....	43,400	»
60,000	Fumier de ferme...............	37,200	»

Compagnie sucrière, à Poix (Somme).

1,200	Engrais complet nº 2...........	44,446	8,013
	Terre sans aucun engrais........	36,433	»

M. CRÉPIN, à Proville (Nord).

Kilogr.		Rendements par hectare.	Excédant sur la terre sans aucun engrais.
1,750	Engrais complet intensif n° 2.....	44,000	14,000
1,200	Engrais complet................	42,000	12,000
	Terre sans aucun engrais........	30,000	»

M. SIMON, à Garsche (Moselle).

1,200	Engrais complet n° 2.............	43,500	4,500
60,000	Fumier de ferme...............	41,400	2,400
	Terre sans aucun engrais........	39,000	»

M. BAROUX, à Digeon (Somme).

1,600	Engrais complet intensif n° 2.....	43,404	»
1,200	Engrais complet n° 2............	41,011	»
46,200	Fumier de ferme	21,916	»
40,500	— —	22,444	»
90,000	— —	24,443	»

M. DUDOUY, à Soissons (Aisne).

1,600	Engrais complet intensif n° 2.....	43,000	34,400
30,000	Fumier de ferme	28,400	19,800
	Terre sans aucun engrais........	8,600	»

M. VION, à Lœuilly (Somme).

870	Engrais complet n° 2............	42,873	3,293
20,000	Fumier de ferme...............	49,325	9,745
	Terre sans aucun engrais........	39,580	»

M. QUILLOTEAUX, à Mormant (Seine-et-Marne).

1,600	Engrais complet intensif n° 2.....	47,619	11,905
1,200	Engrais complet n° 2............	42,857	7,143
33,000	Fumier de ferme...............	29,914	En perte.
	Terre sans aucun engrais........	35,714	»

M. le marquis D'HAVRINCOURT, à Havrincourt (Pas-de-Calais).

1,200	Engrais complet n° 2............	42,672	»
33,000	Fumier de ferme...............	29,914	»

M. CLOCHERET, à Erzange (Moselle).

Kilogr.		Rendements par hectare.	Excédant sur la terre sans aucun engrais.
1,200	Engrais complet n° 2....	42,600	18,000
60,000	Fumier de ferme................	33,600	9,000
	Terre sans aucun engrais	24,600	»

M. BERTIN, à Montenach (Moselle).

1,200	Engrais complet n° 2	42,000	30,000
40,500	Fumier de ferme................	22,200	10,200
	Terre sans aucun engrais........	12,000	»

M. LEBEL, à Chevickey (Haute-Marne).

1,200	Engrais complet n° 2............	42,000	»
40,000	Fumier de ferme................	40,000	»

M. MÉNARD et Cie, à Solesmes (Nord).

1,200	Engrais complet n° 2............	42,000	6,000
	Terre sans aucun engrais........	36,000	»

M. NELS, à Haute-Yutz (Moselle).

1,600	Engrais complet intensif n° 2.....	42,000	»
1,200	Engrais complet n° 2	38,000	»
70,000	Fumier de ferme................	34,000	»

M. DENOYON, à Blérancourt (Aisne).

1,200	Engrais complet................	41,000	19,300
	Terre sans aucun engrais........	21,700	»
800	Engrais complet n° 2............	45,000	24,000
1,600	Engrais complet intensif n° 2.....	44,000	23,000
1,200	Engrais complet n° 2............	41,000	20,000
	Terre sans aucun engrais........	21,000	»

M. WARNIER DE LA TOUR (Aisne).

1,200	Engrais complet n° 2............	41,400	19,700
	Terre sans aucun engrais........	21,700	»

M. le marquis DE VIRIEU, à Pupetière (Isère).

Kilogr.		Rendements par hectare.	Excédant sur la terre sans aucun engrais.
600	Engrais complet n° 2..............	41,000	12,000
36,000	Fumier de ferme................	40,950	11,950
	Terre sans aucun engrais........	29,000	»

M. ROGIER, à Beaulon (Allier).

1,200	Engrais complet n° 2.............	40,300	»
60,000	Fumier avec chaulage...........	42,500	»

M. VILIN, à Buchoire (Oise).

1,200	Engrais complet n° 2.............	40,000	10,000
	Terre sans aucun engrais........	30,000	»

M. PETIT, à Verfmontins (Seine-et-Marne).

1,200	Engrais complet n° 2.............	40,000	»
	Fumier de ferme...............	50,000	»

M. MARAVANGE, au Châtelet-en-Berry (Cher).

1,600	Engrais complet................	40,000	»
50,000	Fumier de ferme................	25,000	»

M. DE GILLÈS, à Saulchoix-Clairy (Somme).

1,600	Engrais complet intensif........	40,000	20,000
40,000	Fumier de ferme...............	40,000	20,000
	Terre sans aucun engrais........	20,000	»

M. DEBAINS, à Saint-Remi (Seine-et-Oise).

1,600	Engrais complet intensif........	40,000	»
	Fumier de ferme...............	37,500	»

M. GRENOUILLET, à Pruniers (Indre).

1,200	Engrais complet n° 2.............	40,000	»
34,000	Fumier de ferme...............	25,000	»

M. CHEVALIER, à Francières (Oise).

1,600	Engrais complet intensif........	40,000	19,000
30,000	Fumier de ferme...............	30,000	9,000
	Terre sans aucun engrais........	21,000	»

M. HOUEL, à la Normanderie (Orne).

Kilog.		Rendements par hectare.	Excédant sur la terre sans aucun engrais.
1,600	Engrais complet intensif n° 2.....	48,490	»
1,200	Engrais complet n° 2	42,795	»
45,000	Fumier de ferme, 300 kil. guano..	27,170	»

M. SCHMID, à Saint-Étienne-de-Chigny (Indre-et-Loire).

1,200	Engrais complet n° 2............	40,000	40,000
	Terre sans engrais...............	nul.	»

MOYENNE DES RENDEMENTS.

1,274 kil.	*Engrais chimique*.................	43,640 kil.
47,521	*Fumier de ferme*..................	34,784
Excédant en faveur de l'engrais chimique......		8,856

CINQUIÈME SÉRIE.

Rendements compris entre 30,000 et 40,000 kilogr. de racines par hectare.

M. PLUCHET, à Trappes (Seine-et-Oise).

1,600	Engrais complet intensif n° 2.....	39,580	11,025
45,000	Fumier de ferme................	56,764	28,209
	Terre sans aucun engrais........	28,555	»

M. DUSASTER, à Saint-Quentin (Aisne).

1,200	Engrais complet n° 2............	39,353	19,956
1,600	Engrais complet intensif n° 2.....	34,282	14,885
40,000	Fumier de ferme................	28,144	8,747
	Terre sans aucun engrais........	19,397	»

M. DEBAILLY, à Mézières-en-Santerre (Somme).

1,600	Engrais complet intensif n° 2.....	39,200	23,200
40,000	Fumier de ferme................	30,300	14,300
	Terre sans aucun engrais........	16,000	»

M. REHM, à Basse-Yutz (Moselle).

Kilogr.		Rendements par hectare.	Excédant sur la terre sans aucun engrais.
1,600	Engrais complet intensif n° 2.....	38,500	10,500
1,200	Engrais complet n° 2.............	35,425	7,425
	Terre sans aucun engrais........	28,000	»

M. BAROUX, à Digeon (Somme).

Kilogr.		Rendements par hectare.	Excédant sur la terre sans aucun engrais.
1,600	Engrais complet intensif n° 2	38,470	30,445
1,200	Engrais complet n° 2.............	36,270	28,245
90,000	Fumier de ferme................	24,445	16,420
40,500	— —	22,444	14,419
46,200	— —	21,916	13,891
	Terre sans aucun engrais	8,025	»

M. GRENOUILLET, à Pruniers (Indre).

Kilogr.		Rendements par hectare.	
1,200	Engrais complet n° 2.............	40,000	»
34,000	Fumier........................	25,000	»
1,200	Engrais complet n° 2.............	38,000	»
34,000	Fumier de ferme................	38,000	»
1,200	Engrais complet n° 2	36,000	»
34,000	Fumier de ferme................	28,000	»

M. CAVALLIER, au Mesnil-Saint-Nicaise (Somme).

Kilogr.		Rendements par hectare.	Excédant sur la terre sans aucun engrais.
600	Engrais complet	38,000	17,000
600	— —	35,000	14,000
1,700	— —	30,000	9,000
600	— —	30,000	9,000
60,000	Fumier de ferme................	28,000	7,000
	Terre sans aucun engrais........	21,000	»

M. DE HÉDOUVILLE, à Saint-Dizier (Haute-Marne).

Kilogr.		Rendements par hectare.	Excédant sur la terre sans aucun engrais.
1,800	Engrais complet intensif........	37,600	6,600
1,200	Engrais complet................	30,900	100
23,240	Fumier de ferme................	29,300	En perte.
11,620	— —	30,500	En perte.
	Terre sans aucun engrais........	30,800	»

M. Chevalier, à Francières (Oise).

Kilogr.		Rendements par hectare.	Excédant sur la terre sans aucun engrais.
1,200	Engrais complet................	36,600	15,000
30,000	Fumier de ferme...............	30,000	9,000
	Terre sans aucun engrais........	21,000	»

M. Genermond, au Mesnil-Saint-Nicaise (Somme).

1,600	Engrais complet intensif nº 2.....	37,740	»
1,200	Engrais complet nº 2............	33,500	»
	Rendement moyen avec le fumier.	20,000	»

M. Augé-Collin, à Gevigny (Haute-Saône).

1,200	Engrais complet nº 2............	38,000	»
	Fumier de ferme...............	30,000	»

Société d'Agriculture de Nice, à Nice (Alpes-Maritimes).

Petites betteraves comestibles.

1,200	Engrais complet nº 2............	35,650	27,000
60,000	Fumier de ferme	10,950	2,000
30,000	— —	14,550	5,600
	Terre sans aucun engrais........	8,950	»

M. Vuaflart, à Caumont (Aisne).

620	Engrais complet nº 2............	37,220	9,845
1,600	Engrais complet intensif nº 2.....	34,820	7,445
	Terre sans aucun engrais........	27,375	»

M. Caribaux, à Estrées-Deniécourt (Somme).

1,200	Engrais complet nº 2	35,000	»
	Rendement moyen dans la contrée	26,000	»

M. Tonnelier, à Gournay (Oise).

1,600	Engrais complet intensif........	35,200	20,200
1,200	Engrais complet	35,000	20,000
30,000	Fumier de ferme...............	25,900	10,900
	Terre sans aucun engrais	15,000	»

M. Caillet, à la Normanderie (Orne).

Kilogr.		Rendements par hectare.	Excédant sur la terre sans aucun engrais.
1,600	Engrais complet intensif	35,220	»
1,200	Engrais complet	34,665	»
60,700	Fumier de ferme	31,690	»

M. Triboulet, à Assainvilliers (Oise).

1,200	Engrais complet	34,800	9,500
	Terre sans aucun engrais	25,300	»

M. Rolland, ferme de Saint-Bon (Haute-Marne).

1,600	Engrais complet intensif nº 2	34,500	25,900
40,000	Fumier de ferme	42,000	33,400
	Terre sans aucun engrais	8,600	»

M. Chenu, au Coteau, par Métrai-sur-Yèvre (Cher).

1,200	Engrais complet nº 2	33,540	»
	Fumier et chaulage	40,000	»

M. Vérel, à Langevinière (Sarthe).

1,200	Engrais complet nº 2	32,400	»
	Fumier de ferme	31,200	»

M. Dudouy, près Soissons (Aisne).

1,200	Engrais complet nº 2	31,000	28,800
30,000	Fumier de ferme	28,400	26,200
	Terre sans aucun engrais	2,200	»

M. Warnier de la Tour.

1,600	Engrais complet intensif nº 2	37,700	16,000
	Terre sans aucun engrais	21,700	»

M. le marquis de Virieu, à la Pupetière (Isère).

400	Engrais complet nº 2	37,425	8,425
700	Engrais complet nº 2	37,150	8,150
36,000	Fumier de ferme	40,950	11,950
	Terre sans aucun engrais	29,000	»

M. BELFORT, à Stuckange (Moselle).

Kilogr.		Rendements par hectare.	Excédant sur la terre sans aucun engrais.
1,200	Engrais complet nº 2	30,600	18,100
60,000	Fumier de ferme................	24,000	1,500
	Terre sans engrais..............	22,500	»

M. LAMESINE, à Revillon (Aisne).

1,600	Engrais complet intensif nº 2.....	30,000	26,000
	Fumier de ferme................	5,000	1,000
	Terre sans aucun engrais	4,000	»

M. PERIN, à Ranguevaux (Meurthe).

1,200	Engrais complet nº 2	30,600	»
60,000	Fumier de ferme................	25,000	»
	Terre sans aucun engrais........	21,000	»

MOYENNE DES RENDEMENTS.

1,255 kil.	*Engrais chimique*	35,373 kil.
42,511	*Fumier de ferme*	28,920
	Excédant en faveur de l'engrais chimique......	6,453

SIXIÈME SÉRIE.

Rendements compris entre 20,000 et 30,000 kilogr. de racines par hectare.

M. LERMONT, à Estrées-Deniécourt (Somme).

1,200	Engrais complet.................	29,500	»
	Rendement moyen de la contrée..	26,000	»

M. DUSANTER, à Saint-Quentin (Aisne).

1,200	Engrais complet.................	28,735	»
	Fumier de ferme................	28,735	»

Société d'agriculture du Pas-de-Calais.

Kilogr.		Rendements par hectare.	Excédant sur la terre sans aucun engrais.
1,600	Engrais complet intensif	28,200	8,200
1,200	Engrais complet................	28,200	8,200
60,000	Fumier de ferme..............	28,000	8,000
30,000	Fumier de ferme...	28,500	8,500
	Terre sans aucun engrais.........	20,000	»

M. MAITRE, à Châtillon-sur-Seine (Côte-d'Or).

1,600	Engrais complet intensif	27,400	12,200
1,200	Engrais complet	22,500	7,300
70,000	Fumier de ferme..............	26,100	10,900
	Terre sans aucun engrais........	15,200	»

M. ALBERT, à Renigen (Moselle).

1,200	Engrais complet n° 2............	27,000	13,500
17,100	Fumier de ferme...............	17,400	3,900
	Terre sans aucun engrais	13,500	»

M. ROLLAND, ferme de Saint-Bon (Haute-Marne).

1,200	Engrais complet................	26,500	17,900
40,000	Fumier de ferme...............	28,000	19,400
	Terre sans aucun engrais........	8,600	»

M. VINCENT DE SAINT-BONNET, au château de Pollet (Ain).

1,200	Engrais complet................	26,100	»
	Fumier de ferme...............	30,500	«

M. BUZY, à Woippy (Moselle).

1,600	Engrais complet intensif.........	25.570	25,570
	Fumier de ferme..............	16,153	16,153
	Terre sans aucun engrais.........	Nul.	»

M. HÉES, à Entrange (Moselle).

1,200	Engrais complet n° 2............	25,050	2,250
75,000	Fumier de ferme...............	23,400	600
	Terre sans aucun engrais.........	22,800	»

M. LAMESINE, à Révillon (Aisne).

Kilogr.		Rendements par hectare.	Excédant sur la terre sans aucun engrais.
1,200	Engrais complet................	25,000	21,000
	Fumier de ferme	5,000	1,000
	Terre sans aucun engrais........	4,000	»

M. PETIT, à Condé (Nord).

1,500	Engrais complet intensif........	25,000	»
70,000	Fumier de ferme et purin........	15,000	»

M. BUZY, à Woippy (Moselle).

1,200	Engrais complet................	24,230	24,230
	Fumier de ferme...............	16,153	16,153
	Terre sans aucun engrais........	Nul.	»

M. LAINNÉ, à Braisne (Aisne).

1,200	Engrais complet n° 2............	24 000	»
35,000	Fumier de ferme...............	30,000	»

M. MAUSSIER, à Saint-Étienne (Loire).

1,200	Engrais complet n° 2............	24,000	»

M. WADDINGTON, à Saint-Rémy (Eure).

1,250	Engrais complet n° 2............	23,750	»

COMICE AGRICOLE de Vervins (Aisne).

1,200	Engrais complet................	23,200	23,200
	Fumier de ferme...............	26,500	26,500
	Terre sans aucun engrais........	Nul.	»

M. le baron de GODIN, à Arville (Belgique).

1,200	Engrais complet................	23,000	»
40,000	Fumier de ferme...............	24,000	»

M. DROUIN, à Moyeure-Petite (Moselle).

1,200	Engrais complet n° 2............	22,500	11,400
60,000	Fumier de ferme...............	21,000	9,900
	Terre sans aucun engrais........	11,100	»

M. DE BONAND, à Montigny (Allier).

Kilogr.		Rendements par hectare.	Excédant sur la terre sans aucun engrais.
1,200	Engrais complet.................	22,100	»
	Fumier de ferme.................	31,720	»

M. RODICQ, à Elckange (Moselle).

1,200	Engrais complet nº 2.............	21,600	19,800
45,900	Fumier de ferme................	16,200	14,400
	Terre sans aucun engrais........	1,800	»

M. VINCENT DE SAINT-BONNET, à Pollet (Ain).

1,600	Engrais complet intensif.........	21,300	»
	Fumier de ferme	30,500	»

M. le comte DE DIESBACH DE GOUY, à Arras (Pas-de-Calais).

1,200	Engrais complet..................	18,250	5,500
1,600	Engrais complet intensif	18,150	5,400
60,000	Fumier de ferme.................	25,000	12,250
30,000	Fumier de ferme.................	22,800	10,050
	Terre sans aucun engrais	12,750	»

MOYENNE DES RENDEMENTS.

1,294 kil.	*Engrais chimique*..................	24,433 kil.
48,692	*Fumier de ferme*..................	23,453
	Excédant en faveur de l'engrais chimique......	980 kil.

SEPTIÈME SÉRIE.

Culture mixte au fumier de ferme et aux engrais chimiques.

M. DE FANTBOA, à Fumal (Belgique).

	Engrais chimique et fumier.:......	90,000	»
	Fumier de ferme................	57,000	»

M. Cail, à la Briche (Indre-et-Loire).

Kilogr.		Rendements par hectare.	Excédant sur la terre sans aucun engrais.
900	Engrais complet..............	64,000	»
30,000	Fumier de ferme..............		
60,000	Fumier de ferme..............	67,500	»
30,000	Fumier de ferme..............	55,000	»

M. Belin, à Brie-Comte-Robert (Seine-et-Marne).

| 800 | Engrais complet.............. | 63,770 | » |
| 40,000 | Fumier de ferme.............. | | |

M. Fiévet, à Masny (Nord).

800	Engrais complet..............	61,162	»
50,000	Fumier de ferme..............		
62,000	Fumier de ferme..............	51,550	»

M. Tétard, à Montières (Seine-et-Oise).

	Engrais complet intensif........	55,813	»
25,000	Fumier de ferme..............		
60,000	Fumier de ferme..............	38,372	»
25,000	Fumier de ferme	29,069	»

M. Belin, à Brie-Comte-Robert (Seine-et-Marne).

| 800 | Engrais complet intensif........ | 55,600 | » |
| 40,000 | Fumier de ferme.............. | | |

M. Tétard, à Montières (Seine-et-Oise).

	Engrais complet..............	55,232	»
25,000	Fumier de ferme..............		
60,000	Fumier de ferme..............	38,372	»
25,000	Fumier de ferme..............	29,069	»

M. Lehoult, à Saint-Quentin (Aisne).

600	Engrais complet..............	50,400	»
	Fumier de ferme		
	Rendement moyen du pays.......	28,000	»

II.   20

M. DE GILLÈS, à Saulchoix-Clary (Somme).

Kilogr.		Rendements par hectare.	Excédant sur la terre sans aucun engrais.
600	Engrais complet nᵒ 2............	50,000	30,000
	Fumier de ferme...............		
40,000	Fumier de ferme...............	40,000	20,000
	Terre sans aucun engrais.........	20,000	»

M. DE HÉDOUVILLE, à Saint-Dizier (Haute-Marne).

600	Engrais complet...............	49,500	11,000
10,000	Fumier de ferme...............		
44,000	Fumier de ferme...............	52,400	13,900
33,000	Fumier de ferme...............	48,200	9,700
22,000	Fumier de ferme...............	51,600	13,100
20,000	Fumier de ferme...............	50,500	12,000
	Terre sans aucun engrais........	38,500	»

SOCIÉTÉ D'AGRICULTURE de Melun (Seine-et-Marne).

322	Engrais complet...............	48,937	4,193
25,000	Fumier de ferme...............		
50,000	Fumier de ferme...............	43,569	En perte.
	Terre sans aucun engrais.........	44,744	»

M. CAIL, à la Briche (Indre-et-Loire).

900	Engrais complet...............	48,500	»
30,000	Fumier de ferme		
60,000	Fumier de ferme...............	35,000	»

M. CHAVÉE-LEROY, à Clermont-les-Fermes (Aisne).

450	Engrais complet...............	47,300	15,800
40,000	Fumier de ferme...............		
	Terre sans aucun engrais........	31,500	»

M. le marquis D'HAVRINCOURT, à Havrincourt (Pas-de-Calais).

1,200	Engrais complet...............	45,379	»
34,800	Fumier de ferme...............		
34,800	Fumier de ferme...............	35,867	»

M. BOUCHER, à Mont-Duloc (Aisne).

Kilogr.		Rendements par hectare.	Excédant sur la terre sans aucun engrais.
700	Engrais complet..................	43,000	»
25,000	Fumier de ferme................		
50,000	Fumier de ferme................	30,000	»

M. le marquis d'HAVRINCOURT, à Havrincourt (Pas-de-Calais).

1,200	Engrais complet..................	42,672	»
33,000	Fumier de ferme		
33,000	Fumier de ferme................	29,914	»

M. DELBRASSINE, au château de Fay (Somme).

400	Engrais complet..................	42,500	»
50,000	Fumier de ferme................		
50,000	Fumier de ferme................	32,500	»

M. DEBAINS, à Saint-Rémi (Seine-et-Oise).

Engrais complet intensif........	42,500	»
Fumier de ferme...............		
Fumier de ferme...............	37,500	»

M. MARAVANGE, au Châtelet (Cher).

	Engrais complet..................	40,000	»
50,000	Fumier de ferme...............		
50,000	Fumier de ferme...............	25,000	»

M. GENERMONT, au Mesnil-Saint-Nicaise (Somme).

400	Engrais complet..................	38,110	»
	Fumier mis en septembre.......		
400	Engrais complet..................	36,240	»
	Fumier mis en février..........		
	Rendement moyen du pays.......	20,000	»

M. BAROUX, à Digeon (Somme).

500	Engrais complet..................	33,568	»
46,200	Fumier de ferme................		
46,200	Fumier de ferme................	21,916	»

RÉCAPITULATION DES RÉSULTATS OBTENUS SUR LA BETTERAVE.

	ENGRAIS CHIMIQUE.		FUMIER DE FERME.	
	ENGRAIS.	RÉCOLTE.	FUMIER.	RÉCOLTE.
	kilogr.	kilogr.	kilogr.	kilogr.
1re série.....	1,441	91,064	60,071	70,142
2e série:.....	1,335	63,507	50,058	49,900
3e série......	1,362	53,673	55,045	43,670
4e série......	1,274	43,640	47,521	34,784
5e série......	1,255	35,373	42,511	28,920
6e série......	1,294	24,433	48,692	23,453

MOYENNE GÉNÉRALE.

1,326 kil. d'engrais chimique ont produit ...   51,948 kil.

50,650   de fumier de ferme..............   41,811

Excédant en faveur de l'engrais chimique.   10,137 kil.

LES POMMES DE TERRE

PREMIÈRE SÉRIE.

Rendements compris entre 30,000 et 50,000 kilogr., ou 460 et 770 hect. de tubercules par hectare.

M. DAGINCOURT, à Saint-Amand (Cher).

Kilogr.		Rendements par hectare.	Excédant sur la terre sans aucun engrais.
1,200	Engrais complet n° 5...............	50,000	»
	Rendement moyen dans la contrée avec fumier..................	12,000	»

M. BARBANSON, à Bruxelles (Belgique).

600	Engrais complet..................	47,600	»

M. CAMOIN, à Marseille (Bouches-du-Rhône).

900	Engrais complet n° 3.............	46,000	»
1,000	Engrais complet n° 3.............	43,000	»
1,000	Engrais complet n° 3.............	43,000	»
1,000	Engrais complet n° 3.............	40,000	»
1,000	Engrais complet n° 3.............	39,500	»

M. MOTEL, à Compiègne (Oise).

1,600	Engrais complet intensif.........	44,300	7,800
1,200	Engrais complet..................	40,300	3,800
60,000	Fumier de ferme.................	51,100	14,600
30,000	Fumier de ferme.................	40,300	3,800
	Terre sans aucun engrais.........	36,500	»

M. Denoyon, à Blérancourt (Aisne).

Kilogr.		Rendements par hectare.	Excédant sur la terre sans aucun engrais.
1,300	Engrais complet...................	36,500	16,000
1,700	Engrais complet intensif..........	30,000	9,500
60,000	Fumier de ferme.................	20,000	En perte.
	Terre sans aucun engrais.........	20,500	»

M. Cossombier, à Chanteheux (Meurthe).

1,000	Engrais complet...................	33,510	17,310
	Terre sans aucun engrais.........	16,200	»

M. Marcou, à Troussas (Seine-et-Oise).

1,200	Engrais complet...................	35,000	11,200
1,000	Engrais complet...................	30,000	6,200
	Terre sans aucun engrais.........	23,800	»

M. Bougon, à Noyon (Oise).

750	Engrais complet...................	31,000	10,445
27,000	Fumier de ferme.................	22,777	2,222
	Terre sans aucun engrais.........	20,555	«

M. Chevalier, à Francière (Oise).

1,600	Engrais complet intensif..........	30,900	4,900
30,000	Fumier de ferme.................	30,700	4,700
	Terre sans aucun engrais.........	26,000	»

M. Jean, à Roquevaire (Bouches-du-Rhône).

1,200	Engrais complet n° 3.............	30,000	»
50,000	Fumier de ferme.................	20,000	»

MOYENNE DES RENDEMENTS.

		Rendement par hectare.	
1,132	*Engrais complet*	38,271 kil.	588 hect.
42,833	*Fumier de ferme*	30,812	474
	Excédant en faveur de l'engrais chimique.	7,459 kil.	114 hect.

DEUXIÈME SÉRIE

Rendements compris entre 20,000 et 30,000 kilogr., ou 307 et 360 hect. de tubercules à l'hectare.

M. JOURDAIN, à Felletin (Creuse).

Kilogr.		Rendements par hectare.	Excédant sur la terre sans aucun engrais.
1,200	Engrais complet.................	28,719	»
	Fumier de ferme...............	17,673	»

M. DENOYON, à Blérancourt (Aisne).

1,100	Engrais complet.................	28,500	8,000
60,000	Fumier de ferme...............	20,000	En perte.
	Terre sans aucun engrais........	20,500	»

M. REJAUNIER, à Cublize (Rhône).

1,200	Engrais complet.................	27,000	»
50,000	Fumier de ferme...............	20,000	»

M. LARPIN, à Roclès (Allier).

1,000	Engrais complet.................	26,000	10,000
	Terre sans aucun engrais........	16,000	»

M. BAROUX, à Digeon (Somme).

1,200	Engrais complet.................	25,482	13,859
1,200	Engrais complet.................	25,156	13,533
50,000	Fumier de ferme	22,019	10,396
	Terre sans aucun engrais........	11,623	»

M. DURAND-MISSÈCLE, à Missècle (Tarn).

500	Engrais complet.................	25,200	»
40,000	Fumier de ferme...............	15,840	»

M. MOHR, à Ribécourt (Oise).

1,000	Engrais complet.................	25,000	8,000
	Terre sans aucun engrais........	17,000	»

M. Fonvieille, à Landuzière (Oise).

Kilogr.		Rendements à l'hectare.	Excédant sur la terre sans aucun engrais.
1,000	Engrais complet n° 3.............	24,250	»
10,000	Fumier de cheval et de latrines...	20,160	»

M. de Riberolles, au château de Ravel (Puy-de-Dôme).

1,200	Engrais complet n° 3.............	24,000	»
40,000	Fumier de ferme.................	20,000	»

M. Pagnoul, à Arras (Pas-de-Calais).

1,000	Engrais complet.................	23,400	»
30,000	Fumier de ferme.................	16,950	»

M. de Matharel, au Chéry (Puy-de-Dôme).

1,000	Engrais complet n° 2.............	22,700	8,400
	Terre sans aucun engrais........	14,300	»

MM. Dufour et Figarol, à Épinal (Vosges).

1,100	Engrais complet n° 2.............	21,450	11,180
	Terre sans aucun engrais........	10,270	»

M. Gromier, à Lyon (Rhône).

1,000	Engrais complet.................	21,000	»
20,000	Fumier de ferme.................	Nul.	»

M. Villerand, à Maison-Neuve (Dordogne).

1,130	Engrais complet n° 3............,	20,255	»

M. de Matharel, au Chéry (Puy-de-Dôme).

1,000	Engrais complet n° 2.............	20,500	5,400
	Terre sans aucun engrais........	15,100	»

MOYENNE DES RENDEMENTS.

		Rendement par hectare.	
1,051	*Engrais complet*..............	24,288 kil.	373 hect.
37,500	*Fumier de ferme*.............	16,871	259
Excédant en faveur de l'engrais chimique.		7,417 kil.	114 hect.

TROISIÈME SÉRIE.

*Rendements compris entre 15,000 et 20,000 kilog.,
230 et 307 hect. de tubercules par hectare.*

MM. Dufour et Figarol, à Épinal (Vosges).

Kilogr.		Rendements par hectare.	Excédant sur la terre sans aucun engrais.
1,600	Engrais complet intensif.........	19,955	9,685
	Terre sans aucun engrais........	10,270	»

M. Nyssens, à Anvers (Belgique).

1,500	Engrais complet intensif n° 3.....	19,250	»
2,000	Engrais complet intensif n° 3.....	18,500	»
1,000	Engrais complet n° 3............	16,000	»
40,000	Fumier et cendres de tourbes	6,000	»
20,000	Fumier et cendres de tourbes....	1,200	»

M. de Beauroyre, à la Rigole (Dordogne).

1,000	Engrais complet................	19,200	12,200
38,000	Fumier de ferme...............	13,600	6,600
	Terre sans aucun engrais........	7,000	»

M. le baron Dael de Koeth, à Sœrgenloch, près Mayence.

1,000	Engrais complet n° 2...........	19,200	400
700	Engrais complet...............	17,000	En perte.
	Terre sans aucun engrais........	18,800	»

M. le comte de Liedekerke, à Bruxelles (Belgique).

1,200	Engrais complet................	18,450	»
50,000	Fumier de ferme...............	12,900	»

M. de Neyrieu, au château de la Grive (Isère).

1,000	Engrais complet n° 3...........	18,000	»

M. Damoisy, à Saint-Quentin (Aisne).

Kilogr.		Rendements par hectare.	Excédant sur la terre sans aucun engrais.
1,200	Engrais complet.................	18,000	5,000
	Terre sans aucun engrais........	13,000	»

M. le comte de Lavaulx, à Villers-Agron (Aisne).

1,300	Engrais complet.................	17,775	»
1,700	Engrais complet intensif..........	16,125	»
1,000	Engrais complet.................	16,875	»

MM. Dufour et Figarol, à Épinal (Vosges).

1,600	Engrais complet intensif..........	17,550	7,280
1,600	Engrais complet intensif..........	16,426	6,156
	Terre sans aucun engrais........	10,270	»

M. Roze, à Sens (Yonne).

1,000	Engrais complet.................	17,446	6,876
900	Engrais complet.................	18,564	7,994
900	Engrais complet.................	15,361	4,791
	Terre sans aucun engrais	10,570	»

Société d'agriculture de Nice (Alpes-Maritimes).

800	Engrais complet.................	16,800	4,700
1,600	Engrais complet intensif.........	16,400	4,300
60,000	Fumier de ferme................	26,000	13,900
30,000	Fumier de ferme................	18,400	6,300
	Terre sans aucun engrais.........	12,100	»

M. Villerand, à Maison-Neuve (Dordogne).

1,090	Engrais complet n° 3............	16,640	»

M. de Gillès, à Saulchoix-Clary (Somme).

1,000	Engrais complet n° 3............	16,400	»
55,000	Fumier de ferme................	20,800	»

M. de Solminihac, au château de Héniau (Finistère).

550	Engrais complet.................	16,000	»
	Rendement moyen du pays avec fumier........................	12,000	»

M. GRENOUILLET, à Pruniers (Indre).

	Rendements par hectare.	Excédant sur la terre sans aucun engrais.
Kilogr.		
1,200 Engrais complet................	16,000	»

M. DAGINCOURT, à Saint-Amand (Cher).

| 1,100 Engrais complet n° 2............ | 16,000 | » |
| Rendement moyen du pays avec fumier .... | 11,000 | » |

M. BOREL, au château de Collex (Suisse).

| 1,000 Engrais complet................ | 15,020 | » |
| 25,000 Fumier de ferme................ | 20,470 | » |

MOYENNE DES RENDEMENTS.

	Rendement par hectare.	
1,174 *Engrais complet*...............	17,266 kil.	265 hect.
39,750 *Fumier de ferme*...............	14,921	229
Excédant en faveur de l'engrais chimique.	2,345 kil.	36 hect.

QUATRIÈME SÉRIE.

Rendements compris entre 7,000 et 15,000 kilogr., ou 115 et 230 hect. de tubercules par hectare.

M. BOURCART, au château de Châtellier (Cher).

| 307 Engrais complet................ | 15,000 | » |

M. CREPEL, à Wailly (Pas-de-Calais).

1,000 Engrais complet.................	14,850	2,100
Fumier de ferme...............	20,625	7,875
Terre sans aucun engrais........	12,750	»

M. BOREL, à Château-Fay (Seine-et-Oise).

| 1,000 Engrais complet................ | 14,040 | » |
| 18,000 Fumier de ferme................ | 10,666 | » |

M. MAUSSIER, à Saint-Étienne (Loire).

Kilogr.		Rendements par hectare.	Excédant sur la terre sans aucun engrais.
1,200	Engrais complet nº 3.............	14,625	»
40,000	Fumier de ferme...............	14,000	»

M. DE MATHAREL, au Chéry (Puy-de-Dôme).

1,000	Engrais incomplet nº 2..........	13,800	5,800
1,200	Engrais complet nº 2.............	13,000	5,000
	Terre sans aucun engrais....... ..	8,000	»

M. LEBEL, à Chevickey (Haute-Marne).

1,000	Engrais complet nº 3.............	13,760	1,960
40,000	Fumier de ferme...............	15,120	3,320
	Terre sans aucun engrais.........	11,800	»

M. GENERMONT, au Mesnil-Saint-Nicaise (Somme).

1,000	Engrais complet.................	13,650	»

M. le baron DAEL DE KOETH, à Sœrgenloch, près Mayence.

1,300	Engrais complet nº 5.............	12,900	»

M. GRANDEAU, à Nancy (Meurthe).

1,800	Engrais complet intensif.........	12,000	En perte.
1,650	Engrais complet intensif.........	8,300	En perte.
	Terre sans aucun engrais.........	17,900	»

M. LAINNÉ, à Braisne (Aisne).

1,200	Engrais complet nº 2.............	12,000	»
50,000	Fumier de ferme...............	12,000	»

M. VÉREL, à l'Angevinière (Sarthe).

1,000	Engrais complet.................	11,080	»
25,000	Fumier de ferme...............	10,400	»

M. BUSY, à Woippy (Moselle).

1,200	Engrais complet intensif.........	10,384	8,269
1,000	Engrais complet.................	9,784	7,669

Kilogr.		Rendements à l'hectare.	Excédant sur la terre sans aucun engrais.
50,000	Fumier de ferme.................	13,076	10,961
	Terre sans aucun engrais........	2,115	»

M. DELESTRAC, à Cucuron (Vaucluse).

600	Engrais incomplet n° 2..........	9,680	»
	Terre ayant reçu en 1867 1,200 kil. engrais complet..............	9,821	»

M. VINCENT DE SAINT-BONNET, au château de Pollet (Ain).

1,200	Engrais complet.................	9,400	»
1,400	Engrais complet intensif.........	8,800	»
50,000	Fumier de ferme.................	18,500	»

M. MAILLOT, à Dampierre-sur-Salon (Haute-Saône).

600	Engrais complet n° 1.............	9,320	»
500	Engrais complet.................	9.000	»
	Rendement moyen du pays avec fumier	9,000	»

M. CAIL, à la Briche (Indre-et-Loire).

640	Engrais complet intensif.........	8,250	750
490	Engrais complet.................	8,250	750
60,000	Fumier de ferme	7,500	»
30,000	Fumier de ferme	8,625	1,125
	Terre sans aucun engrais........	7,500	»

M. DE GILLÈS, à Saulchoix-Clary (Somme).

1,200	Engrais complet n° 3.............	7,760	1,360
	Terre sans aucun engrais........	6,400	»

M. GOUSSARD DE MAYOLLES, au château de Haut-Brisay (Indre-et-Loire).

714	Engrais complet n° 3.............	7,125	3,450
34,000	Fumier de ferme.................	6,450	2,775
	Terre sans aucun engrais........	3,675	»

II.   21

MOYENNE DES RENDEMENTS.

	Rendement par hectare.	
1,008 *Engrais complet*..............	11,119 kil.	171 hect.
39,700 *Fumier de ferme*..............	11,633	178
Excédant en faveur du fumier..........	514 kil.	7 hect.

RÉCAPITULATION DES RÉSULTATS OBTENUS SUR LA POMME DE TERRE.

	ENGRAIS CHIMIQUE.		FUMIER DE FERME.	
	ENGRAIS.	RÉCOLTE.	FUMIER.	RÉCOLTE.
	Kilogr.	Kilogr.	Kilogr.	Kilogr.
1re série.......	1,132	38,271	42,833	30,812
2e série.......	1,051	24,288	37,500	16,871
3e série.......	1,174	17,266	39,750	14,921
4e série.......	1,008	11,119	39,700	11,633

MOYENNE GÉNÉRALE.

Kilogr.	Kilogr.	Hectol.
1,090 d'engrais chimique ont produit....	22,736	349
39,946 de fumier.......................	18,559	285
Excédant en faveur de l'engrais chimique.	4,177	64

L'AVOINE

PREMIÈRE SÉRIE.

Rendements compris entre 50 hectolitres et au-dessus par hectare.

M. Hubert, à Frethun (Pas-de-Calais).

Kilogr.		Rendements par hectare. Hectol.	Excédant sur la terre sans aucun engrais. Hectol.
1,200	Engrais complet.................	79,00	18,00
	Terre sans aucun engrais.........	61,00	»

M. Kien, à Schwerdoff (Moselle).

1,200	Engrais complet.................	68,00	18,00
49,500	Fumier de ferme.................	70,00	20,00
	Terre sans aucun engrais........	50,00	»

Le R. P. Marie-Augustin, à Notre-Dame des Dombes (Ain).

200	Sulfate d'ammoniaque............	60,00	»

M. Thomas, aux Gevrils (Loiret).

750	Engrais complet.................	58,00	»
50,000	Fumier de ferme................	43,00	»

M. Fourneret, à Fontainebleau (Seine-et-Marne).

	Engrais complet.................	57,00	»

M. Nels, à Haute-Yutz (Moselle).

Kilogr.		Rendements par hectare. Hectol.	Excédant sur la terre sans aucun engrais. Hectol.
1,200	Engrais complet..................	56,00	32,00
	Terre sans aucun engrais.........	24,00	»

M. de Guaita, à Nancy (Meurthe).

500	Engrais complet	54,50	23,60
	Terre sans aucun engrais.........	30,90	»

M. Bertin, à Montenach (Moselle).

1,200	Engrais complet..................	53,00	29,67
40,500	Fumier de ferme...............	30,00	6,67
	Terre sans aucun engrais.........	23,33	»

M. de Matharel, au Chéry (Puy-de-Dôme).

500	Engrais complet..................	52,00	6,00
	Terre sans aucun engrais.........	46,00	»

M. Baroux, à Digeon (Somme).

600	Engrais complet n° 1.............	50,00	45,90
	Terre sans aucun engrais........	4,10	»

M. Rottou, au Puget (Var).

	Engrais complet	50,00	»

MOYENNE DES RENDEMENTS.

816 kil.	*Engrais chimique*.....................	58ʰᵉᶜᵗ 95
46,666	*Fumier de ferme*.....................	47 66
	Excédant en faveur de l'engrais chimique......,	11ʰᵉᶜᵗ 29

DEUXIÈME SÉRIE.

Rendements compris entre 35 et 50 hectolitres par hectare.

M. BOURCART, au château de Châtellier (Cher).

		Rendements par hectare. Hectol.	Excédant sur la terre sans aucun engrais. Hectol.
Kilogr.			
	Engrais complet.................	45,00	»

M. LATOUR, à Broye (Saône-et-Loire).

1,200	Engrais complet.................	45,00	1,25
	Terre sans aucun engrais.........	43,75	»

M. DE GILLÈS, à Saulchoix-Clary (Somme).

600	Engrais complet.................	42,50	»
60,000	Fumier de ferme.................	36,25	»

M. DE LAREVANCHÈRE, à Villegast (Charente).

1,200	Engrais complet.................	42,20	»

M. MAYRE, aux Boulayes (Seine-et-Marne).

1,000	Engrais complet.................	42,00	»

M. DE BEAUCÉ, à Saumur (Maine-et-Loire).

650	Engrais complet.................	42,00	37,00
	Terre sans aucun engrais.........	5,00	»

M. DE CHOUSY, au Guérinet (Loir-et-Cher).

1,200	Engrais complet.................	42,00	»
1,600	Engrais complet intensif.........	36,00	»
	Rendement moyen de la contrée avec fumier.................	20,00	»

M. THOMASSON, à Varennes-sur-Allier (Allier).

400	Engrais complet n° 1.............	36,00	»

M. Retaillau, à la Colette (Maine-et-Loire).

Kilogr.		Rendements par hectare. Hectol.	Excédant sur la terre sans aucun engrais. Hectol.
200	Sulfate d'ammoniaque	36,00	»
	Rendement moyen du pays avec fumier......................	21,00	»

MOYENNE DES RENDEMENTS.

894 kil.	*Engrais chimique*....................	40hect 41	
60,000	*Fumier de ferme*.....................	36 25	
	Excédant en faveur de l'engrais chimique......	4hect 16	

TROISIÈME SÉRIE.

Rendements compris jusqu'à 35 hectolitres par hectare.

M. Grandeau, à Nancy (Meurthe).

		Rendements par hectare.	Excédant.
1,800	Engrais complet intensif.........	35,10	16,80
1,650	Engrais complet intensif.........	35,00	16,70
	Terre sans aucun engrais........	18,30	»

M. Saunier, aux Teppes-Alixan (Drôme).

800	Engrais complet n° 1.............	34,00	15,00
600	Engrais complet n° 1.............	34,00	15,00
500	Engrais complet n° 1.............	34,00	15,00
	Terre sans aucun engrais.........	19,00	»

M. le marquis de Virieu, à Pupetière (Isère).

	Engrais complet.................	31,00	»

Société d'agriculture d'Amiens (Somme).

1,600	Engrais complet intensif.........	28,00	13,00
1,200	Engrais complet.................	20,00	5,00

		Rendements par hectare.	Excédant sur la terre sans aucun engrais.
Kilogr.		Hectol.	Hectol.
60,000	Fumier de ferme...............	23,00	8,00
30,000	Fumier de ferme...............	21,00	6,00
	Terre sans aucun engrais	15,00	»

M. DE LAREVANCHÈRE, à Villegast (Charente).

| 1,600 | Engrais complet intensif......... | 26,70 | |

M. BAROUX, à Digeon (Somme).

600	Engrais complet n° 1.............	24,54	19,52
500	Engrais complet n° 3.............	13,18	8,16
	Terre sans aucun engrais........	5,02	»

MOYENNE DES RENDEMENTS.

1,085 kil.	*Engrais chimique*......................	28^{hect}45
45,000	*Fumier de ferme*......................	22 00
	Excédant en faveur de l'engrais chimique......	6^{hect}45

RÉCAPITULATION DES RÉSULTATS OBTENUS SUR L'AVOINE.

	ENGRAIS CHIMIQUE.		FUMIER DE FERME.	
	ENGRAIS.	RÉCOLTE.	FUMIER.	RÉCOLTE.
	kilogr.	hectol.	kilogr.	hectol.
1re série	816	58,95	46,666	47,66
2e série	894	40,41	60,000	36,25
3e série	1,085	28,45	45,000	22,00

MOYENNE GÉNÉRALE.

Kilogr.		Hectol.
932	d'engrais chimique ont produit....	42,60
50,555	de fumier de ferme...............	35,30
	Excédant en faveur de l'engrais chimique..	7,30

L'ORGE

PREMIÈRE SÉRIE.

Rendements compris entre 40 et 75 hectolitres par hectare.

M. Paquin, à Distroff (Moselle).

Kilogr.		Rendements par hectare. Hectol.	Excédant sur la terre sans aucun engrais. Hectol.
1,200	Engrais complet..................	74,80	33,27
66,000	Fumier de ferme...............	46,00	4,47
	Terre sans aucun engrais :.......	41,53	»

M. Weynandt, à Zentrich (Moselle).

1,200	Engrais complet.................	60,58	5,20
15,000	Fumier de ferme...............	55,90	0,52
	Terre sans aucun engrais........	55,38	»

M. Hippert, à Koeking (Moselle).

1,200	Engrais complet................	53,10	28,85
40,000	Fumier de ferme	46,10	21,85
	Terre sans aucun engrais.........	24,25	»

M. Leidelinger, à Cattenom (Moselle).

1,200	Engrais complet................	49,10	22,80
37,500	Fumier de ferme................	33,60	7,30
	Terre sans aucun engrais.........	26,30	»

·M. MATHELIN, à Bertrange (Moselle).

Kilogr.		Rendements à l'hectare. Hectol.	Excédant sur la terre sans aucun engrais. Hectol.
1,200	Engrais complet................	48,50	25,50
37,500	Fumier de ferme................	47,00	24,00
	Terre sans aucun engrais........	23,00	»

M. NELS, à Haute-Yutz (Moselle).

1,000	Engrais complet................	42,00	22,00
	Terre sans aucun engrais........	20,00	»

MOYENNE DES RENDEMENTS.

1,166 kil.	*Engrais chimique*....................	54hect 68
39,200	*Fumier de ferme*.....................	45 72
	Excédant en faveur de l'engrais chimique......	8hect 96

DEUXIÈME SÉRIE.

Rendements compris entre 30 et 40 hectolitres par hectare.

M. FENDT, à Haute-Ham (Moselle).

1,200	Engrais complet................	37,00	17,50
22,500	Fumier de ferme	23,40	3,90
	Terre sans aucun engrais........	19,50	»

M. CHEVALIER, à Francières (Oise).

1,600	Engrais complet intensif........	35,40	17,00
1,200	Engrais complet................	30,80	12,40
30,000	Fumier de ferme...............	18,40	»
	Terre sans aucun engrais........	18,40	»

M. BOULLEVRAYE, à Saint-Denis-de-Gastines (Mayenne).

1,200	Engrais complet	34,00	»

M. Mompeurt, à Grandrange (Moselle).

Kilogr.		Rendements par hectare. Hectol.	Excédant sur la terre sans aucun engrais. Hectol.
1,200	Engrais complet.................	34,00	»
60,000	Fumier de ferme.................	32,00	»

M. le marquis de Landreville, à Amiens (Somme).

1,200	Engrais complet.................	35,00	»

M. Fonvielle, à Landuzière (Oise).

1,000	Engrais complet.................	32,30	6,10
	Terre sans aucun engrais........	26,20	»

MOYENNE DES RENDEMENTS.

1,228 kil.	*Engrais chimique*.....................	34^{hect}07
40,833	*Fumier de ferme*.....................	24 60
	Excédant en faveur de l'engrais chimique......	9^{hect}47

TROISIÈME [SÉRIE.

Rendements compris entre 20 et 30 hectolitres par hectare.

M. le baron Dael de Koeth, à Sœrgenloch (Prusse).

850	Engrais complet.................	29,20	16,20
1,200	—	25,30	12,30
1,000	—	25,30	12,30
850	—	23,70	10,70
	Terre sans aucun engrais.........	13,00	»

M. Barré, à Haute-Yutz (Moselle).

1,200	Engrais complet.................	27,70	14,80
20,100	Fumier de ferme.................	16,00	3,10
	Terre sans aucun engrais.........	12,90	»

M. Goussard de Mayolles, au Haut-Brizay (Indre-et-Loire).

Kilogr.		Rendements par hectare. Hectol.	Excédant sur la terre sans aucun engrais. Hectol.
330	Engrais complet................	26,00	11,70
30,000	Fumier de ferme...............	22,00	7,70
	Terre sans aucun engrais........	14,30	»

M. Mayre, aux Boulayes (Seine-et-Marne).

1,200	Engrais complet............;......	25,00	»

M. le marquis de Virieu, à la Pupetière (Isère).

830	Engrais complet................	22,50	»

M. Mompeurt, à Grandrange (Moselle).

1,200	Engrais complet................	20,00	»
60,000	Fumier de ferme...............	16,00	»

MOYENNE DES RENDEMENTS.

962 kil.	*Engrais chimique*.....................	24 hect 96
36,700	*Fumier de ferme*.....................	18 00
	Excédant en faveur de l'engrais chimique.....	6 hect 96

QUATRIÈME SÉRIE.

Rendements compris jusqu'à 20 hectolitres par hectare.

M. Rodicq, à Uckange (Moselle).

1,200	Engrais complet...............	19,70	14,37
46,500	Fumier de ferme...............	13,35	8,02
	Terre sans aucun engrais........	5,33	»

M. GRANDEAU, à Nancy (Meurthe).

		Rendements par hectare.	Excédant sur la terre sans aucun engrais.
Kilogr.		Hectol.	Hectol.
1,650	Engrais complet intensif.........	17,04	En perte.
1,800	Engrais complet intensif.........	14,20	En perte.
	Terre sans aucun engrais........	18,10	»

M. VÉREL, à L'Angevinière (Sarthe).

1,200	Engrais complet...............	12,60	»
	Fumier de ferme..............	12,90	»

MOYENNE DES RENDEMENTS.

1,462 kil.	*Engrais chimique*.....................	15hect 88
46,500	*Fumier de ferme*.....................	13 35
	Excédant en faveur de l'engrais chimique......	2hect 53

RÉCAPITULATION DES RÉSULTATS OBTENUS SUR L'ORGE.

	ENGRAIS CHIMIQUE.		FUMIER DE FERME.	
	ENGRAIS.	RÉCOLTE.	FUMIER.	RÉCOLTE.
	kilogr.	hectol.	kilogr.	hectol.
1re série.......	1,166	54,68	39,200	45,72
2e série.......	1,228	34,07	40,833	24,60
3e série.......	962	24,96	36,700	18,00
4e série.......	1,462	15,88	46,500	13,35

MOYENNE GÉNÉRALE.

Kilogr.		Hectol.
1,204	d'engrais chimique ont produit....	32,40
40,808	de fumier de ferme..............	25,40
	Excédant en faveur de l'engrais chimique.	7,00

LE SEIGLE

M. Verrollot, à Planay (Aube)

Kilogr.		Rendements par hectare. Hectol.	Excédant sur la terre sans aucun engrais. Hectol.
1,200	Engrais complet...............	36,00	18,00
	Terre sans aucun engrais........	18,00	»

M. Nels, à Haute-Yutz (Moselle),

1,000	Engrais complet...............	32,00	17,00
	Terre sans aucun engrais	15,00	»

MOYENNE DES RENDEMENTS.

1,100	*Engrais chimique*......................	34^{hect} 00
	Terre sans engrais.....................	16 50
	Excédant en faveur de l'engrais chimique......	17^{hect} 50

LE MAÏS

PREMIÈRE SÉRIE.

Rendements compris entre 40 et 65 hectolitres par hectare.

M. Méro, à Cannes (Alpes Maritimes).

Kilogr.		Rendements par hectare. Hectol.	Excédant sur la terre sans aucun engrais. Hectol.
1,500	Engrais complet intensif..........	65,00	»
	Fumier de ferme................	65,00	»

M. de Guaita, à Nancy (Meurthe).

1,600	Engrais complet intensif.........	57,35	»

M. Grenouillet. à Pruniers (Indre).

1,200	Engrais complet.................	57,15	»

M. Grandeau, à Nancy (Meurthe).

450	Engrais complet.................	42,10	»

M. de Riberolles, à Ravel (Puy-de-Dôme).

800	Engrais complet.................	42,00	»

MOYENNE DES RENDEMENTS.

1,110 kil. *Engrais chimique*..................... 52hect 72

DEUXIÈME SÉRIE.

Rendements compris entre 20 et 25 hectolitres par hectare.

SOCIÉTÉ D'AGRICULTURE de Nice (Alpes-Maritimes).

Kilogr.		Rendements par hectare. Hectol.	Excédant sur la terre sans aucun engrais. Hectol.
800	Engrais complet..................	24,70	4,50
60,000	Fumier de ferme	33,70	13,50
30,000	Fumier de ferme...............	23,20	3,00
	Terre sans aucun engrais	20,20	»

M. VILLERAND, à Maison-Neuve (Dordogne).

580	Engrais complet..................	24,40	11,10
48,000	Fumier de ferme...............	25,00	11,70
	Terre sans aucun engrais.........	13,30	»

M. SARREMON, à Amons (Landes).

1,200	Engrais complet..................	24,00	»
30,000	Fumier de ferme...............	24,00	»

M. CAIL, à la Briche (Indre-et-Loire).

640	Engrais complet..................	22,00	8,00
490	Engrais complet..................	20,00	6,00
60,000	Fumier de ferme...............	19,00	5,00
30,000	Fumier de ferme...............	29,00	15,00
	Terre sans aucun engrais.........	14,00	»

MOYENNE DES RENDEMENTS,

742 kil.	*Engrais chimique....................*	23^{hect} 02
43,000	*Fumier de ferme.....................*	25 65
	Excédant en faveur du fumier	2^{hect} 63

RÉCAPITULATION DES RÉSULTATS OBTENUS SUR LE MAÏS.

	ENGRAIS CHIMIQUE.		FUMIER DE FERME.	
	ENGRAIS.	RÉCOLTE.	ENGRAIS.	RÉCOLTE.
	kilogr.	hectol.	kilogr.	hectol.
1re série.......	1,110	52,72	»	»
2e série.......	742	23,02	43,000	25,65

MOYENNE GÉNÉRALE.

926 kil. d'engrais chimique ont produit....	37hect 87
43,000 de fumier	25 65
Excédant en faveur de l'engrais chimique .	12hect 22

LE SARRASIN

M. RIEFFEL, école de Grand-Jouan (Loire-Inférieure).

Kilogr.		Rendements par hectare. Hectol.	Excédant sur la terre sans aucun engrais. Hectol.
1,200	Engrais complet.................	33,00	33,00
30,000	Fumier de ferme...............	19,00	19,00
	Terre sans aucun engrais.........	Nul.	»

M. LABADY, à Poitiers (Vienne).

1,200	Engrais complet.................	28,00	»

MOYENNE DES RENDEMENTS.

1,200 kil. *Engrais chimique*.....................	30hect 50
30,000 *Fumier de ferme*.....................	19 »
Excédant en faveur de l'engrais chimique.......	11hect 50

LE COLZA

M. Lavaux, à Choisy-le-Temple (Seine-et-Marne).

Kilogr.		Rendements par hectare. Hectol.	Excédant sur la terre sans aucun engrais. Hectol.
500	Sulfate d'ammoniaque...........	32,60	»
50,000	Fumier de ferme	20,00	»

M. Barbanson, à Bruxelles (Belgique).

500	Engrais complet................	28,00	7,00
	Terre sans aucun engrais	21,00	»

M. de Matharel, au Chéry (Puy-de-Dôme).

1,200	Engrais complet n° 1............	25,00	12,00
1,000	Engrais complet n° 1............	25,00	12,00
	Terre sans aucun engrais........	13,00	»

MOYENNE DES RENDEMENTS.

800 kil.	*Engrais chimique*....................	27ʰᵉᶜᵗ 65
50,000	*Fumier de ferme*	20 »
	Excédant en faveur de l'engrais chimique.......	7ʰᵉᶜᵗ 65

LE LIN

M. Barbanson, à Bruxelles (Belgique).

Kilogr.		Rendements par hectare.	Excédant sur la terre sans aucun engrais.
1,200	Engrais chimique................	7,000	»
40,000	Fumier de ferme	4,200	»

LES NAVETS

M. Vandendendrus, à Bouhem (Belgique).

Kilogr.		Rendements par hectare.	Excédant sur la terre sans aucun engrais.
300	Engrais complet..................	45,000	35,000
	Terre sans aucun engrais	10,000	»

M. de Meulenaere, au château de Welden (Belgique).

1,600	Engrais complet intensif.........	42,800	27,800
1,200	Engrais complet..................	40,300	25,300
	Terre sans aucun engrais	15,000	»

MOYENNE DES RENDEMENTS.

1,000 kil.	*Engrais chimique*...............	42,700 kil.
	Terre sans aucun engrais	12,500
	Excédant en faveur de l'engrais chimique.	30,200 kil.

LA PRAIRIE

M. Pons, à Avignon (Vaucluse).

Kilogr.		Rendements par hectare.	Excédant sur la terre sans aucun engrais.
1,200	Engrais complet..............	9,920	»

M. Mouillefert, à la ferme-école de Saint-Michel (Nièvre).

Kilogr.		Rendements par hectare.	Excédant sur la terre sans aucun engrais.
1,200	Engrais complet...............	7,900	4,300
	Terre sans aucun engrais	3,600	»

M. Meinier, à la Haie-Équiverlesse (Aisne).

1,600	Engrais complet intensif.........	7,000	4,700
1,200	Engrais complet...............	5,600	3,300
	Terre sans aucun engrais	2,300	»

M. Monier, à Cambrai (Nord).

1,750	Engrais complet intensif.........	7,000	4,700
	Terre sans aucun engrais	2,300	»

M. Maussier, à Saint-Étienne (Loire).

1,200	Engrais complet...............	6,000	»
50,000	Fumier de ferme...............	4,800	»

M. Méro, à Cannes (Alpes-Maritimes).

1,600	Engrais complet intensif.........	6,600	3,270
1,200	Engrais complet...............	6,100	2,770
30,000	Fumier de ferme	5,250	1,920
30,000	Fumier de ferme...............	5,720	2,390
	Terre sans aucun engrais........	3,330	»

M. Thuillier, à Saint-Anne-les-Mennerem (Moselle).

1,600	Engrais complet intensif.........	4,500	»
1,200	Engrais complet...............	4,250	»

M. COLIN, à Pontarlier (Doubs).

Kilogr.		Rendements par hectare.	Excédant sur la terre sans aucun engrais.
1,600	Engrais complet intensif.........	4,343	1,623
1,200	Engrais complet................	4,150	1,430
30,000	Fumier de ferme................	3,600	880
	Terre sans aucun engrais........	2,720	»

MOYENNE DES RENDEMENTS.

1,462 kil.	*Engrais chimique*..................	6,114 kil.
35,000	*Fumier de ferme*...................	4,842
Excédant en faveur de l'engrais chimique......		1,272

LA VIGNE

Le R. P. MARIE-AUGUSTIN, à Notre-Dame des Dombes (Ain).

Kilogr.		Rendements par hectare. Hectol.	Excédant sur la terre sans aucun engrais. Hectol.
1,200	Engrais complet.................	80,00	»
60,000	Fumier de ferme................	80,00	»

M. NARBONNE, à Bize (Aude).

1,200	Engrais complet.................	57,00	»
22,000	Fumier de ferme...............	46,00	»

M. DU PEYRAT, à la ferme-école de Beyrie (Landes).

730	Engrais complet.................	46,30	15,95
1,200	Engrais complet.................	45,50	15,15
	Terre sans aucun engrais........	30,35	»

LA CANNE A SUCRE

RAPPORT DE M. DE JABRUN

PRÉSIDENT DE LA COMMISSION DES ENGRAIS, A LA GUADELOUPE.

(16 janvier 1869.)

Exposé fait à la Commission des engrais par le président.

MESSIEURS,

Je devais vous convoquer plus tôt pour vous faire l'exposé général des effets obtenus par l'emploi des engrais chimiques appliqués à la culture de la canne; ma santé ne me l'a pas permis. Cependant ces effets sont tels que l'empressement est grand dans le pays, tant pour les connaître d'une manière certaine que pour faire l'application de ces engrais.

Je puis aujourd'hui vous présenter cet exposé avec plus de fruit : les observations de ces derniers temps, qui ne seront pourtant complètes qu'après la récolte, jettent un nouveau jour, et de plus en plus favorable, sur cette question.

Nos expériences ont porté sur trois points principaux :

1o Constater l'effet des engrais chimiques et savoir s'ils possèdent à l'égard de la canne autant d'efficacité que le fumier de parc ;

2o Fixer par l'expérience la formule de l'engrais le mieux approprié aux besoins de la canne ;

3o Déterminer la durée de l'action de cet engrais.

Les résultats recueillis par la Commission sont de deux ordres : ceux obtenus avant sa constitution et ceux obtenus depuis, soit par ses membres, soit par d'autres coopérateurs.

Sur la première question, à savoir **si les engrais chimiques possèdent autant d'efficacité que le fumier de parc**, les témoignages recueillis à la Guadeloupe, à la Martinique et à la Réunion sont concordants. On y a obtenu presque toujours un avantage marqué sur le fumier.

Antérieurement à la formation de la Commission, en 1866, M. de Jabrun avait obtenu à la baie Mahault les résultats suivants :

	CANNES A L'HECTARE.
Engrais complet....................	57,600 kil.
Fumier de parc.....................	32,000
Terre sans engrais.................	3,000

Le contraste de ces rendements est saisissant. D'une manière absolue ils sont tous faibles. La sécheresse exceptionnelle de 1866 en est à la fois la cause et l'explication.

Les expériences de 1867 exécutées par les membres de la Commission et d'autres coopérateurs avec des engrais mieux préparés sont encores plus décisives : trois fois sur quatre les engrais chimiques l'ont emporté sur le fumier de parc, comme on le verra par les déclarations des expérimentateurs déjà consignées au procès-verbal du 19 octobre 1867.

M. DE JABRUN, à la baie Mahault (1867).

	CANNES A L'HECTARE.
Engrais chimique, 30 kil. d'azote....	84,782 kil.
Fumier de parc.....................	62,360
Terre sans engrais	26,575

M. le comte DE CHAZELLES, au Moule.

Des rejetons de troisième année, traités par les engrais 1, 2, 3 et 4 ont produit à l'hectare 45,980 kil. de cannes.

Une partie de ces rejetons ayant reçu une plus forte dose d'engrais n° 3 a été très-supérieure. Ces rejetons ne le cédaient en rien aux plus belles cannes plantées.

M. BENTIER, au Port-Louis.

Le 30 juin 1867, on a fumé 84 ares de cannes à raison de 120 grammes d'engrais par touffe. Une pièce de 4 ares contiguë à la précédente a reçu une demi-fumure de fumier de parc, plus 90 grammes de guano par touffe, c'est-à-dire 1,000 kilogrammes à l'hectare.

Le 13 octobre, jour de la dernière inspection, les plantations étaient magnifiques ; mais *l'avantage paraissait appartenir à l'engrais chimique.*

M. DE LAROCHE, au Morne-à-l'Eau.

A employé trois engrais chimiques différents (n°s 2, 3 et 4, dont il sera parlé bientôt). Conjointement avec le fumier de parc, les engrais 3 et 4 étaient supérieurs.

M. PARTARRIEU, à Marie-Galante.

L'engrais chimique a produit un bon effet, mais inférieur au fumier de parc ; il faut ajouter seulement que l'engrais chimique a été employé *sept mois plus tard que le fumier.*

M. DE MOYENCOURT, à la Capesture.

A l'époque du procès-verbal, les cannes à l'engrais chimique étaient belles et égales à celles du fumier de parc.

Des renseignèments dignes de foi nous ont été envoyés de la
Martinique ; ils confirment en tous points ceux qui précèdent.

M. EUSTACHE, habitation Galion (Martinique).

	CANNES A L'HECTARE.
Engrais chimique n° 1	52,000 kil.
Fumier d'étable	50,900
Guano du Pérou	45,200
Tourteaux de colza	43,900
Engrais carboné	40,000
Terre sans engrais	33,200

Dans cette expérience, l'excès de récolte produit par l'engrais
chimique sur la terre non fumée a été de 19,000 kilogrammes.
La moyenne de nos expériences donne un excédant de 50 à
55,000 kilogrammes.

EXPÉRIENCES DE 1868.

Elles confirment de tous points celles de 1867.

M. BENTIER, commune du Port-Louis.

Les cannes à l'engrais chimique ont produit en sucre	5,382 kil.
Correspondant à un poids de cannes d'environ	74,000

M. DE LAROCHE, commune du Morne-à-l'Eau.

Rendement en sucre par hectare	5,250 kil.
Ce qui correspond à environ	73,000

M. DE POYEN, commune de Sainte-Anne.

Les engrais n° 2, 3 et 4 ont donné à l'hectare une moyenne
de 63,700 kilogrammes ; cette culture a été ravagée par les rats.

Un hectare traité au fumier de parc (50,000 kilogrammes) a rendu 55,000 kilogrammes.

En présence de ces témoignages unanimes, la Commission n'hésite pas à *affirmer la haute efficacité de l'engrais chimique*.

Le second article du programme de la Commission était de définir par l'expérience la formule de l'engrais le mieux approprié aux besoins de la canne.

Nous avons reconnu, conformément aux prévisions de M. G. Ville, que sur les quatre substances dont l'engrais chimique se compose, l'azote, si efficace sur un grand nombre de plantes, ne remplit qu'une fonction de second ordre à l'égard de la canne, alors que le phosphate de chaux a une action décidément prédominante ; cela ressort des expériences suivantes :

	CANNES A L'HECTARE.
Engrais n° 1, sans azote	75,782 kil.
— n° 2, 30 kil. d'azote.........	84,782
— n° 3, 45 kil. d'azote.........	79,732
— n° 4, 60 kil. d'azote.........	86,840
— n° 5, 90 kil. d'azote.........	87,267
Phosphate acide de chaux tout seul..	68,875
Terre sans aucun engrais...........	26,575

On le voit, le phosphate de chaux tout seul a suffi pour porter le rendement des cannes de 26,575 kilogrammes obtenus sur la terre qui n'avait pas été fumée à 68,875 kilogrammes ; excédant : 42,300 kilogrammes ; tandis que l'addition de la potasse et de l'azote au phosphate de chaux n'a déterminé qu'un excédant de 15,917 kilogrammes sur le phosphate de chaux employé isolément.

Par là se trouve justifié ce que nous venons d'avancer de l'action prépondérante du phosphate de chaux, et la nécessité de composer un engrais spécial d'après ces indications.

Voici la formule de l'engrais qui a donné les meilleurs résultats :

	A L'HECTARE.
Phosphate acide de chaux	600 kil.
Nitrate de potasse....................	200
Sulfate de chaux.....................	400

L'azote entre dans cet engrais pour 30 kilogrammes.

Par suite des instructions de M. Ville, j'ai traité des seconds rejetons avec du phosphate acide de chaux seul, et j'ai fumé à côté une même quantité des mêmes rejetons avec du fumier de parc.

Au moment de la récolte, la partie au fumier paraissait à l'œil supérieure à celle au phosphate; cependant, à la balance, l'hectare de cannes au phosphate de chaux a rendu 20,175 kilogrammes, tandis que l'hectare de cannes au fumier n'a rendu que 18,240 kilogrammes. Ce deuxième résultat est conforme à celui obtenu sur les cannes plantées.

A l'égard de la durée de l'action de l'engrais chimique, nous ne pouvons donner que des appréciations incomplètes; les rapports verbaux m'ont appris que partout où l'on a employé l'engrais chimique sur des cannes plantées, les premiers rejetons promettent de bons rendements. Chez M. Bentier notamment, les rejetons à l'engrais chimique semblent avoir seuls bien résisté à la sécheresse.

A la baie Mahault, les rejetons à l'engrais chimique sont de beaucoup les plus beaux, mais les rejetons provenant de cannes traités à l'engrais de parc ont aussi une belle apparence. Nous ne serons bien fixés sur ce point qu'à la récolte.

Malgré ces apparences, M. Ville pense qu'il serait nécessaire d'ajouter de l'engrais à la terre dès la seconde année. Il craint que la potasse ne soit pas en quantité suffisante dans l'engrais de la première année pour deux récoltes. S'abstenir d'une nouvelle fumure pourrait, pense-t-il, mettre le sol au régime d'une culture épuisante, ce qui, à un moment donné, deviendrait une cause très-grave de mécompte. Ces craintes d'un savant aussi autorisé doivent nous mettre en garde, et il ne peut y avoir qu'avantage à suivre son avis. Cependant l'expérience ne justifie pas toujours les données de la science, et ce que nous voyons des effets de l'engrais sur les rejetons semble laisser espérer que son emploi bisannuel suffira à maintenir la fertilité du sol. L'emploi annuel de l'engrais serait certainement préférable; ce serait de la culture intensive, la plus avantageuse de toutes sous tous les rapports.

Enfin, comme complément des observations qui précèdent, permettez-moi de vous citer un fait qui m'est personnel et que je livre à vos appréciations.

Les terres que je cultive sont fort médiocres. En mai, juin et juillet 1867, j'avais traité à l'engrais chimique 12 hectares, dont 8 de cannes plantées et 4 de rejetons. Les 12 hectares ont produit 47,500 kilogrammes de bon sucre.

Je termine par la citation de renseignements donnés par M. Momblet, membre de la Commission des engrais à la Martinique.

Chez M. Lenard, les terres traitées par l'engrais chimique ont produit 7,000 kilogrammes à l'hectare.

Chez M. Morin, une pièce stérile, rebelle à tous les engrais, est en pleine et belle végétation.

Chez M. Ruff de Lavizon, des parties de terrain qui faisaient tache, à raison de leur mauvaise qualité, fumées à l'engrais chimique, sont couvertes aujourd'hui de belles cannes.

Vous savez, Messieurs, que l'une des plus constantes préoccupations de M. Ville est de fixer la nature des engrais les plus convenables aux diverses cultures, et que, dans cet ordre d'idées, il s'applique à déterminer par expérience la substance qui remplit dans l'engrais la fonction prépondérante à l'égard des trois autres.

Sur ses indications, soixante-trois caisses d'engrais, de composition variée, nous ont été adressées pour être essayées sur le caféier, le cacaotier, le roucouyer, le maïs, etc. C'est le canton de la Basse-Terre qui convient le mieux à ces essais. Notre collègue, M. Ledentu, président de la Chambre d'agriculture de la Basse-Terre, a bien voulu se charger de les distribuer aux habitants de ce canton les mieux placés pour en tirer parti.

Plus tard, nous aurons à nous enquérir des effets qu'ils auront produits.

Je n'ai pas besoin de vous rappeler combien nous sommes redevables à la généreuse sympathie et à la constante sollicitude de M. G. Ville, qui depuis trois ans ne se sont pas démenties un seul instant au milieu de travaux dont une faible partie suffirait à la tâche d'un seul homme.

C'est M. Ville qui, en 1866, nous a tracé minutieusement le plan que nous avions à suivre, entrant dans le détail des opérations que nous avions à faire pour obtenir le succès.

C'est grâce à ses conseils que, dès le début, en pratiquant sa théorie des engrais analyseurs, nous avons pu nous assurer que l'azote ne tenait pas dans la culture de la canne une place essentielle, et que l'agent le plus important, la *dominante*, comme il l'appelle, était l'acide phosphorique.

C'est M. Ville qui, pour déterminer la dose de ces agents, nous a conseillé l'essai d'engrais variés à dose progressive d'azote, dont il a bien voulu nous tracer la formule. Ces essais ont été la base des travaux et des résultats dont je vous ai rendu compte. M. Ville nous a également prescrit divers traitements au phosphate de chaux, pour bien nous assurer de la prédominance de cet agent et pour en déterminer le dosage. Ces deux faits sont à eux seuls un immense service qui pourrait se traduire par des millions d'économie, car l'azote, dont l'emploi devient très-restreint, est de beaucoup le plus coûteux; et le phosphate de chaux, dont le dosage doit être le plus élevé, est un agent tellement répandu dans la nature, qu'il est le meilleur marché des trois agents qui nous manquent.

Il reste bien des questions à résoudre, que dans son infatigable bienveillance M. Ville suit pas à pas.

Outre les diverses formules dont nous faisons l'application, il cherche le moyen de prolonger le plus longtemps possible l'effet des engrais chimiques sur les rejetons.

Voyant aussi le succès qu'il a obtenu en France sur la betterave par les fumures sous-jacentes, il voudrait nous les voir appliquer à la canne; il croit au même succès. A cet effet, et pour la culture des rejetons, il me donne des instructions que mes moyens de travail ne me permettent pas de mettre en pratique, mais qui seront exécutées à la Martinique.

Sur la recommandation de M. le président de la Commission des engrais et du Conseil général de cette colonie, M. Brière de l'Isle, dont j'ai eu l'honneur de recevoir la visite, ordre a été donné par l'administration à M. de Sinson, gérant de l'habitation domaniale Saint-Jacques, de mettre à exécution les instructions de M. Ville, dont j'ai envoyé copie, sur les fumures sous-jacentes dans leur application à la culture de la canne.

Le système de M. Ville est loin d'exclure le soin et l'emploi du fumier de ferme. Dans sa pensée, le fumier et l'engrais chimique doivent être le complément et l'auxiliaire l'un de l'autre. Ainsi, M. Ville m'a souvent recommandé d'utiliser les cendres des bagasses, les vinasses de nos distilleries et tous les détritus végétaux dont nous pouvons disposer, et de brûler au besoin sur place ceux de ces détritus qui ne pourraient pas être transportés dans les parcs.

Une partie du programme de M. Ville, à laquelle il attache une grande importance, est le labourage à vapeur, que depuis longtemps il voudrait nous voir appliquer. « C'est, m'écrit-il, le « complément obligé des grandes usines et des engrais chi- « miques. »

Je ne fais mention de cette partie du programme que pour faire ressortir sa sollicitude qui s'étend à tout, et si, jusqu'à ce jour, je ne vous en avais pas parlé, c'est que je n'espérais pas en voir faire l'application ; mais aujourd'hui nous savons que M. C. Souques, comprenant la portée de ce mode de labourage, l'applique avec succès.

Enfin, ne perdons pas de vue la pensée si féconde de M. Ville au sujet d'un établissement de crédit public pour avances d'engrais à faire aux agriculteurs, dont il a parlé encore dans une brillante Conférence qu'il a faite à Arras, et dont il a dû s'occuper dans une nouvelle Conférence à la Sorbonne. Secondons-le autant qu'il sera en nous de le faire.

Je sais, Messieurs, être l'interprète de vos sentiments en faisant connaître à M. Ville combien la colonie est pleine de reconnaissance pour les services qu'il lui a rendus, et en le priant de vouloir bien lui continuer sa bienveillance.

Le Président de la Commission des engrais,
Signé : DE JABRUN.

APPENDICE

AU RAPPORT DE M. DE JABRUN.

Lorsque l'honorable M. de Jabrun me fit l'honneur de s'adresser à moi au nom du Conseil général, pour m'entretenir de la crise que traversait alors la Guadeloupe par suite de la pauvreté des rendements de la canne à sucre, la question des engrais chimiques était à ses débuts; elle venait de faire irruption dans le domaine de la pratique par la Conférence de la Sorbonne du 17 mars 1866. (*La crise agricole devant la science.*)

Encore sous l'impression que m'avait laissée un récent voyage en Égypte, où j'avais vu à l'œuvre la charrue à vapeur, et constaté les avantages inappréciables qu'elle offre sur les procédés de culture par les animaux, je répondis :

« Lorsque la végétation atteint le degré d'activité qu'elle possède aux Antilles, on ne saurait donner trop de soins à la destruction des mauvaises herbes. Les labours multipliés et profonds, les hersages énergiques, sont les moyens dont l'expérience a consacré l'efficacité, et dont on n'a pas su tirer parti dans vos régions.

« LA CHARRUE A VAPEUR vous offrirait sous ce rapport une ressource d'une importance inappréciable. Après ce que j'ai vu en Égypte, je ne saurais trop convier l'agriculture coloniale à s'approprier ce merveilleux appareil qui défie la pluie, la sécheresse, la ténacité du sol, et permet d'accomplir à l'heure voulue les labours et autres préparations du sol, condition qui a une influence si grande sur le succès des récoltes. Je conviens que dans les pays où la propriété est divisée, et la Guadeloupe est dans ce cas, l'emploi un peu généralisé de la charrue à vapeur n'est possible que par l'association des propriétaires et la création de grands ateliers de labours opérant à forfait, comme cela a lieu dans certaines parties de la Grande-Bretagne et de la France. Mais pourquoi ne feriez-vous pas pour la culture ce que vous avez accompli avec tant d'avantages par la création des usines centrales, qui exemptent les planteurs des soins et des chances aléatoires que la dispersion du travail industriel faisait peser sur eux?

« Autre innovation non moins essentielle : vous ne sauriez donner trop d'attention à la préparation et au bon aménagement de vos fumiers. Sans engrais, la terre s'épuise ; un peu plus tôt, un peu plus tard, ce résultat est inévitable. Détritus végétaux, litière des animaux, cendres de bagasses, tout ce qui vient du sol doit lui être rendu. De ce qu'on peut remplacer le fumier par les engrais chimiques, ce n'est pas une raison pour laisser perdre les agents de fertilité qu'on a sous la main.

« On ne donne jamais assez de soins à la préparation du fumier. Aux colonies, où les récoltes (canne, tabac, cacao, café), ont une si grande valeur, et où le climat active si énergiquement l'essor de la végétation, cette négligence est inexcusable. J'ai l'honneur de vous adresser un Mémoire de M. Schattenmann, qui pourra vous servir de guide pour donner satisfaction à cet intérêt non moins essentiel que les deux autres.

« Les engrais chimiques sont certainement appelés à devenir les agents prépondérants de la culture coloniale, parce que, mieux que tous les autres, ils permettent d'obtenir les rendements les plus élevés sans épuiser le sol, et qu'aux colonies la production du fumier est condamnée à rester au-dessous des exigences de votre culture. Je vous proposerai l'essai de ces agents nouveaux dans deux conditions différentes :

« 1º A l'état de fumure exclusive ;

« 2º Comme complément du fumier.

« Dans les deux cas, il faut suivre les mêmes règles : rendre à la terre plus qu'on ne lui a pris ; déterminer par expérience la *dominante* de la canne, ainsi que les quantités des autres termes de l'engrais complet qu'il faut lui associer pour obtenir le maximum de récolte avec le minimum de dépense..... »

Suivent les instructions pour un plan général d'expériences.

Trois ans se sont écoulés depuis que ces lignes ont été écrites ; une partie des expériences seulement a été effectuée. Le rapport de M. de Jabrun vient de dire les résultats qu'on leur doit. Elles nous ont appris que le phosphate de chaux est la *dominante* de la canne, et qu'à cette plante il faut des doses modérées de matière azotée, ce que l'on peut traduire par la formule suivante :

ENGRAIS COMPLET N° 5.

	A L'HECTARE.		
	QUANTITÉS.	PRIX.	DÉPENSE.
Phosphate acide de chaux....	600 kil.	96 fr.	
Nitrate de potasse	200	124	228 fr.
Sulfate de chaux.............	400	8	
TOTAL.............	1,200 kil.		

J'aurais voulu qu'on se livrât à d'autres expériences avec 1,800 et 2,400 kilogrammes d'engrais; la dépense a fait ajourner la réalisation de ce vœu. J'avais recommandé de fumer chaque année les rejetons; on a préféré ne les fumer que tous les deux ans, toujours par raison d'économie. Quant à la charrue à vapeur, à l'unanimité, elle fut déclarée impraticable.

Mais les expériences ont suivi leur cours, les faits ont parlé : les engrais chimiques l'ont emporté sur tous les autres, sans que les rendements aient atteint encore la limite à laquelle il est certainement possible de les porter.

Un esprit nouveau anime aujourd'hui la colonie et promet de nouveaux progrès.

M. Souques, directeur de la grande usine de l'Arbousier, a compris, avec la sûreté de coup d'œil d'un homme d'affaires consommé, qu'il était plus avantageux pour lui de tirer son approvisionnement de canne des terres qui l'entourent que d'aller le chercher au loin; qu'il fallait donc doubler, tripler, quadrupler les récoltes.

On s'est mis à l'œuvre sur ces données nouvelles. Charrue à vapeur, engrais chimiques à haute dose, opèrent à l'envi maintenant. Avant six mois nous serons fixés sur la limite des rendements, ainsi que sur les formules d'engrais les plus efficaces.

Pendant qu'on expérimentait à la Guadeloupe, quelques tentatives étaient poursuivies à la Martinique, les unes par l'initiative des particuliers, les autres par les soins d'une commission dont les travaux viennent d'être publiés. A côté d'une grande modération de langage, on trouve dans ce compte-rendu comme un reflet des préventions que certains organes de la presse agricole de France se sont efforcés de répandre contre les engrais chimiques.

Un fait général se dégage cependant de ces tentatives. La dose d'azote qui a réussi à la Guadeloupe semble insuffisante à la Martinique.

M. de Listé, qui fait usage des engrais chimiques depuis plusieurs années, et qui leur doit de très-beaux succès, a porté la dose du nitrate de potasse de 200 à 300 kilogrammes par hectare.

Il m'écrit à la date du 2 juin :

« Depuis l'apparition de vos théories, j'avais été frappé de la justesse de vos enseignements. Ne sachant à qui m'adresser pour les mettre en pratique, je subissais le supplice de Tantale, quand la publication de votre lettre à M. Borde, président de la Chambre de commerce, vint me tirér d'embarras.

« J'y puisai la formule suivante, que j'ai toujours employée :

	A L'HECTARE.		
	QUANTITÉS.	PRIX.	DÉPENSE.
Phosphate acide de chaux...	600 kil.	96 fr.	
Nitrate de potasse..........	300	186	290 fr.
Sulfate de chaux	400	8	
	1,300 kil.		

« Je n'ai pas fait de cultures comparatives ni de champ d'expériences ; je n'ai jamais pesé les cannes : il me serait donc impossible de vous fournir des renseignements précis là-dessus ; mais ce que je puis affirmer, c'est qu'avec les mêmes frais de culture, les engrais chimiques ont augmenté mes revenus de 40 p. 100. »

Je trouve dans le *Journal des Antilles* du 4 août une déclaration conforme à la précédente, due à l'honorable M. Lénard, l'un des planteurs les plus éclairés de l'île :

« Deux carrés de cannes plantées, fumés en avril 1868 avec

l'engrais n° 4 (1), m'ont donné en 1869 quarante-deux milliers de sucre, représentés par trente-huit barriques. Une autre portion de carré, fumée partie à l'engrais chimique et partie au guano, m'a donné dix-huit milliers. Je constate de plus que les rejetons fumés à l'engrais chimique de M. Ville ont une telle vigueur qu'on les croirait refumés, et je me suis dispensé d'y remettre de l'engrais.

« Sur l'habitation du Vauclin, les cannes fumées avec l'engrais complet n° 4 ont parfaitement résisté à la sécheresse ; elles ont conservé une verdeur intense, tandis qu'autour d'elles les cannes fumées avec d'autres engrais ont été grillées. »

Des renseignements plus complets, venus de l'île de la Réunion, semblent attester que la dose de 200 kilogrammes de nitrate de potasse peut être dépassée avec avantage. A la Réunion, on trouve la plus grande variété de climats, à raison de l'altitude différente des diverses parties de l'île. M. Frappier, à qui je dois ces renseignements, a remarqué qu'une dose de 50 à 60 kilogrammes d'azote par hectare avait manifesté un effet utile dans les parties hautes qui sont les plus froides.

Autre remarque. De ce que 200 kilogrammes de nitrate de potasse ont produit à la Guadeloupe le maximum d'effet lorsqu'ils sont associés à 600 kilogrammes de phosphate acide de chaux, rien ne nous autorise à penser, au contraire, que si la dose de phosphate de chaux était accrue, une dose plus forte de nitrate de potasse ne manifesterait pas elle-même un surcroît d'effet correspondant. Jusqu'à quelle limite convient-il de porter la dose respective de phosphate de chaux et de nitrate de potasse pour que le rendement couvre toujours la dépense ?

Dans les régions limites où la culture de la canne devient incertaine faute de chaleur, l'addition d'une petite quantité de sulfate d'ammoniaque, en surexcitant la formation des feuilles pendant les premiers âges de la plante, n'aurait-elle pas un bon résultat?

---

(1) En voici la formule :

A L'HECTARE.

Phosphate acide de chaux..............	600 kil.
Nitrate de potasse....................	400
Sulfate de chaux.....................	400

Toutes ces questions ne peuvent être résolues que par l'expérience ; mais pour que ces tentatives nouvelles produisent leur fruit, il est désirable qu'on y procède d'après un plan uniforme. Voici donc les formules nouvelles dont je conseillerai l'essai :

PREMIÈRE SÉRIE se rattachant à celles déjà publiées.

	A L'HECTARE.	CONTENANT AZOTE.
1° Engrais complet n° 5	1,200 kil.	28 kil.
2° Engrais complet n° 5	1,800	32
3° Engrais complet n° 5	2,400	56

DEUXIÈME SÉRIE.

1° ENGRAIS COMPLET N° 8.

A L'HECTARE.

	QUANTITÉS.	PRIX.	DÉPENSE.
Phosphate acide de chaux.	1,200 kil.	192 fr.	
Nitrate de potasse........	300	186	384 fr.
Sulfate de chaux	300	6	
	1,800 kil.		

Il contient 32 kil. d'azote.

2° ENGRAIS COMPLET N° 9 (pour les régions froides).

A L'HECTARE.

	QUANTITÉS.	PRIX.		DÉPENSE.
Phosphate acide de chaux.	1,200 k.	192 f.	»	
Nitrate de potasse........	400	248	»	468 f.50
Sulfate d'ammoniaque	50	22	50	
Sulfate de chaux	300	6	»	
	1,950 kil.			

Dans la composition duquel l'azote entre pour 66 kil.

Règle générale, comme toutes les plantes à croissance rapide, la canne réclame impérieusement le phosphate de chaux à son maximum de solubilité ; cependant, il y a un cas où le phosphate précipité, moins soluble que le phosphate acide, pourrait bien reprendre l'avantage ; c'est celui où la terre contient en abondance des matières humiques ou des détritus végétaux. A Cuba, dans les terres basses de la Martinique, et dans certaines communes de la Réunion, les terres de cette nature abondent. Pour ce cas spécial, diverses expériences faites en France, sans être décisives, semblent favorables à l'emploi de phosphates moins solubles que le phosphate acide ; je considère donc comme très-urgent pour ce cas spécial l'essai de l'engrais complet n° 10.

ENGRAIS COMPLET N° 10.

	A L'HECTARE.		
	QUANTITÉS.	PRIX:	DUPENSE.
Phosphate précipité.......	1,200 kil.	240 fr.	
Nitrate de potasse	400	248	494 fr.
Sulfate de chaux..........	300	6	
	1,700 kil.		

J'ai le ferme espoir que si des expériences suivies sont faites avec ces engrais, tant sur les cannes plantées que sur les rejetons, d'ici à deux ans la pratique de chaque pays sera fixée sur les meilleures conditions de la production de la canne dans toutes les régions où cette précieuse culture est possible, et ce que je dis de la canne s'applique à toutes les cultures coloniales, café, cacao, tabac, maïs, etc., toutes en voie de déclin, et qui toutes sont appelées à redevenir prospères par l'application raisonnée des mêmes engrais, dont il faut en chaque lieu fixer le choix par expérience.   GEORGES VILLE.

P. S. — Une lettre de M. de Jabrun, qui m'arrive à l'instant, m'annonce un fait considérable : la banque de la Guadeloupe prend des dispositions pour avancer à la culture le prix des engrais. Ainsi trois ans auront suffi pour assurer le triomphe de mon programme : Charrue à vapeur, Engrais chimiques, Escompte à quinze mois !

Espérons que la métropole, non moins soucieuse de nos intérêts, ne se laissera pas devancer par ses colonies.

TABLE DES MATIÈRES

PREMIER ENTRETIEN

DEUXIÈME ENTRETIEN

TROISIÈME ENTRETIEN

QUATRIÈME ENTRETIEN

CINQUIÈME ENTRETIEN.

SIXIÈME ENTRETIEN

APPENDICE

DU DOSAGE DES SUCRES

RÉSULTATS OBTENUS EN 1868

AU MOYEN DES ENGRAIS CHIMIQUES.

RÉPERTOIRE

DES RÉSULTATS OBTENUS EN 1868

AU MOYEN DES ENGRAIS CHIMIQUES.

ERRATUM.

Page 60, ligne 23. Au lieu de : 850 fr. de plus par l'ancien système ou 420 fr. par hectare et par an, lisez : 750 fr de plus ou 375 fr. par hectare et par an.

Page 205, ligne 8. Au lieu de : Résultats obtenus en 1869, lisez : Résultats obtenus en 1868.

Page 262, ligne 9. Au lieu de : 14 fr. 89, lisez : 14 fr. 88.

Quelques fautes heureusement sans gravité se sont glissées dans l'économie de divers comptes de fumier, du fait du copiste chargé de transcrire les originaux. Je me borne à rectifier les totaux :

Pages 265 et 266. Compte des moutons : Dépenses, au lieu de : 51,401 fr. 03, lisez : 51,199 fr. 99.

Page 267, ligne 7. Prix réel de 1,000 kil. de fumier de moutons, au lieu de : 28 fr. 36, lisez : 25 fr. 90.

Pages 267 et 268. Compte des vaches : Total de la dépense, au lieu de : 29,474 fr. 37, lisez : 29,299 fr. 30.

Page 269, ligne 29. Prix réel de 1,000 kil de fumier de vaches, au lieu de : 12 fr. 98, lisez : 12 fr. 61.

Page 276, ligne 40. Compte des bœufs : Total de la dépense, au lieu de : 29,419 fr. 74, lisez : 29,421 fr. 93.

Page 278, ligne 20. Récapitulation du prix de revient du fumier :

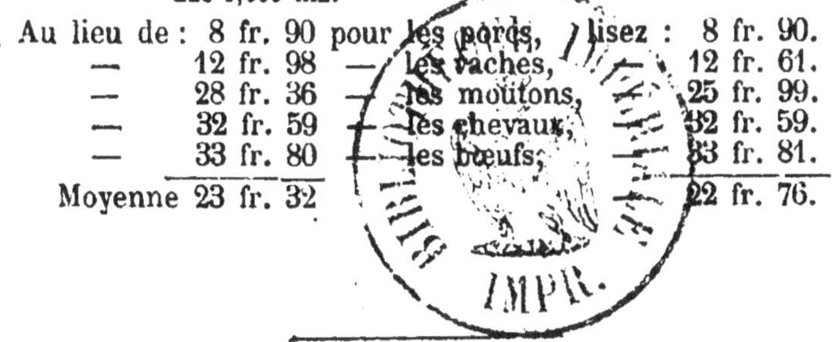

LES 1,000 KIL.

Au lieu de : 8 fr. 90 pour les porcs, lisez : 8 fr. 90.
— 12 fr. 98 — les vaches, — 12 fr. 61.
— 28 fr. 36 — les moutons, — 25 fr. 99.
— 32 fr. 59 — les chevaux, — 32 fr. 59.
— 33 fr. 80 — les bœufs, — 33 fr. 81.
Moyenne 23 fr. 32 — 22 fr. 76.

EXTRAIT DU CATALOGUE

DE LA LIBRAIRIE AGRICOLE DE LA MAISON RUSTIQUE.

Journal d'Agriculture pratique. Livraison de 40 pages à 2 col., paraissant chaque semaine avec de nombreuses gravures noires, formant ensemble 2 beaux volumes de 1,700 pages ; rédacteur en chef, M. E. LECOUTEUX.

Prix de l'abonnement : Un an.................. 20 fr.

Maison rustique du XIX° siècle. — 5 volumes grand in-8 à deux colonnes, équivalant à 25 volumes in-8 ordinaires, avec 2,500 gravures représentant les instruments, machines, animaux, arbres, plantes, serres, bâtiments ruraux, etc., publiés sous la direction de MM. BAILLY, BIXIO et MALPEYRE.

Prix des cinq volumes (ouvrage complet) .... 39 fr. 50
Chaque volume est vendu séparément........ 9   »

Bon Fermier (Le), par Barral, et pour les nouveautés, par de GIRIS, aide-mémoire du cultivateur. 1 volume in-12 de 1,495 pages et 100 gravures...... 7 fr.

Bon Jardinier (Le), par POITEAU, VILMORIN, NAUDIN, BAILLY, DECAISNE, NEUMANN, PEPIN. 1,650 pages in-12............................ 7 fr.

Bon Jardinier (Gravures du), 22° édition. 1 vol. in-12 de 640 pages avec 680 gravures et planches.. 7 fr.

Les Matières fertilisantes, par G. Heuzé. 1 vol. in-8 de 708 pages, avec 41 vignettes sur bois, 4° édition... 9 fr.

Assolements et systèmes de culture, par G. Heuzé. 1 vol. in-8 de 536 pages avec nombreuses gravures sur bois.................................. 9 fr.

Plantes fourragères, par G. Heuzé, 3° édition. 1 vol. in-8 de 582 pages avec 42 vignettes sur bois et 20 grav. coloriées............................ 10 fr.

Plantes industrielles, par Heuzé, 2° partie, in-8 de 500 pages, avec des vignettes sur bois et 50 gravures coloriées............................ 9 fr.

Porc (Le), par G. Heuzé. 1 vol. in-12 de 334 pages avec 56 grav.......... 3 50

Agriculture au moyen-âge (De l'influence exercée par les croisades sur l'), par G. Heuze. Broch. in-8 de 23 pages..................... » 50

Fumures et des étendues de fourrage (Formules des), par G. Heuzé, 72 pages (Bibl. du Cult.).................................... 1 25

Pavot (Culture du), par G. Heuzé, 1 vol. in-18 de 44 pages.......... » 75

Vignes malades (Traitement des), rapport adressé au Ministre de l'Intérieur par G. Heuzé. In-8 de 72 pages................................ 1 fr.

Lectures et dictées d'agriculture, revues et annotées par G. Heuzé, 1 vol. in-18 de 128 pages.................................. » 75

Maison rustique des enfants, par M™ Millet-Robinet. 1 vol. in-4 de 320 p., nombreuses fig. dans le texte et hors texte. Prix broché.............. 15 fr.
Richement relié.. 20 fr.

Maison rustique des Dames, par M™ Millet-Robinet. 2 volumes in-12, formant 1,400 pages, avec 269 gravures. 7° édition, revue et augmentée..... 7 75

ORLÉANS, IMPRIMERIE DE G. JACOB.